빅퀘스천

과학

The Big Questions In Science

빅퀘스천
과학

ⓒ 헤일리 버치 · 문 키트 루이 · 콜린 스튜어트 , 2021

초판 1쇄 인쇄일 2021년 4월 5일
초판 1쇄 발행일 2021년 4월 12일

지은이 헤일리 버치 · 문 키트 루이 · 콜린 스튜어트
옮긴이 곽영직
펴낸이 김지영   펴낸곳 지브레인Gbrain
편 집 김현주, 백상열
제작 · 관리 김동영   마케팅 조명구

출판등록 2001년 7월 3일 제2005-000022호
주소 04021 서울시 마포구 월드컵로7길 88 2층
전화 (02)2648-7224   팩스 (02)2654-7696

ISBN 978-89-5979-592-5 (04400)
      978-89-5979-593-2 SET

- 책값은 뒤표지에 있습니다.
- 잘못된 책은 교환해 드립니다.

화성은 인구문제의 해답이 될 수 있을까? 컴퓨터가 그린 이 화성 지도는 사람이 살 수 있는 환경으로 바꾸는 테라포밍이 끝난 후의 미래 화성을 보여주고 있다. 또는 화성의 대기가 두껍고 따뜻해 표면에 액체 상태의 물이 있던 과거의 화성 모습일 수도 있다.

빅퀘스천

과학

사진으로 이해하는 과학의 모든것

헤일리 버치 · 문 키트 루이 · 콜린 스튜어트 지음 곽영직 옮김

지브레인

CONTENTS

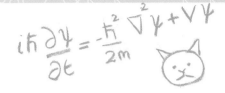

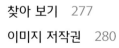

서론

"Prudens quaestion dimidium scientiae"
적절한 질문을 하는 것이 지식의 반이다.

- 철학자 로저 베이컨(Roger Bacon)이
그리스 철학자 아리스토텔레스가 한 말이라고 밝힌 격언.

사람은 항상 질문을 한다. 세상과 인간성에 대해 알고 싶은 욕망은 인간이 가지고 있는 특성 중 하나다. 때로는 답을 알아야 할 필요가 있어 질문하지만 때로는 단순한 호기심 때문에 질문하기도 한다. 실제로 질문은 과학과 과학적 탐구의 바탕을 이룬다. 질문을 하고, 이론을 만들어내고, 그 이론이 옳은지를 확인하기 위한 실험이 과학에서 하는 일이다.

해답을 찾아내는 과정에서 익숙하지 않은 길에서 헤매거나 우리의 한계를 뛰어넘는 일을 하고, 때로는 예상치 못했던 것을 발견하며, 이전에는 없던 새로운 기술을 만들어내기도 한다. 1869년 아일랜드의 물리학자 존 틴들 John Tyndall은 하늘이 왜 푸른 색일까 하는 의문을 품고 해답을 찾기 위해 공기 분자들이 빛을 산란시키는 방법과 그에 관련된 연구를 하는 과정에서 의도하지 않게 레이저와 광섬유의 기초를 놓게 되었다. 또한 세균이 순수한 공기 중에서 성장할 수 없다는 것을 발견해 세균이 공기 인간 게놈 프로젝트를 통해 밝혀낸 인간 DNA 염기 서열의 컴퓨터 디스플레이. 여러 가지 색깔로 나타난 띠가 유전정보를 포함하고 있는 염기 서열을 나타낸다. DNA 분자에 포함된 유전정보를 해독하면 유전질환과 유전형질 그리고 우리가 누구인지에 대해 더 많은 것을 이해할 수 있다.

중에서 저절로 만들어진다는 생각을 부정했고, 우리가 숨을 쉴 때 들이마시는 공기에 포함된 입자들을 기도에서 제거한다는 사실도 밝혀냈다. 이처럼 호기심에서 시작한 '푸른 하늘' 연구는 답을 찾았으며 그 과정에서 다른 많은 것을 알아낼 수 있었다.

질문에는 다양한 크기와 모양이 있다. 우리가 할 수 있는 가장 큰 질문은 우리가 누구인가(우리를 인간이도록 하는 것은 무엇일까?), 우리는 왜 존재하는가(물질은 왜 존재하는가?), 우리 세상은 무엇인가(우주는 무엇으로 만들어졌을까?), 우리는 어떻게 살아남을까(우리는 영원히 살 수 있을까?)와 같은 것들이다. 또 우리의 모험심과 열정을 자극해 지구 끝까지(해저에는 무엇이 있을까?), 그리고 우주의 끝까지(블랙홀 바닥에는 무엇이 있을까?) 데려가고, 우리 존재에 대해 생각해보게 하는(시간 여행은 가능할까?) 질문들도 있다.

이런 질문 가운데 쉽게 답을 찾아낼 수 있는 질문은 거의 없다. 대부분 답을 찾기 어려운 질문들이다. 일부 질문은 우리가 알고 있는 답이 올바른 것인지 알 수 없고 (생명체는 어떻게 시작되었을까?), 일부는 올바른 답이 없으며(의식이란 무엇인가?), 일부는 우리가 답을 알아낼 방법이 없다(우주에서 우리는 유일한 존재일까?). 이런 질문들 중에는 정치와 경제에 대한 (우리는 인구문제를 어떻게 해결할 수 있을까?) 질문도 포함되어 있다.

여러 세기 동안, 심지어는 수천 년 동안 우리를 교묘히 피해 다닌 이런 질문들의 답

7

을 찾기 위한 노력은 지금도 계속되고 있다. 소박한 실험실에서 연구하고 있는 수백, 수천 명의 과학자들부터 화려한 생활을 하는 백만장자에 이르기까지, 생물학자, 화학자, 물리학자, 수학자, 컴퓨터과학자, 철학자, 작가, 탐험가, 공학자들이 각자의 분야에서 이 질문들의 답을 찾는 데 필요한 역할을 하고 있지만 우리가 아는 이름은 일부일 뿐이다. 이들은 자연에 대한 호기심과 질문의 답을 찾겠다는 열정 속에서 아주 먼 거리와 역사를 답습하면서 답을 찾는 일에 동참하고 있다.

이 책은 과학이 해결하려고 노력하는 몇 가지 문제들과 과학자들이 지금까지 알아낸 많은 놀라운 답들의 아주 작은 일부분을 다루고 있다. 질문과 관련해서 놀라운, 그리고 때로 우리를 성가시게 하는 점은 한 질문의 답을 찾아내면 또 다른 질문이 뒤따라온다는 것이다. 그것은 사람이 가지고 있는 호기심 때문이다. 때문에 과학자들은 계속 질문하고, 그 질문의 답을 찾기 위한 노력을 멈추지 않는다. 이에 대해 알베르트 아인슈타인은 다음과 같이 말했다.

> "어제로부터 배우고, 오늘을 위해 살며, 내일을 희망한다. 중요한 것은 질문을 멈추지 않는 것이다."

과학자들은 우리가 사용할 새로운 에너지를 찾고 있다. 네바다의 넬리스 공군기지에 설치된 7만 2000개의 태양전지 패널도 이 비행장이 필요로 하는 에너지의 4분의 1밖에 공급하지 못한다. 따라서 어떻게 하면 태양으로부터 더 많은 에너지를 얻을 수 있느냐가 문제다.

1

우주는 무엇으로 만들어졌는가?

우 리 주변을 둘러보자. 이 책, 우리가 앉아 있는 의자, 신고 있는 양말처럼 우리가 보고 만질 수 있는 것들은 모두 원자로 이루어졌다. 그리고 지구를 둘러싸고 있는 대기도 원자로 이루어졌다. 대기를 이루는 원자들이 태양 빛 중에서 주로 푸른빛만을 산란하여 하늘이 푸른색으로 보인다. 태양과 태양계를 이루는 행성과 위성들 그리고 혜성과 소행성들도 모두 물질을 이루는 기본 재료인 작은 원자들로 이루어져 있다. 광대한 공간에 분포해 있는 수많은 별들과 은하 역시 원자로 이루어졌다. 따라서 우리는 우주가 무엇으로 이루어졌느냐 하는 질문의 답을 이미 알고 있다고 생각할 수도 있다. 그러나 최근에 천문학자들은 놀라운 사실을 발견했다. 우리와 행성 그리고 별들을 이루고 있는 원자는 우주를 구성하는 물질의 4%밖에 안 된다는 것을 알게 된 것이다. 그렇다면 나머지 96%는 무엇일까? 이 **'사라진 물질'을 찾는 것이 현대 물리학의 가장 중요한 과제 중 하나다.**

17세기 이래 우주의 크기와 모습을 알아내려고 애쓰던 과학자들은 어려운 문제에 봉착했다.

아이작 뉴턴$^{Isaac\ Newton}$은 질량을 가지고 있는 물질은 다른 모든 물질을 끌어당긴다는 중력 법칙을 알아냈다. 우리가 지표면에서 떨어지지 않고 살아갈 수 있는 것은 지구와 우리 사이에 서로를 잡아당기는 중력이 작용하기 때문이다. 그러나 우주의 모든 물체가 다른 물체를 잡아당긴다면 물체 사이의 거리는 점점 줄어들어 결국은 모든 물질이 한 점으로 모여야 한다. 하지만 그런 일은 일어나지 않고 있다.

알베르트 아인슈타인$^{Albert\ Einstein}$이 일반상대성이론을 발표한 1915년까지도 이 문제는 해결되지 않고 있었다. 이 문제를 해결하기 위해 아인슈타인은 1917년, 그의 방정식에 중력에 대항하는 힘을 나타내는 항을 추가했다. 우주의 모든 물체가 항상 같은 자리에 머물러 있다고 생각한 그는 우주를 정상상태로 유지하기 위해서는 중력에 대항하는 반중력이 필요하다고 생각한 것이다. 아인슈타인이 중력에 대항하는 힘을 나타내기 위해 도입한 항을 우주상수라고 부른다. 그러나 이후에 행한 관측을 통해 우주가 정상상태에 있지 않다는 것이 밝혀졌다.

1929년에 미국 천문학자 에드윈 허블$^{Edwin\ Hubble}$은 천문학 역사상 가장 위대한 발견 중 하나인 우주가 팽창한다는 사실을 발견했다. 허블은 많은 별들 그리고 먼지와 기체로 이루어진 은하의 속도와 거리를 조사하고 있었다. 그는 은하에서 오는 빛을 분석하여 은하까지의 거리와 은하가 다가오거나 멀어지는 속도를 측정할 수 있었다. 은하가 우리로부터 멀어지면 은하에서 오는 스펙트럼의 파장이 긴 붉은색 쪽으로 이동하는 적색편이가 나타난다. 은하에서 오는 스펙트럼에 더 큰 적색편이가 나타난다는 것은 이 은하가 더 빠른 속도로 멀어지고 있음을 뜻한다. 은하까지의 거리와 은하가 멀어지는 속도에 대한 허블의 발견은 물리학계에 큰 충격을 주었다. 은하까지의 거리가 멀면 멀수록 은하가 우리로부터 멀어지는 속도가 더 빠르다는 것은 우주가 팽창하고 있음을 보여주는 것이었다. 허블의 발견으로 우주가 정상상태가 아니라 팽창하고 있다는 것을 알게 된 아인슈타인은 우주상수를 도입한 것이 자신의 가장 '큰 실수'였다고 말했다.

팽창하는 우주는 곧 새로운 문제를 제기했다. 시간이 지나면서 우주가 점점 더 커

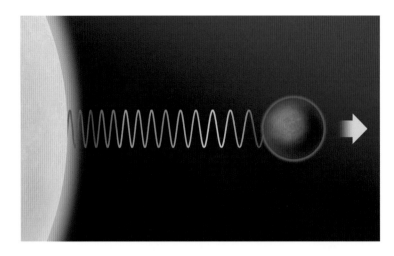

두 물체가 서로 멀어지는 방향으로 운동하고 있으면 두 물체 사이를 이동하는 빛은 파장이 늘어나 스펙트럼이 붉은색 쪽으로 이동한다. 천문학자들은 이 '적색편이'의 정도를 측정하여 은하가 우리로부터 얼마나 빠르게 멀어지고 있는지를 알아낸다.

지고 있다면 과거에는 오늘날보다 더 작았어야 하고, 모든 은하와 은하에 포함된 물질이 아주 가까이 있어야 한다. 따라서 아주 먼 옛날 특정 시점에는 우주를 구성하는 모든 물질이 한 점에 모여 있어야 한다. 다시 말해 우주도 시작이 있어야 한다는 것이다. 천문학자들은 우주의 시작을 빅뱅이라 부르고 물리법칙을 이용한 수학적 계산과 관측 결과를 이용해 137억 년 전에 빅뱅이 있었다는 것을 알아냈다. 오랫동안 천문학자들은 우주를 이루는 물체들 사이에 작용하는 중력이 브레이크 역할을 해 우주의 팽창 속도가 점차 줄어들고 있을 것이라고 생각했다. 그런데 우주에 대한 이런 기본적인 상식은 1998년에 다시 한 번 뒤집어졌다.

1980년대 후반에 두 팀의 천문학자들이 우주의 역사를 통해 우주 팽창 속도가 어떻게 변해왔는지를 연구했다. 그들은 우주에서 가장 밝은 현상 중 하나인 Ia형 초신성을 조사했다. 이런 형태의 초신성 폭발은 두 별이 연성을 이루어 같은 질량 중심을 돌고 있고 그중 한 별이 이미 죽은 별일 때 발생한다. 백색왜성이라고 부르는, 밀도가 높은 죽은 별의 핵이 동반성에서 물질을 끌어들이면 점점 질량이 증가한다. 그러다가 태양 질량의 1.4배 정도인 특정한 크기에 도달하게 되면 자체 중력을 견디지 못하고 폭발한다. 이런 초신성들은 항상 태양 질량의 1.4배인 같은 연료를 이용하여 폭

Ia형 초신성인 1994D(아래 좌측)가 잠시 동안 NGC 4526 은하에 있는 다른 모든 별들보다 밝게 빛난다. 이런 현상을 측정하여 우주가 가속 팽창하고 있다는 것을 밝혀냈고, 우주를 밀어내고 있는 암흑에너지의 존재를 알게 되었다.

발하기 때문에 밝기가 같다. 그러나 초신성의 겉보기 밝기는 지구에서의 거리에 따라 달라지므로 그 밝기를 측정하면 초신성까지의 거리를 알 수 있다. Ia형 초신성은 매우 밝기 때문에 우주에서 관측 가능한 가장 먼 거리의 75%까지 관측하는 데 이용할 수 있다. 빛이 우주를 가로질러 달리는 데는 시간이 걸리기 때문에 더 먼 곳에 있는 초신성은 더 먼 과거에 대한 정보를 전달해준다. 따라서 천문학자들은 이런 초신성을 포함한 은하에서 오는 스펙트럼의 적색편이를 측정하여 우주의 과거를 들여다볼 수 있고, 초신성이 폭발한 시점의 팽창 속도를 알 수 있다.

  Ia형 초신성을 연구한 두 팀은 1998년에 우주의 팽창이 느려지는 것이 아니라 빨라지고 있다는 같은 결론에 도달했다. 그들의 측정 결과에 의하면, 우주는 50억 년 전에서 70억 년 전 사이에 팽창 속도가 느려지는 감속 단계가 끝나고 그 후에는 빨라지기 시작했다. 이 발견으로 미국의 천문학자 솔 펄머터^{Saul Perlmutter}, 브라이언 슈밋^{Brian Schmidt} 그리고 애덤 라이스^{Adam Reiss}는 2011년 노벨 물리학상을 공동 수상했다.

암흑에너지

우주의 팽창이 빨라지고 있다는 것은 무엇인가가 '반중력'으로 작용하여 우주를 더 멀리 밀어내고 있음을 뜻한다. 이 신비스러운 힘의 정체에 대해서는 아직 정확히 알려지지 않아 암흑에너지라 부르고 있다. 암흑에너지의 정체에 대해서는 거의 알아낸 것이 없지만 천문학자들은 은하들이 멀어지고 있는 속도를 측정해 현재 우주에 존재하는 암흑에너지의 양을 추정해냈다. 이러한 추정에 의하면 우주에 존재하는 암흑에너지의 총량은 우주 전체 질량의 75%나 된다.

그렇다면 암흑에너지는 무엇일까? 무엇이 이런 방법으로 중력에 대항하고 있을까? 놀라운 가능성 중 하나는 공간 자체가 그런 에너지를 제공하고 있다는 것이다.

물리학자들은 아무것도 없는 빈 공간은 존재하지 않는다는 것을 이미 알고 있다. 진공 안에도 에너지 요동이 존재한다. 그리고 공간은 우주 전체에 퍼져 있고 따라서 '진공에너지'도 우주 전체에 퍼져 있다. 그러나 진공에너지는 우리에게 익숙하지 않은 이상한 성질을 가지고 있다. 물리법칙에 의하면 진공은 항상 일정한 양의 에너지를 가지고 있어야 반중력 효과에 의해 균형을 유지할 수 있다. 따라서 우주가 얼마나 많이 팽창했느냐에 관계없이 일정한 부피의 진공은 항상 같은 양의 에너지를 가지고 있어야 한다. 아마도 우주를 가속시키고 있는 암흑에너지는 이런 방법으로 일정하게 유지되는 진공에너지의 반발 효과에 의한 것일 가능성이 있다.

모든 은하들이 함께 뭉쳐 있던 초기 우주에서는 물질 사이에 작용하는 중력이 진공에너지의 반발력보다 우주 팽창에 더 큰 영향을 주었을 것이다. 그러나 팽창이 계속되어 은하들 사이의 거리가 멀어지자 중력의 효과가 약해져 일정하게 유지되는 진공에너지보다 작아지자 우주가 가속 팽창을 시작한 것으로 보인다. 이것은 선수들 사이의 거리를 항상 일정하게 유지하고 있어, 팽창하면 선수의 수가 늘어나는 A팀과 처음에는 가까이 모여 있던 선수들이 팽창해도 선수의 수는 변하지 않고 선수들 사이의 거리만 멀어지는 B팀이 줄다리기를 하고 있는 것과 같다. 공간이 작았던 초기에는 B팀이 A팀보다 유리하지만 팽창을 통해 공간이 늘어나면 결국 A팀이 이기게 될 것이다. 놀랍게도 중력에 저항하는 이 일정한 밀도의 진공에너지는 아인슈타인이 1917년에 일반상대성이론의 방정식에 도입했던 우주상수와 일치했다. 따라서 아인슈타인이 대단한 실수를 저지른 것이 아니라 진공에너지를 제대로 이해하지는 못한 상태에서 방정식에 이 에너지를 추가했던 것으로 보인다. 만약 암흑에너지가 진공에너지라면 암흑에너지도 변하지 않는 상수여야 한다. 다행스러운 것은 실험을 통

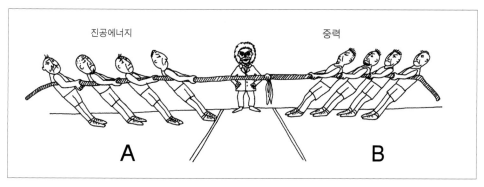

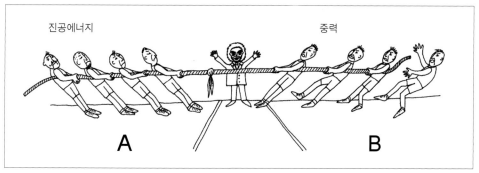

빅뱅 가상 이미지. 암흑에너지가 발견되기 전까지는 중력이 빅뱅으로 인한 우주의 팽창 속도를 감속시키고 있을 것이라 생각했다. 현재 천문학자들은 우주의 팽창 속도가 점점 빨라지고 있다는 것을 알고 있다.

해 암흑에너지를 확인할 수 있다는 것이다.

천문학자들은 일정한 부피의 공간 안에 포함된 물질의 양과 암흑에너지에 의한 압력의 비인 암흑에너지의 '상태방정식'이라고 알려진 양을 측정할 수 있다. 이 상태방정식의 값이 정확하게 -1이고 변하지 않으면 암흑에너지는 아인슈타인의 우주상수다. 그러나 상태방정식이 변하는 값이고 그 값이 -1보다 작다는 증거를 발견한다면 암흑에너지는 상수가 아니고 따라서 아인슈타인의 '실수(우주상수)'로 암흑에너지를 설명할 수 없을 것이다.

현재까지의 관측 결과는 상태방정식의 값이 -1이라는 것을 나타내고 있기 때문에 아인슈타인이 일반상대성 방정식에 우주상수를 도입한 것은 옳았던 것으로 보인다.

그러나 여기에는 문제가 있다. 연구자들이 존재할 것이라고 예상하는 진공에너지의 총량은 현재 우주를 가속 팽창시키는 데 필요한 에너지보다 훨씬 크다. 실제로 그 값은 10^{120}배(1 다음에 0을 120개 더한 값)나 된다! 그럼에도 불구하고 암흑에너지가 진공에너지일 것이라는 것이 우리가 현재 가지고 있는 최선의 해답이다. 따라서 우리 우주의 사라진 75%의 에너지 성격을 규명하는 일은 앞으로도 계속되어야 할 것이다. 암흑에너지의 정체를 규명하여 우주의 신비를 풀어내기 위해서는 야심 찬 우주

탐험 프로그램과 놀라운 성능을 가진 새로운 망원경의 개발이 필요할 것이다.

암흑물질

현재의 우주는 4%의 원자와 73%의 암흑에너지로 이루어져 있다. 그러나 아직 계산에 넣지 않은 약 23%가 남아 있다. 연구자들은 이 남아 있는 23%는 스위스 물리학자 프리츠 츠비키^{Fritz Zwicky}가 1933년에 처음 발견한 또 다른 신비스러운 존재일 것이라고 믿고 있다.

과학계에서 가장 괴짜로 알려진 츠비키는 미국 캘리포니아 공과대학(칼텍)의 망원경을 이용하여 지구로부터 3억 광년(약 2850조km) 정도 떨어진, 1000개 정도의 은하로 이루어진 머리털자리 은하단을 조사했다. 적색편이를 측정하여 머리털자리 은하단에 속한 은하들의 속도를 측정한 츠비키는 은하들의 속도가 예상했던 것보다 훨씬 빠르다는 것을 알아냈다. 은하단 안에서 측정할 수 있는 모든 물질 사이에 작용하는 중력은 은하의 속도를 감당할 수 있을 만큼 크지 않았다. 따라서 이 은하단에는 관측할 수는 없지만 은하의 속도를 감당하는 데 필요한 중력을 제공하는 다른

아인슈타인은 1917년에 그의 방정식에 우주상수를 도입하는 '실수'를 저질렀다고 말했다. 그러나 오늘날 많은 사람들이 가속 팽창하고 있는 우주에 에너지를 공급하는 것은 아인슈타인의 우주상수라고 믿고 있다.

슬론 디지털 스카이 서베이 우주 망원경과 스피처 우주 망원경이 가시광선과 적외선을 이용하여 찍은 머리털자리 은하단의 사진을 합성하여 만든 사진. 프리츠 츠비키가 1933년에 이 은하들이 너무 빠르게 운동하고 있다는 사실을 알아낸 것이 암흑물질에 대한 최초의 증거였다.

물질이 있어야 한다고 제안했다. 그는 이 물질을 '암흑물질'이라는 뜻의 독일어 둔켈 마테리에라고 불렀다.

그리고 1937년에 미국 천문학자 싱클레어 스미스[Sinclair Smith]도 처녀자리 은하단에서 비슷한 현상을 발견했다. 하지만 다음 해에 39세에 암으로 사망하면서 그의 연구는 묻히게 되었다. 비슷한 시기에 네덜란드의 천문학자 얀 오르트[Jan Oort]는 은하수 은하 안에 있는 별들의 운동을 조사하고 있었다. 그는 일부 별들이 은하수 은하를 탈출하기에 충분한 속도로 빠르게 운동하고 있는 것을 발견했다. 그러나 이 별들은 은하수 은하를 떠나지 않았다. 그것은 무엇인가가 이 별들을 강하게 붙들고 있다는 것을 뜻했다.

츠비키, 스미스 그리고 오르트의 발견에도 불구하고 1970년대까지 '사라진 질량'

의 문제는 천문학계의 주요 관심사가 되지 못했다. 그런데 미국의 천문학자 베라 루빈[Vera Rubin]이 은하수 은하에서 가장 가까운 거리에 있는 안드로메다은하에서 문제를 발견하면서 사람들은 이 사라진 질량에 관심을 가지기 시작했다.

루빈은 안드로메다은하 가장자리에 있는 별들이 너무 빠른 속도로 이 은하를 돌고 있는 것을 발견했다. 안드로메다은하나 은하수 은하와 같은 나선은하는 대부분의 관측 가능한 물질이 부풀어난 중심 부분에 밀집해 있고, 나머지 별들은 이 중심 부분을 돌고 있어 전체적으로는 중심 부분이 부풀어난 납작한 원반 모양을 하고 있다. 루빈이 예상한 것은 은하의 중심에서 멀리 떨어질수록 은하 중심을 도는 별의 속도가 느려지는 것이었다. 이는 우리 태양계 행성들의 운동에서도 관측할 수 있다. 수성, 금성, 지구, 화성과 같이 태양에서 가까운 내행성들은 목성, 토성, 천왕성, 해왕성과 같이 태양에서 멀리 떨어져 있는 외행성들보다 훨씬 빠른 속도로 태양을 돌고 있다. 하지만 그녀가 실제로 발견한 것은 은하의 모든 별들의 속도가 거의 같다는 것이었다. 우리 태양계와 마찬가지로 안드로메다은하의 경우에도 대부분의 물질이 중심에 모여 있는 것처럼 관측되는데도 불구하고 안드로메다은하의 별들은 태양계의 행성들처럼 행동하지 않고 있었다. 1980년까지 루빈은 100개가 넘은 은하에서 같은 현상을 확인하여 발표했다.

네 명의 천문학자가 발견한 이상한 현상은 빛과는 상호작용하지 않기 때문에 우리가 관측할 수는 없지만 중력에 의한 상호작용을 하는 새로운 물질을 가정하면 설명할 수 있다. 루빈의 회전하는 은하의 경우, 관측 불가능한 이 물질이 은하 전체에 골고루 분포해 있어 전체적인 질량이 중심 부분에 집중되어 있지 않다면 별들이 태양계의 행성들과 다르게 행동하는 것을 설명할 수 있다. 이는 또한 이 보이지 않는 물질의 중력이 오르트가 발견한 별들이 은하 밖으로 달아나지 못하도록 붙잡고 있다고 설명할 수 있다. 뿐만 아니라 츠비키와 스미스가 발견한 은하단 은하들의 빠른 속도도 이 보이지 않는 물질을 이용하여 설명할 수 있다.

이 보이지 않는 물질은 빛을 방출하거나 흡수하지 않고 반사도 하지 않는다는 것

GALEX 우주 망원경이 자외선을 이용하여 찍은 안드로메다은하의 모습. 1970년대에 미국 천문학자 베라 루빈(Vera Rubin)은 안드로메다은하 가장자리의 별들이 예상보다 빠른 속도로 돌고 있다는 것을 알아냈다. 이것은 이 은하가 눈에 보이지 않는 암흑물질을 포함하고 있다고 가정하면 설명할 수 있다.

을 제외하면 보통의 물질과 똑같이 행동하기 때문에 암흑물질이라는 이름으로 부르게 되었다.

과학자들은 중력렌즈 효과 현상을 이용하여 우주 전체에서 암흑물질의 증거를 찾고 있다. 중력렌즈 현상은 커다란 은하단이 뒤에서 오는 은하의 빛을 막고 있을 때 나타난다. 은하단의 큰 질량에 의한 중력이 렌즈처럼 작용하여 뒤에 있는 은하에서 오는 빛을 은하단 주변에서 휘어지게 한다. 그렇게 되면 뒤에 있는 은하의 빛이 은하단 주변을 둘러싼 고리처럼 보인다. 이를 아인슈타인 고리라고도 부른다.

은하단에 포함된 별, 먼지, 기체와 같은 관측 가능한 모든 물질을 더해도 빛을 휘게 하기에는 많이 부족하다. 따라서 과학자들은 은하단 내의 별들을 묶어두는 역할뿐만 아니라 빛을 휘게 하여 중력렌즈 효과를 발생시키는 많은 양의 암흑물질이 은하에 포함되어 있다고 믿고 있다.

그러나 우주 전체에 암흑물질이 존재한다는 숱한 증거에도 불구하고 아직 암흑물질을 직접 확인하지는 못했다. 암흑물질의 존재는 관측 가능한 물질에 주는 효과를 통해 간접적으로 추정할 수 있을 뿐이다.

세계의 많은 과학자들이 암흑물질의 확실한 증거를 찾아내기 위해 다양한 실험을 하고 있다. 과학자들 중 일부는 암흑물질이 약하게 상호작용하는 무거운 입자(WIMPs)일 것이라고 생각한다('전문가 노트: WIMPs란 무엇인가?'

허블 우주 망원경으로 찍은 사진이 중력렌즈로 작용하는 0024+1654(노란색) 은하단을 보여주고 있다. 더 멀리 있는 은하에서 오는 빛이 은하단 질량의 중력에 의해 휘어져 길게 늘어진 호처럼(푸른색) 보인다. 관측이 가능한 물질로는 이러한 중력렌즈 효과를 설명할 수 없기 때문에 중력렌즈 현상을 설명하기 위해서는 암흑물질이 필요하다.

참조). 지하에 설치된 많은 탐지 장치들이 지구를 통과해 지나가는 WIMPs의 증거를 찾고 있고, 지구 궤도를 돌고 있는 인공위성에서는 우주 공간에서 WIMPs 사이의 상호작용 효과를 찾아내기 위해 노력하고 있다.

암흑물질과 암흑물질의 사촌이라고 할 수 있는 암흑에너지의 정체가 무엇이라고 밝혀지든 이들은 우주의 많은 부분을 차지하고 있다. 때문에 이제 더 이상 우리가 우리를 만들고 있는 물질과 같은 물질로 이루어진 우주에 살고 있다고 말할 수 없게 되었다. 그럼에도 불구하고 우리가 우주를 바라보면서 우주에 대해 의문을 품고, 우주의 비밀을 밝혀내려 하고 있는 곳은 4%밖에 안 되는 귀한 원자들로 이루어진 우리의 작은 푸른 행성이다.

WIMPs란 무엇인가?

1980년대에 암흑물질에 대한 관심이 높아지자 암흑물질에 대한 답을 찾지 못하고 있던 물리학자들은 입자물리학들에게 보이지 않는 물질이 무엇으로 만들어졌겠느냐고 질문했다. 그러나 입자물리학자들 역시 자신들의 문제를 해결하는 데 어려움을 겪고 있었다. 그들은 일반적인 입자들의 행동을 기술하는 수학에서 나타나는 이상한 일치(표준 모형)를 설명해야 했다.

새로운 이론인 초대칭 이론이 두 가지 문제를 모두 해결할 수 있을 것처럼 보였다. 이 이론에서는 모든 일반적인 입자는 무거운 '초입자' 동반자를 가지고 있다고 설명한다. 예를 들면 쿼크는 초입자 동반자인 스쿼크를 가지고 있다. 입자물리학자들에게 이 초입자 동반자들은 일반적 입자의 표준 모형에 나타나는 특이성의 문제를 해결한다. 그리고 천문학자들에게는 가장 안정한 초입자가 암흑물질처럼 행동한다.

첫째로 이 입자들은 빛을 방출하거나 흡수하지 않으며 반사하지도 않는다. 따라서 눈에 보이지 않는다. 그것은 좋은 출발이다.

두 번째로 이 입자들은 때로 일반적인 물질을 이루고 있는 원자와 충돌한다(따라서 약하게 상호작용하는 입자^{WIMPs}이다). 이는 실험을 통해 확인 가능하다. 실험을 통해 확인할 수 있다는 것은 큰 도움이 된다.

세 번째로 빅뱅에서 얼마나 많은 WIMPs가 만들어졌는지 계산할 수 있다. 이러한 계산의 결과는 암흑물질을 설명하기에 알맞은 값이다.

실험으로 확인 가능한 이론이 있을 때는 실험을 통해 확인해야 한다. 그러나 2013년 현재까지 거대 하드론 충돌가속기^{LHC}를 이용한 실험에서 초대칭성이 확인되지 못했다. 물론 그것으로 이 이론이 끝난 것은 아니다. 하지만 계속해서 몇 년 동안 아무 결과도 얻지 못한다면 우리는 암흑물질 뒤에 있는 용의자에 대한 우리의 추정을 수정해야 할 것이다.

앤드루 폰젠(Andrew Pontzen),
우주론학자, 옥스퍼드 대학

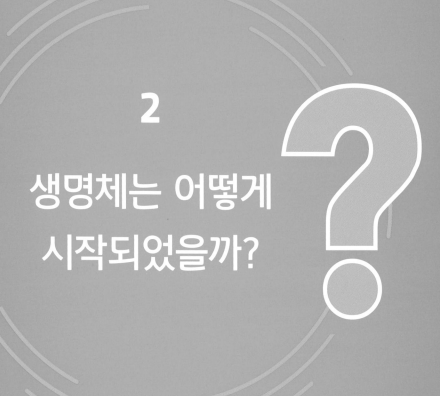

2

생명체는 어떻게
시작되었을까?

양 배추, 미역, 돼지 족발 그리고 심지어 과일박쥐(서태평양 일부 섬에 사는)를 포함해 한때 살아 있는 모든 것으로 수프를 만들 수 있다. 미국의 화학자 스탠리 밀러$^{Stanley\ Miller}$는 살아 있는 모든 것으로 수프를 만들 수 있다는 것을 뒤집어 모든 생명체가 수프에서 시작되었을지도 모른다는 생각을 하게 되었다.

20세기에 행해진 가장 중요한 과학 실험 중 하나라고 할 수 있는 밀러의 '원시 수프' 실험은 무기물을 이용하여 생명 물질을 조리해내는 생명체의 조리법 실험이라고 할 수 있을 것이다. 그는 초기의 따뜻했던 지구에 있었을 것으로 추정되는 화학물질로 생명 물질 분자들을 포함하고 있는 따뜻한 수프를 만들어냈다. 이 실험을 통해 만들어진 분자들은 오늘날 살아 있는 생명체 안에도 존재한다. 그것은 우리에게까지 연결되는 진화의 여정이 40억 년 전에 원시 수프 안에 떠다니던 생명 물질에서 시작되었다는 것을 의미한다. 1953년에 당시 스물두 살이었던 밀러는 생명의 기원을 밝혀내는 중요한 첫발을 내디딘 실험 결과를 발표했다. 하지만 밀러가 생명의 기원을

1953년 5월 16일에 찍은 이 사진은 생명의 기원에 관한 고전적인 논문이 출판된 다음 날, 시카고 대학 실험실에 있는 젊은 스탠리 밀러의 모습이다.

모두 밝혀냈다고 할 수는 없다. 실제로 지구 초기에 어떤 일이 일어났는지를 직접 본 사람은 아무도 없다. 또 원시 수프에서 생명이 시작될 때 일어났던 일들에 대해서는 아직 많은 부분이 의문으로 남아 있다.

생명체가 무기물로 이루어진 수프에서 시작되었다는 생각을 처음 한 사람은 진화론을 제안한 자연주의자 찰스 다윈Charles Darwin이었다. 그는 1871년에 친구인 식물학자 조지프 후커Joseph Hooker에게 보낸 편지에서 '따뜻한 작은 연못'에 대해 이야기했다. 다윈은 빛, 열 그리고 전기에 의한 효과가 초기 지구에 존재하던 기본적인 화학물질을 이용해 음식물을 소화하고, 근육을 움직이게 할 뿐 아니라 다양한 작용을 하는 생명 분자인 단백질을 합성했다고 설명했다. 하지만 다윈은 후에 따뜻한 작은 연못 이

야기는 과학적 근거 없이 생명의 기원에 대해 생각하다가 떠오른 '부질없는 생각'이
었다고 했다.

밀러에게 영향을 준 사람은 러시아의 생화
학자인 알렉산드르 이바노비치 오파린^{Aleksandr}
Ivanovich Oparin이었다. 오파린은 1920년대에 원
시 생명 수프에 대한 생각을 시작해 1924년
《생명의 기원》을 통해 발표했다. 그는 지구도
한때 목성과 비슷한 상태의 대기를 가지고 있
었을 것이라고 가정했다. 따라서 당시 알려졌
던 목성의 대기 상태를 기초로 하여 초기 지
구 대기가 수증기, 메테인, 암모니아 그리고

수소 기체로 이루어졌지만 산소는 거의 포함하지 않은 상태일 것이라고 생각했다.
그는 이 단순한 성분들이 반응하여 탄소를 기반으로 하는 간단한 분자를 합성했고,
이 분자들이 바다에서 결합하여 후에 세포 안에 포함된 생명 물질이 되었다고 믿었
다. 오파린의 이런 제안으로 수프에서 생명체가 탄생했다는 생각이 시험을 통해 확
인해볼 수 있는 구체적인 이론이 되었다. 이것은 진화론을 연구하던 다윈의 추종자
들을 고무시켰다. 오파린의 주장은 시카고 대학에서 교육 조교로 있던 열정적인 젊
은 밀러에게까지 알려지게 되었다. 밀러는 노벨 화학상 수상자였던 그의 박사 학위
지도 교수 해럴드 유리^{Harold Urey}를 설득하여 오파린의 이론을 확인하는 실험을 할 수
있도록 허락받았다. 실험 장치는 몇 개의 플라스크와 오파린이 제안했던 원시 지구
성분 물질들이 전부였다.

밀러는 두 개의 플라스크를 연결하고 아래쪽 플라스크를 끓는 '바닷물'로 채웠다.
끓는 바닷물에서 증발한 기체 혼합물이 두 번째 플라스크로 들어갔다. 이 고전적인
실험의 절정은 초기 지구에서의 번개를 대신하기 위해 테슬라 코일을 이용하여 전기
불꽃을 만든 것이었다.

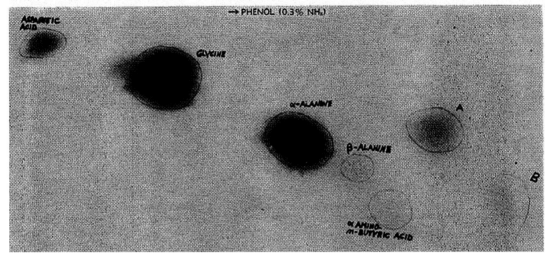

수프의 점들. 밀러는 크로마토그래피를 이용하여 실험에 사용된 원시 수프에서 여러 가지 성분을 분리해냈다. 원으로 표시된 아미노산들은 그의 원시 수프에서 복잡한 생명 분자들이 형성되었음을 보여주고 있다.

며칠 후 수프 위에 떠다니는 물질을 분석한 밀러는 복잡한 생명 물질이 단순한 화학반응을 통해 무기물에서 만들어질 수 있다는 것을 확인할 수 있었다. 크로마토그래프에 나타난 얼룩얼룩한 점들 중에는 아메바에서 얼룩말에 이르기까지 모든 생명체 안에서 단백질을 합성하는 데 사용되는 아미노산의 존재를 확인해주는 점들이 포함되어 있었다.

그러나 밀러가 생명의 시작을 발견한 것은 아직 아니었다. 밀러가 시험하고자 했던 오파린의 초기 지구 상태에 대한 가정에는 문제가 있었다. 이 분야에서 연구를 계속하고 있는 대부분의 과학자들은 이산화탄소와 질소가 초기 지구의 중요한 구성 성분이었다는 것에 동의하지만 밀러의 목록에 포함되어 있던 다른 성분들에 대해서는 동의하지 않고 있었다. 아무리 복잡하고 탄소를 많이 포함하고 있다 해도 화학물질만으로는 생명체가 만들어지지 않는다. 그렇다면 수프 다음에는 무엇이 나올까?

수프 다음에 나오는 것은 세포가 틀림없다. 생명체가 하나의 거대하고 복잡한 분자로 이루어져 있는 것이 아니라 수많은 세포로 이루어져 있다는 사실은 생명체가 만

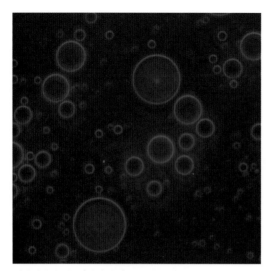

실험실에서 만든 '원시세포'는 초기 생명체와 같은 간단한 형태를 하고 있다. 그러나 이 원시세포는 새로운 형태의 생명체를 만들어내는 데 사용될 수 있다.

들어지는 첫 단계에서는 생명체를 이루는 세포가 만들어져야 한다는 것을 쉽게 짐작할 수 있도록 한다. 생명체는 외부와 격리하는 경계가 필요하다. 세균과 같이 하나의 세포로 이루어진 생명체에서는 세포를 둘러싸고 있는 지방층이 생명체를 외부의 화학적 환경과 구별하는 경계 역할을 한다. 사람과 같이 수백만 개 또는 수십억 개의 세포로 이루어진 생명체에서도 세포와 세포 사이의 경계는 각각의 세포들이 특정한 역할을 하기 위해 꼭 필요하다. 과학자들은 생명체를 구성하는 세포가 수프 다음의 어느 시점에 나타났을 것이라고 믿고 있다. 그러나 생명체가 나타나기 위해서는 먼저 해결되어야 할 문제들이 있다. 세포는 자신과 똑같은 분자를 만들어낼 수 있는 자체 복제 능력을 가지고 있다. 세포가 분열할 때는 유전자 안에 들어 있던 정보가 복제되어 새로운 세포에 전달된다. 따라서 세포분열로 만들어진 딸세포는 모세포와 같은 유전정보를 가진 세포가 된다. 세포는 많은 분자들로 이루어져 있다. 따라서 자체 복제 능력을 가진 세포가 만들어지기 위해서는 먼저 자신과 똑같은 분자를 만들어낼 수 있는 분자가 만들어졌어야 한다. 세포가 가지고 있는 것과 같은 정보 전달을 도와줄 복잡한 기관들을 가지고 있지 않았던 원시 수프 위에 떠다니던 분자들 중에는 자신과 같은 분자를 만들어낼 수 있는 자체 복제 기능을 가진 분자가 있었을 것이다.

과학자들은 원시 수프에서 간단한 화학반응으로 만들어질 수 있을 정도로 충분히 단순하면서도 스스로 완벽한 복제가 가능한 분자를 찾고 있다. 세포에서 중요한 일들을 하는 단백질이 그런 분자였을까?

밀러가 시카고에서 수프를 끓이고 있을 때 영국 케임브리지 대학의 캐번디시 연구소에서는 두 명의 생물학자가 생명의 수수께끼를 푸는 또 다른 열쇠를 찾고 있었다. 1953년에 밀러가 원시 수프 실험 결과를 발표하기 몇 주 전 제임스 왓슨James Watson과 프랜시스 크릭Francis Crick이 생명의 청사진을 담고 있는 DNA 분자의 이중나선 구조를 밝혀냈다. 이들의 발견 이후에 이루어진 유전학 연구를 통해 하나의 사슬로 이루어진 작은 DNA의 사촌인 RNA가 최초로 자체 복제 기능을 가지고 있던 생명의 기원 분자 후보로 떠올랐다.

오늘날에는 단백질을 합성하는 데 필요한 유전정보를 가지고 있는 두 가지 핵산인 DNA와 RNA가 단백질과 누가 먼저였느냐를 놓고 경쟁을 벌이고 있다. 모든 것을 시작하도록 한 분자는 단백질 합성 정보를 가지고 있는 핵산일까 아니면 단백질일까?

닭이 먼저냐 아니면 달걀이 먼저냐?

핵산과 단백질은 풀 수 없을 만큼 서로 복잡하게 얽혀 있어 '어느 것이 먼저냐' 하는 문제의 답을 찾는 것은 쉽지 않다. DNA의 사촌이라 할 수 있는 RNA도 염기 서열 형태의 유전정보를 가지고 있는 길고 복잡한 분자다. RNA는 DNA에서 복제한 유전정보를 세포 내에 있는 단백질 합성 기관에 전달한다. 오늘날 우리 몸 안에서 다양한 기능을 하는 10만 종이 넘는 단백질은 DNA와 RNA에 포함된 유전정보가 없었다면 존재할 수 없었을 것이다. 그러나 핵산이 없으면 단백질이 있을 수 없는 것과 마찬가지로 단백질이 없으면 핵산도 존재할 수 없다. 단백질이 하는 중요한 일 중 하나가 새로운 DNA와 RNA를 만드는 일이기 때문이다. 이는 닭과 달걀 중 어느 것이 먼저냐를 따지는 것과 같다. 그렇다면 최초 자체 복제 분자의 경쟁에서 RNA가 단백

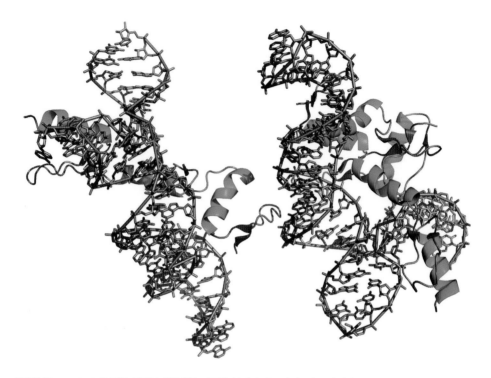

리보핵산(RNA)(핑크색)은 지구 상에서 생명체를 시작한 분자의 후보이다. 세포 안에서 RNA는 DNA의 유전정보를 단백질을 합성하는 기관으로 전달하는 역할을 한다. 단백질을 합성하는 기관에서 RNA 분자는 새로운 단백질을 만들기 위해 유전정보를 사용할 것인지를 결정하는 '스위치' 역할 분자(푸른색)와 상호작용한다.

질을 이겼다고 주장하는 과학자들은 어떤 근거로 결론을 내린 것일까?

원시 수프에서 RNA와 같이 복잡한 분자가 먼저 등장했다고 생각하는 것은 어려운 일이다. 특히 밀러가 기체와 수증기를 채운 플라스크 안에서 단백질 구성 분자들이 쉽게 만들어진다는 것을 보여주었다는 것을 감안하면 더욱 그렇다.

수프와 세포 이야기에는 하버드 대학에서 화학과 물리학을 공부하고 후에는 분자생물학자가 된 월터 길버트$^{\text{Walter Gilbert}}$가 등장한다. 이 이야기는 길버트의 연구에 큰 영향을 준 제임스 왓슨과 길버트의 만남에서부터 시작된다. 길버트는 영국 케임브리지 대학에서 박사 학위 과정에 있을 때 왓슨을 처음 만났다. 그러나 1950년대 말에는 두 사람 모두 미국으로 돌아와 하버드 대학에서 연구하고 있었다. 하버드 대학에

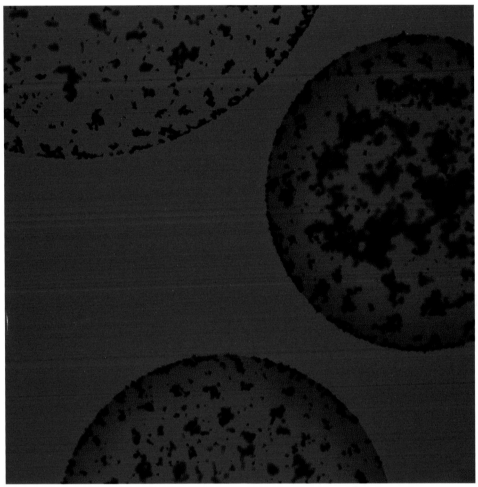

간단한 화학물질을 포함한 이 기름방울은 최초의 세포와 비슷할지 모른다. 안에 들어 있는 검은색 화합물은 화학반응을 통해 원시세포에 동력을 제공하는 시안화수소 고분자이다.

서 왓슨의 관심은 DNA에서 RNA로 바뀌어 RNA에 대한 연구를, 길버트는 이론물리학을 가르치고 있었다. 그런데 왓슨이 하고 있던 실험에 크게 매료된 길버트가 왓슨의 실험에 동참하기로 결정하고 1960년 여름을 핵산 연구로 보냈다. 그는 분자생물학 연구를 계속하여 핵산 연구로 프레더릭 생어^{Frederick Sanger}, 폴 버그^{Paul Berg}와 함께 1980년 노벨상을 공동 수상했다. 그리고 1986년에는 《네이처》에 발표한 논문을 통해 'RNA 세상' 이론을 제안했다.

길버트가 제안한 RNA 세상 이론에 의하면, 단백질이 아니라 RNA가 생명의 선구자다. RNA는 자체 복제 기능을 가진 첫 번째 분자로 많은 RNA를 만들어내 진화의 긴 여정을 시작한 분자가 되었다. 그러나 길버트의 기대와 달리 이 이론은 생명의 기원을 연구하는 다른 과학자들에게 널리 받아들여지지 않고 있다.

이 이론은 경쟁 관계에 있는 다른 이론들보다 더 많은 지지를 받고 있지만 그것은 마지못한 선택으로, 못마땅한 많은 이론들 중 그나마 가장 그럴듯하다는 정도의 지지였다. 2012년에 뉴질랜드의 생화학자 해럴드 번하트 [Harold Bernhardt]는 RNA 세상 이론을 "다른 모든 이론을 제외하면 생명의 초기 진화에 관한 최악의 이론"이라고 평가했다.

초기 생명체 진화와 관련된 일들은 40억 년 전에 있었던 일들이어서 길버트의 이론을 직접 시험해볼 수는 없다. 그뿐만 아니라 과학자들은 자체 복제 기능을 가진 RNA를 발견하지 못했고, 그런 기능을 가진 다른 분자도 찾아내지 못했다. 과학자들은 자체 복제 기능을 찾아내기 위해 수조 개의 RNA 염기 서열을 조사했다. 그 결과 유전정보 일부를 자체 복제한 분자를 찾아내기는 했지만 유전정보 전체를 복제한 분자를 찾아내지는 못했다.

RNA가 생명체의 선구자라는 실험적 증거가 부족하지만 생명의 선구자 자리를 놓고 경쟁을 벌이는 단백질의 경우에도 더 나을 것은 없다.

과학자들이 최근에 사용하는 전략은 RNA와 단백질의 진화 역사를 비교하여 어느 것이 더 오래되었는지를 알아내는 것이다. 유전자에 포함된 정보를 통해 악어가 고양이보다 먼저 진화했다고 말할 수 있는 것처럼 분자 구조에 숨어 있는 정보를 비교하면 핵산과 단백질 중 어느 것이 먼저였는지를 알아낼 실마리를 찾아낼 수 있을 것이다. 하지만 이러한 접근의 어려운 점은 RNA의 조상보다 단백질의 조상을 알아내는 게 어렵다는 것이다. 현대의 세포에서 RNA가 단백질 합성에 관한 정보를 가지고 있기 때문이다.

이것이 왜 문제가 되는지를 이해하기 위해 잠시 핵산이 아니라 단백질이 최초의 자체 복제가 가능한 분자였다고 가정해보자. 자체 복제가 가능한 단백질이 원시 태양 아래 자체 복제를 통해 많은 단백질을 만들어내던 것은 40억 년 전의 일이었다. 그다음에 RNA가 등장해 전체 시스템을 새롭게 바꾸어놓았다. 새로운 시스템에서는 단백질이 RNA에 포함된 정보를 이용해 세포 내에서만 만들어지기 시작했다. 이런 경우 새로운 RNA 시스템이 등장하기 전에 일어났던 일을 추적하는 것은 가능하지 않다. 오늘날 모든 세포 안의 단백질은 새로운 시스템에 바탕을 둔 것이기 때문이다.

단백질과 핵산 중 어느 것이 생명의 선구 분자인지의 문제를 옆으로 밀어두고 결

40억 년 전에 지구의 평균온도는 지금보다 훨씬 높아 70℃나 되었다. 널리 받아들여지는 이론에서는 생명체가 화산 주변의 샘이나 수증기 안에서 처음 나타났다고 설명한다. 오늘날에도 열을 좋아하는 세균(호열균)들이 온천에 번성하고 있다.

 생명체는 어떻게 시작되었을까?

33

국에는 단백질과 핵산 분자가 함께 공동 작업을 하여 분자의 복제가 가능해졌다는 것을 인정한다 해도 이것으로 생명의 기원을 밝혀내는 일이 크게 진전될 수는 없을 것이다. 복제 기능을 가진 분자는 생명체의 단위가 되는 세포가 아니기 때문이다. 따라서 생명의 기원을 밝혀내기 위해 답해야 할 문제들이 아직 많이 남아 있다. 예를 들면 다음과 같은 질문들이 답을 기다리고 있다.

최초의 세포는 어디서 왔으며, 언제 처음 나타났는가? 처음에 세포는 무엇으로 이루어졌을까?('전문가 노트: 최초의 세포는 어떤 모양이었을까?' 참조) 이런 질문들의 답을 찾기 위해서는 초기 세포인 원시세포를 흉내 낸 단순한 생물학적 시스템을 만들어내는 실험을 해야 한다. 현재는 DNA를 합성하여 세포와 비슷하게 막으로 감싸게 하는 것도 가능하다.

가까운 장래에 과학자들은 자체 복제가 가능한 원시세포를 만들어낼 것이다. 그렇게 되면 과학자들은 실험실에서 생명을 창조했다고 주장할 것이다. 하지만 여전히 생명의 기원을 밝혀냈다고 주장할 수는 없을 것이다. 실험실에서 세포를 만들어낸 방법으로 초기 지구에서 최초 세포가 만들어졌다고 단정할 수 없기 때문이다. 생명의 기원과 관련된 비밀은 초기 지구로 여행할 수 있는 시간 여행자만 밝혀낼 수 있을 것이다('시간 여행은 가능한가?' 참조).

과학자들은 아직도 생명의 요람이 된 환경에 대해 논쟁하고 있다. 과학자들 중 일부는 밀러의 뜨거운 원시 수프가 실제로는 차게 먹는 수프인 가스파초처럼 차가웠을 것이라 믿고 있고, 일부는 비네그레트소스로 무친 요리처럼 산성이었을 것이라고 주장하며, 마요네즈 같이 기름기를 많이 포함하고 있었을 것이라고 주장하는 사람들도 있다.

어디에서 생명이 시작되었는지에 대해서도 의견의 일치가 이루어지지 않고 있는 실정이고 보면 생명이 어떻게 시작되었는지에 대해서는 말할 것도 없다. 일부 과학자들은 바다에 충돌한 운석으로 인해 생명이 시작되었다고 주장하는가 하면, 운석이 다른 행성으로부터 지구로 생명체를 가져왔다고 주장하는 과학자들도 있다.

데옥시리보핵산(DNA)의 유전 코드가 복제되어 유전정보가 세포에서 세포로 전달된다. 그러나 DNA는 모든 진화의 씨앗이라고 하기에는 너무 복잡한 분자이다. 따라서 과학자들은 DNA의 사촌이라고 할 수 있는 RNA가 생명을 시작한 분자일 것이라고 생각하고 있다.

생명이 외계에서 왔다는 주장은 지구에서 생명이 어떻게 시작되었는가 하는 문제의 답을 자신의 기원에 대해 고민하고 있을지도 모르는 먼 은하의 외계인에게 떠넘기는 것이다.

좀 더 그럴듯한 이론은 생명이 화산 부근에서 시작되었다는 것이다. 수십억 년 전의 지구는 지금보다 더 따뜻했고 표면에 많은 화산 분화구가 있었을 것이라는 점은 거의 확실하다. 따라서 원시 수프를 담고 있던 연못은 오늘날의 온천 지역처럼 주변이 온천으로 둘러싸여 있었을 것이라고 쉽게 짐작할 수 있다.

또 최초의 생명체를 해저의 화산활동과 연결시키는 사람들도 있다. 해저화산 주변에는 용융된 암석에 의해 데워진 물이 흘러나오는 '검은 흡연자'로 알려진 열수 배출구가 있고, 이런 열수 배출구 주변에는 진화적으로 볼 때 원시 동물이라고 할 수 있는 생명체들이 많이 살고 있다.

생명의 기원에 대한 새로운 이론들이 등장하면서 밀러의 수프 이론은 진부한 이론처럼 보일 수 있다. 어쩌면 수프 이론 전체를 폐기하고 생명체가 어떻게 시작되었는지는 절대로 알 수 없다는 사실을 받아들이는 것이 현명할는지도 모른다. 그러나 밀러는 아직도 자신의 소매를 걷어붙이고 있다.

2007년 밀러가 사망한 후 밀러의 제자였던 지구화학자 제프리 배더^Jeffrey Bada는 밀러가 실험실에 남겨놓은 상자들을 발견했다. 이 상자들은 유리병들로 가득 차 있었다. 밀러는 실험에 사용되었던 샘플에 라벨을 붙이고 실험실 일지에 기록하여 보관하고 있었다. 배더는 원시 수프에 관한 논문이 출판된 직후인 1953년과 1954년에 했던 실험과 1958년에 했던 발표되지 않은 연구에 사용되었던 샘플 유리병을 발견하고 놀랐다.

배더는 새로운 분석 장비와 생명체에 대한 새로운 이해를 이용하여 밀러의 샘플에서 생명의 기원에 관해 이미 알려졌던 것과는 다른 것을 발견할 수 있었을까? 50년이 된 밀러의 샘플이 새로운 정보를 가지고 있다면 그것은 밀러의 시대가 아직 끝나지 않았음을 의미하는 것이다.

유리병에 든 내용을 다시 분석한 배더는 화산에서 분출되는 수분을 흉내 낸 (노즐을 이용하여 뜨거운 증기를 플라스크 안으로 불어넣은) 실험 장치의 수프 플라스크에 당시의 밀러가 찾아낼 수 있었던 것보다 좀 더 복잡한 화학물질이 일부 포함되어 있다는 것을 알게 되었다. 이 잊혔던 실험은 화산활동이 초기의 화학물질에서 생물학적 복잡성을 만들어내는 데 중요한 역할을 했다는 것을 보여준다.

화산이 생명의 요람일 것이라고 생각한 사람이 밀러만은 아니지만 그의 연구는 아직도 생명의 기원에 관한 생각에 영향을 주고 있다.

전문가 노트

최초의 세포는 어떤 모양이었을까?

살아 있는 세포는 생명 과정이 일어나도록 공동 작업을 하는 막으로 둘러싸인 분자들의 체계다. 우리는 어떤 구성 요소, 즉 어떤 분자 체계가 최초의 세포에 포함되어 있었는지는 모르지만 세포막은 최초의 세포에도 이미 있었던 것이 확실하다. 비눗방울과 마찬가지로 세포막은 지질이라고 불리는 분자로 만들어져 있다.

실험에 의하면, 40억 년 전의 지구와 비슷한 조건에서 지질은 스스로 막을 형성할 수 있다. 그런 다음 다른 분자들이 작은 방울이나 지질 소포체 안에 포획되었을 것이다. 이 방울들은 마치 수조 차례의 반복된 실험을 통해 생존하는 방법을 찾아내는 초소형 시험관과 같은 것이었다. 나는 이것이 생명이 시작한 방법이라고 생각한다. 만들어지고 파괴된 수많은 방울들 중에서 아주 희귀한 소포체가 우연히 에너지와 양분을 획득하고 성장할 수 있는 능력을 가지게 되었을 것이다.

현재 가장 간단한 형태의 생명체는 바이러스와 세균의 중간 성질을 지닌 하나의 세포로 이루어진 미생물인 미코플러스마다. 그러나 이 세포도 수백 개의 유전자를 가지고 있고, 수천 종류의 단백질을 합성한다. 우리는 최초의 생명체가 오늘날 존재하는 가장 간단한 생명체보다 훨씬 더 단순했을 것이라는 것 외에 최초의 생명체에 대해 확실하게 이야기할 수 있는 것이 아무것도 없다.

데이비드 디머(David Deamer),
생명분자공학자, 캘리포니아 대학, 산타크루즈

37

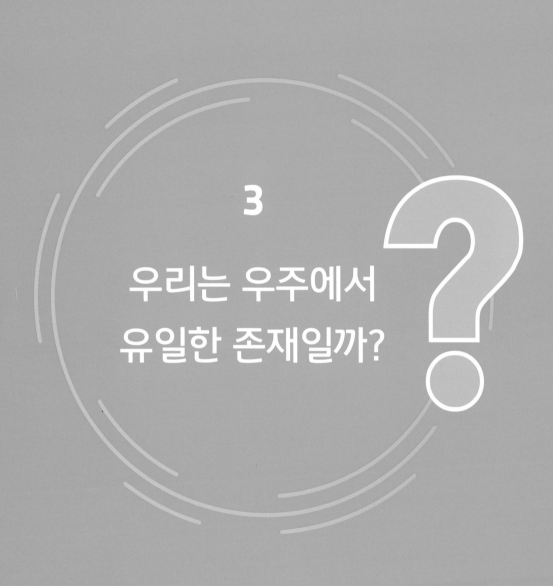

3

우리는 우주에서
유일한 존재일까?

로봇이 사방으로 끝없이 펼쳐진 얼음 발판 위에 놓여 있다. 앞으로 가라는 명령에 따라 로봇은 내려가는 길을 녹이기 시작한다. 얼음 위를 20km 여행한 후에 로봇의 임무는 모두 끝났다. 로봇은 얼음 아래 있는 소금물 안에서 수영할 수 있는 또 다른 로봇을 밖으로 꺼내놓는다. 어두운 곳을 비출 조명 장치를 갖춘 로봇은 얼음 아래 바다를 탐사한다. 로봇이 찾고 있는 것은 이곳에 살고 있을지도 모르는 미생물들이다.

이 가상 로봇은 지구의 극지방이 아니라 목성의 위성인 유로파^{Europa} 표면 아래의 바다를 탐사하고 있다. 위성 전체를 둘러싸고 있는 엄청나게 큰 빙판 아래 액체 상태의 물로 이루어진 바다를 숨겨놓고 있는 유로파는 태양계에서 외계 생명체를 찾을 가능성이 가장 큰 장소다. 미래에 전개될 이런 탐사 프로젝트는 생명에 대한 이해에 혁명적인 변화를 가져오고, 우주에서 우리가 유일한 존재인가에 대한 질문의 답을 줄 것이다.

태양으로부터 7억 5000만km 떨어진 유로파의 바다는 혹독한 추위 때문에 모두

목성의 위성 유로파의 거대한 빙원 아래 있는 소금물 바다의 움직임으로 표면에 만들어진 서로 교차하는 균열들.

얼어붙어 있을 것으로 생각하기 쉽다. 그러나 천문학자들은 유로파를 둘러싼 빙원 아래에는 지구의 바다와 호수 그리고 강물을 모두 합한 것보다 더 많은 액체 상태의 물이 있다고 믿고 있다. 이 물이 이동하면서 부딪혀 빙원에 균열을 만들기 때문에 위에서 보면 유로파 표면이 이리저리 금이 간 프랑스식 디저트 크렘뷜레 표면처럼 보인다.

태양에서 이처럼 멀리 떨어진 세상에 액체 상태의 물이 존재할 수 있는 것은 태양계에서 가장 큰 행성인 목성의 엄청난 중력 때문이다. 목성의 중력은 목성을 돌고 있는 유로파를 계속해서 팽창시키거나 압축시키는 작용을 한다. 금속을 반복적으로 구부렸다 폈다 하는 것과 비슷한 방법으로 이런 반복적 팽창과 수축은 위성의 핵을 가열하여 물이 얼지 않은 상태로 유지하기에 충분한 에너지를 제공한다. 물이 있는 곳에는 생명체가 있을 가능성이 크다. 조석 가열이라고 알려진 목성에 의한 가열은 유로파에 일부 과학자들이 지구의 생명체가 시작되었다고 믿고 있는 것과 비슷한 열수 배출구를 만들 수 있을 것이다('생명체는 어떻게 시작되었을까?' 참조).

유럽 우주국은 2022년에 유로파를 비롯한 목성의 위성들을 조사하기 위해 목성 얼음 위성 탐사선(JUICE)을 발사할 것을 고려하고 있다. 만약 이 탐사 프로젝트가 실

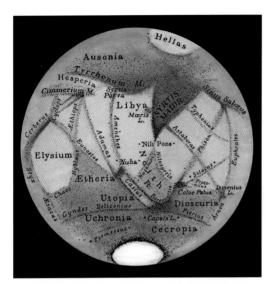

19세기 말에 이탈리아의 천문학자 조반니 스키아파렐리가 그린 화성 그림에는 '운하'로 잘못 알려진 '수로'가 그려져 있어 화성에 지적 생명체가 살고 있을 것이라는 주장에 불을 지폈다.

현된다면 목성의 위성들이 생명을 포함하고 있는지를 알아내는 데 큰 도움이 될 것이다.

유로파에서 물을 발견한 것이 천문학자들이 물과 외계 생명체를 연결시켜 사람들의 관심을 끌었던 첫 번째 사건은 아니다. 1877년에 이탈리아 천문학자 조반니 스키아파렐리Giovanni Schiaparelli는 화성에서 '수로'를 발견했다고 발표했다. 그가 그린 수로망 지도는 화성 전체에 걸쳐 서로 가로지르는 직선들로 이루어진 형태로, 유로파의 서로 교차하는 균열과는 다른 모습이었다. 그런데 그의 논문이 영어로 번역되면서 수로를 뜻하는 이탈리아어 'canali'가 운하를 의미하는 영어의 'canals'로 잘못 번역되었다. 단순한 실수였지만 그것은 큰 영향을 주었다. 수로는 자연적으로 만들어질 수 있지만 운하는 지적인 생명체에 의해 건설되어야 한다. 따라서 화성의 운하 이야기는 화성인을 소재로 한 공상과학소설이 폭발적으로 늘어나는 결과를 가져왔다. 1898년에 H. G. 웰스H. G. Wells가 발표한 《우주 전쟁》은 그중 가장 유명한 소설이다.

화성의 자연환경과 운하의 존재 그리고 지적 생명체의 존재 가능성에 대한 과학적 논쟁은 20세기 중반까지도 계속되다가 1965년 마리너 4호 탐사선이 최초로 화성을 근접 비행하면서 조사했지만 수로의 증거를 발견하지 못하자 종식되었다. 마리너 4호의 후속 탐사선들은 화성을 궤도 비행하거나 화성에 착륙하여 표면을 돌아다니면서 수행한 관측을 통해 화성이 생명체의 흔적이 없는 메마른 먼지투성이의 황량한 행성이라는 것을 밝혀냈다. 그러나 스피릿과 오퍼튜니티 그리고 큐리오시티 로버를 포함한 화성 탐사선들은 화성이 한때 표면에 물이 흐르던 따뜻하고 다습한 행성이었다는 것을 밝혀냈다. 오늘날에도 화성에서 물을 발견할 수 있지만 얼음에 갇혀 있어 긴 시간 동안 흐를 수는 없다. 하지만 액체 상태의 물이 녹슬어 있는 화성 지하에 있을 가능성이 있고 한때 화성의 온난한 환경에서 번성했던 생명체들이 아직도 지하수에 의지해 지하에서 살아가고 있을지도 모른다. 따라서 미래 화성 탐사 프로젝트에는 생명체를 지탱하고 있을지도 모르는 지역을 발굴하기 위해 화성 지하를 굴착하는 임무도 포함되어야 할 것이다.

화성이나 유로파에 생명체가 있을 가능성에도 불구하고 생명체의 존재에 필요한 조건들을 보면 우리 지구는 다른 곳과는 비교할 수 없을 정도로 최고의 조건을 가지고 있는 행성이다. 지구에 생명체가 풍부한 가장 중요한 이유는 지구의 안락한 온도일 것이다. 지구는 동화《골디락스와 곰 세 마리》에 등장하는 쌀죽처럼 차갑지도 뜨겁지도 않은 적당한 온도를 유지할 수 있도록 태양으로부터 적당히 떨어진 '골디락스의 영역'에 있다. 만약 지구가 태양에 좀 더 가까이 있었다면 물이 끓어오를 것이고, 더 멀리 떨어져 있다면 얼어버릴 것이다.

현재의 위치에서 조금 벗어났을 때 어떤 일이 일어날지 알고 싶으면 우리의 이웃 행성인 금성을 들여다보면 된다. 지구보다 태양에 조금 더 가까운 금성은 폭주 온실효과로 인해 태양에 가장 가까이 있는 행성이 아니면서도 태양계에서 가장 뜨거운 행성이 되었다. 때문에 우주에서 우리가 외로운 존재인가 하는 질문의 답을 찾아내기 위해 천문학자들은 태양계 밖에서 지구와 같은 조건을 가지고 있는 행성을 찾는데 초점을 맞추고 있다.

밝은 건초 더미에서 어두운 바늘 찾기

다른 별들을 돌고 있는 행성을 찾아내는 것은 어려운 일이다. 우선 별들은 매우 크고 행성은 별들에 비해 아주 작다. 태양 안에는 100만 개의 지구가 들어갈 수 있다. 그뿐만 아니라 가장 가까운 별(켄타우로스자리의 프록시마)도 태양보다 10만 배나 더 멀리 떨어져 있다. 그리고 별들은 스스로 빛을 내지만 행성들은 빛을 내지 않는다. 따라서 외계 행성을 찾는 일은 멀리 떨어져 있는 밝게 빛나는 건초 더미에서 작고 어두운 바늘을 찾아내는 것과 같다. 외계 행성을 찾아내는 일은 너무 어려운 도전이어서 대부분의 천문학자들은 외계 행성을 직접 관측하는 대신 간접적인 증거들을 이용하여 외계 행성의 존재를 추정하는 쪽을 택한다.

만약 지구와 별 그리고 외계 행성이 적절하게 배열되어, 별을 돌고 있는 외계 행성이 지구와 별의 중간 지점을 지나간다면 행성 통과라고 부르는 현상이 나타난다. 행성이 별 앞을 지나는 행성 통과가 일어나면 별에서 출발해 망원경에 도달하는 별빛

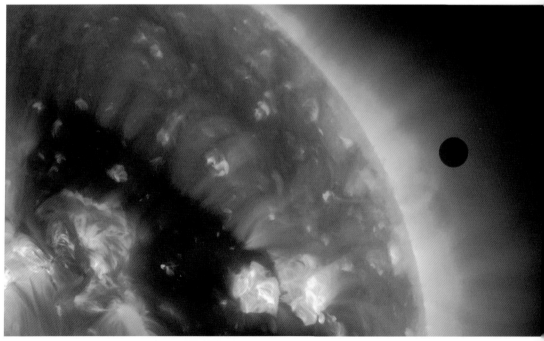

솔라 다이내믹스 관측 위성(SDO)이 2012년 6월 금성이 태양 앞을 통과하는 것을 관측했다. 이와 비슷한 현상이 외계 행성 관측에 이용되고 있다. 외계 행성이 별 앞을 통과할 때는 별의 밝기가 어두워진다.

일부가 행성에 의해 차단되기 때문에 천문학자는 별의 밝기가 조금 어두워지는 것을 관찰할 수 있을 것이다. 그러나 행성 통과로 인한 밝기의 변화는 아주 작다. 만약 외계인이 지구가 태양 앞을 통과할 때 나타나는 태양의 밝기 변화를 측정한다면 태양의 밝기는 0.01% 정도 변할 것이다. 지구보다 훨씬 큰 목성이 태양 앞을 통과하는 경우에도 태양 빛의 1%만 차단한다. 이러한 별빛의 변화가 일정한 주기를 가지고 반복해서 나타난다면 그것은 행성이 이 별을 돌고 있다는 것을 나타내기 때문에 천문학자들은 외계 행성을 찾아냈다고 선언할 수 있다. 만약 별이 우리 태양과 비슷하고 밝기의 변화가 1년에 한 번씩 일어난다면 그것은 이 행성이 태양에서 지구까지의 거리와 비슷한 거리에서 그 별을 돌고 있다는 것을 의미하고 그것은 곧 그 별이 골디락스의 영역 안에 있음을 뜻한다.

별빛이 어두워지는 정도를 측정하면 이 행성의 크기도 알 수 있다. 케플러 우주 망원경은 2009년에 발사된 이후 15만 개나 넘는 별들을 조사하면서 이 방법을 이용하여 수천 개의 외계 행성 후보를 찾아냈다.

외계 행성을 찾아내는 데는 또 다른 방법도 사용된다. 최초로 발견된 태양 비슷한 별을 돌고 있는 외계 행성은 약 50광년(475조 km) 떨어져 있는 51페가시b로, 1995년에 시선 속도를 측정하는 방법을 통해 발견되었다. 이런 이름으로 부르는 것은 이 행성이 페가수스자리 51번 별을 돌고 있기 때문이다.

별이 중력으로 행성을 끌어당기고 있다는 것은 잘 알려져 있다. 지구가 태양을 도는 것은 태양이 중력으로 지구를 잡아당기고 있기 때문이다. 그러나 사실은 별이 행성을 잡아당기는 것이 아니라 행성과 별이 중력으로 상대방을 서로 잡아당기고 있다. 따라서 행성이 별을 도는 동안 별도 조금씩 움직이기 때문에 흔들리고 있는 것처럼 관측된다. 때로는 이런 흔들림으로 인해 별이 지구로 다가오기도 하고 멀어지기도 한다. 별이 지구로 다가오고 있으면 별빛의 파장이 짧아져 좀 더 푸른색으로 보이고, 별이 멀어지는 동안에는 별빛의 파장이 길어져 좀 더 붉게 보인다. 사이렌을 울리면서 지나가는 앰뷸런스에서도 비슷한 효과를 경험할 수 있다. 별빛의 이러한 변화를 도플러 편이라고 부르며 편이 정도를 정밀하게 측정하면 행성이 얼마나 많은 질량을 가지고 있는지 알 수 있다. 행성의 질량이 클수록 별이 더 크게 흔들리고 따라서 더 큰 편이가 나타나기 때문이다.

그러나 태양에서 지구까지의 거리와 비슷한 거리에서 별을 돌고 있는 지구와 비슷한 크기의 외계 행성을 찾아낸 것만으로는 생명체가 존재할 수 있는 외계 행성을 찾아냈다고 할 수 없다. 생명의 요람이 되기 위해서는 물을 가지고 있어야 한다. 다행히 천문학자들은 멀리 떨어져 있는 행성에 어떤 원소들이 있는지 알아내는 방법을 알고 있다.

외계 행성과 별이 일렬로 배열하면 별빛 일부가 행성의 대기를 통과한 다음 우주를 가로질러 우리 망원경에 도달한다. 별빛이 행성의 대기를 통과하는 동안 별빛에는 대기에 포함된 기체에 대해 여러 가지 이야기를 해줄 수 있는 지문이 남는다. 천문학자들은 분광기라는 장비를 이용하여 프리즘처럼 별빛을 여러 가지 색깔로 분산시킬 수 있다. 별빛의 스펙트럼에는 특정한 색깔이 사라진 검은 띠가 나타난다. 별빛이 행성의 대기를 통과할 때 특정한 색깔의 빛이 흡수되었기 때문이다. 스펙트럼의 각 색깔은 특정한 원소를 나타낸다. 따라서 사라진 색깔은 행성 대기의 원소를 나타낸다. 연구자들은 스펙트럼을 분석하여 외계 행성이 지구 생명체에게 필수적인 물이나 산소를 가지고 있는지를 알아낸다. 이 방법을 이용하여 천문학자들은 두꺼운 수증기층으로 둘러싸인 것으로 보이는, 지구로부터 40광년(380조 km) 정도 떨어진 커다랗고 뜨거운 행성 GJ 1214b를 포함한 많은 행성을 조사했다. 하지만 지구와 같은 외계 행성은 아직 발견하지 못했다.

생명에 필요한 성분을 가지고 있는 행성이라고 해서 실제로 생명체가 존재한다는 의미는 아니다. 생물학자들은 아직도 지구에서 생명체가 어떻게 시작되었는지에 대해 논쟁 중이다. 따라서 외계 행성의 물리적 조건이 생명체 존재에 적당하다는 이유로 그 행성이 생명체를 가지고 있을 것이라고 단정할 수는 없다. 현재 우리가 사용하고 있는 로켓을 이용한다면 수십만 년이 걸릴 행성으로의 여행을 해보지 않고는 생

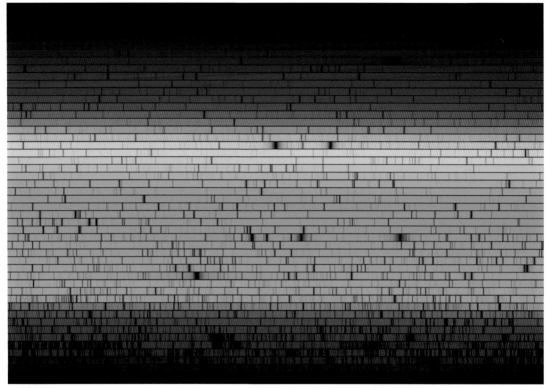

미국 애리조나 키트 피크 국립 관측소에 있는 맥매스-피어스 태양 관측 시설이 측정한 태양의 스펙트럼. 검은 띠들은 지문처럼 작용하여 태양에 어떤 원소들이 포함되었는지를 알 수 있도록 한다. 비슷한 기술이 외계 행성이 물과 산소를 가지고 있는지를 알아내는 데도 사용된다.

명체의 존재 가능성 이상의 확실한 이야기를 할 방법은 없다. 그런 대답은 우리가 우주에서 외로운 존재인가 하는 질문의 만족스러운 대답이 될 수 없다. 그러나 다른 행성에 생명체가 살고 있고, 그 생명체가 우리가 가진 기술을 이용할 정도로 진화했다면 그들이 존재한다는 것을 증명할 또 다른 방법이 있을 것이다. 그들의 통신을 엿듣는 것이 그런 방법 중 하나다.

우주통신

지구는 조용한 장소가 아니다. 우리는 매우 시끄러운 존재다. 1930년대와 1940년대 이후 지구에서는 라디오와 텔레비전 신호, 핵실험에서 방출된 방사선 등이 우주를 향해 방출되었다. 빛의 속도로 달리는 이런 신호들은 1년 동안 1광년(9.5조 km)의 거리를 달린다. 그것은 지난 수십 년 동안 지구에서 방출된 신호가 멀리까지 퍼져나갔음을 의미한다. 최초로 지구를 떠난 신호는 지구로부터 80광년(760조 km)까지 도달하여 전파 도달 영역의 경계를 형성하고 있을 것이다. 전파 도달 영역은 지구를 떠난 전파가 도달할 수 있는 가장 먼 거리를 반지름으로 하는 구로, 시간이 흐를수록 점점 커진다. 지구의 전파 도달 영역 안에 있을 뿐만 아니라 별의 골디락스 영역 안에 있는 외계 행성이 이미 발견되었다. 만약 지적인 생명체가 이런 외계 행성에 존재한다면 지구에서 방출된 신호를 수신할 수 있을 것이다. 마찬가지로 지적인 외계 생명체가 자신의 전파 도달 영역을 가지고 있고 우리가 그 전파 도달 영역 안에 있다면 우리는 외계인들의 통신을 엿들을 수도 있을 것이다. 외계 지적 존재(SETI) 탐사에 관계하는 과학자들이 거대한 전파망원경 망을 이용하여 하는 일이 바로 그것이다.

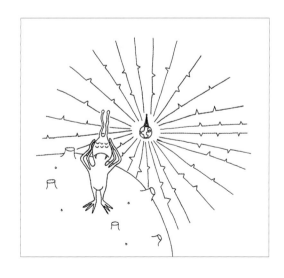

외계인들의 통신 수신 임무를 수행하고 있는 관측소 중 하나가 캘리포니아 샌프란시스코에서 북동쪽으로 470km 떨어진 곳에 설치된 앨런 전파망원경 망이다. 이곳에는 지름이 6m나 되는 접시 형태의 전파 안테나가 나란히 설치되어 우주에서 오는 신호를 듣고 있다. 앞으로 안테나가 더 추가되면 전체 안테나의 수는 350개가 될 것이다.

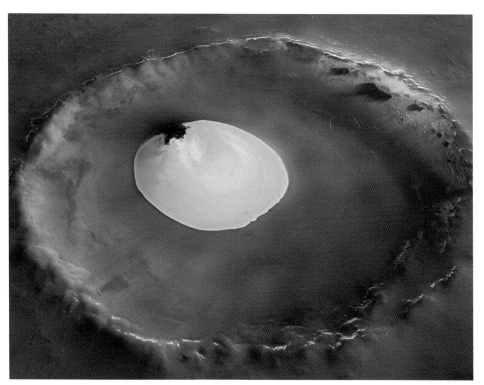

2005년 마스 익스프레스 우주 탐사선이 찍은 얼음으로 가득 찬 화성의 크레이터. 화성이 따뜻했던 과거에는 이곳이 호수였겠지만 오늘날의 화성 표면에는 액체 상태의 물이 자유롭게 흐를 수 없다.

　천문학자들은 최근 케플러 우주 망원경이 발견한 일부 생명체의 존재 가능 행성들에 전파 망원경의 초점을 맞추고 있다. 그러나 아직은 지적인 생명체의 존재를 나타내는 신호는 찾아내지 못했다. 하지만 우리가 라디오 채널을 선택할 수 있는 것처럼 외계인들도 통신에 사용하는 주파수를 선택할 수 있기 때문에 천문학자들은 아주 넓은 영역의 주파수대를 조사해야 한다. 다행히 자연이 우리가 조사해야 할 주파수 영역을 좁혀준다. 주파수가 10억 헤르츠(또는 1GHz)보다 작은 주파수대에서는 어떤 인위적인 신호도 맥동하는 별이나 은하가 내는 전파와 같은 자연적인 우주 현상에서 발생하는 잡음에 묻혀버리고 말 것이다. 그리고 30GHz보다 큰 주파수대에서는 빅뱅의 흔적이라고 할 수 있는 우주배경복사로 알려진 잡음이 어떤 인위적인 신호보다 강하다. 이런 사실과 지구 대기의 수증기가 20GHz 부근의 전파 수신을 방해한다는 사실을 결합하면 조사해야 할 주파수의 창문은 좀 더 좁아진다.

자연에 의해 좁아지긴 했지만 이 전파 창문은 아직도 엄청나게 커서 가능한 모든 주파수의 신호를 검색하는 일은 매우 어렵다. 진전을 위한 시도의 일환으로 연구자들은 전파 창문 가운데 자연이 방출하는 가장 강한 신호 사이의 영역에 주목하고 있다. 우주에서 가장 강하게 방출되는 전파 신호는 우주에 가장 흔한 원소인 중성 수소가 내는 것으로, 주파수가 1.420GHz다.

두 번째로 강한 전파 신호는 하나의 산소 원자와 하나의 수소 원자의 결합을 포함하고 있는 수산화 화합물이 내는 전파 신호로, 주파수가 1.662GHz다. 두 개의 수소 원자와 하나의 산소 원자가 결합하여 만들어진 분자가 물(H_2O)이다. 물을 바탕으로 하고 있을 지적 문명은 수소와 수산화물이 내는 전파 사이의 주파수를 통신에 이용할 가능성이 크다고 과학자들은 생각하고 있다. 이 주파수대의 전파가 다른 생명체에 의해 수신될 가능성이 가장 크기 때문이다.

SETI의 선구자 중 한 사람인 미국의 천문학자 프랭크 드레이크[Frank Drake]는 한때 "다른 종의 생명체들이 항상 물웅덩이에서 만났던 것처럼 우리도 물웅덩이에서 만나자!"라고 말했다. 수소와 수산화물이 내는 전파 사이의 주파수대는 우주의 물웅덩이라고 할 수 있다. 그러므로 태양계 내의 행성이나 위성을 탐사하든 아니면 다른 별을 돌고 있는 외계 행성을 탐사하든 우주의 이웃을 찾아내려는 시도에서 가장 중요한 것은 '물을 찾아내는 것'이다. 외계 생명체가 물을 필요로 하지 않을지도 모르지만 지구 생명체에게 물이 필수적이라는 것을 알고 있는 우리로서는 물을 찾아내는 것이 좋은 출발점이 될 것이다.

외계 생명체를 찾는 것이 왜 중요한가?

최근에 우주생물학 분야가 매우 시끄러워지고 있다. 지구 상에서 생명체의 놀라운 생존 가능성을 더 많이 발견할수록 우리 태양계 내에서나 발견된 외계 행성의 다른 환경에서도 생명체가 존재할 가능성이 커진다. 만약 외계 생명체가 존재한다면 우리가 이웃인 화성의 먼지투성이 토양에서나 지구와 비슷한 외계 행성의 산소가 풍부한 대기 안에서 외계 생명체의 증거를 최초로 찾아낸 세대가 될 가능성이 크다. 일부 과학자들은 우리가 함께 대화를 나눌 수 있는 지적 존재인, 복잡한 구조를 가진 동물 형태의 생명체를 만날 수 있기를 기대하고 있다. 그러나 화성에서 세균 형태의 생명체를 발견하거나 오래전에 죽은 화석만 발견한다 해도 그것은 우리가 세상을 보는 방법을 혁명적으로 바꾸어놓을 것이다. 우리는 우리가 우주에서 외로운 존재가 아니라는 것을 알게 될 것이고, 생명체는 지구뿐만 아니라 조건만 맞으면 어느 곳에서나 나타날 수 있는 일상적인 것이라는 것을 알게 될 것이다. 그러한 기본 지식은 인류가 유인원과 같은 조상에서 진화했다는 것이나, 지구가 태양 주위를 공전하고 있다는 사실만큼이나 큰 의미를 가지는 사실이 될 것이다. 그런데 태양계 안에서 미생물을 발견

하는 것은 첫 단계에 불과하다. 생물학자들은 이 새로운 생명체를 연구하고 자세히 조사할 것이다. 우리는 이 생명체들이 어떻게 작동하는지 알아내고, 이들의 세포가 우리의 세포와 얼마나 유사한지 알아낼 것이다. 어쩌면 이 생명체들이 놀랍게도 우리와는 근본적으로 다른 방법으로 구성된 진정한 의미의 **외계 생명체**라는 것을 밝혀내게 될지도 모른다. 그렇게 함으로써 우리는 자신에 대해 그리고 광대한 우주 안에서 우리가 살아가고 있는 장소에 대해 많은 것을 알게 될 것이다.

루이스 다트넬(Lewis Dartnell),
우주 생물학자, 영국 런던 컬리지 대학

캘리포니아에 있는 앨런 망원경 망의 일부. 지름이 6m인 접시 형태의 전파 안테나들은 외계 문명에서 보내오고 있을지도 모르는 신호를 감지하는 데 사용되고 있다.

51

와우(WOW)! 신호

1977년 8월 미국 오하이오 주립대학에 있는, '빅 이어^{Big Ear}'라는 애칭으로 불리던 전파망원경이 인쇄한 관측 자료를 검토하던 천문학자 제리 R. 에만^{Jerry R. Ehman}은 자신의 눈을 믿을 수 없었다. 그는 인쇄물 위에 붉은 잉크로 와우(Wow!)라고 적어놓았다. 망원경이 수신한 신호는 지구 너머가 아니라 태양계 밖에서 보내온 것으로 보이는 72초나 계속된 매우 강한 전파 신호였다. 더 놀라운 것은 이 신호의 진동수가 천문학자들이 외계인이 통신할 때 선호할 것이라고 예측한 1420GHz에 매우 가까운 진동수였다. 외계의 누군가가 우리의 관심을 끌려고 노력하고 있는 것은 아닐까?

에만과 동료들은 이 강한 신호의 발생지를 추적하기 시작했다. 모든 가능성을 검토했지만 이 신호는 오늘날까지 신비로 남아 있다. 만약 외계인이 우리와 접촉하려 한다면 주기적으로 같은 신호를 반복해 보내올 것이다. 그러나 이 신호를 수신하기 위한 1980년대와 1990년대에 계속된 노력에도 불구하고 다시는 수신할 수 없었다. 우리가 은하에 사는 사촌들의 통신을 엿들은 것일 수도 있지만 같은 신호를 반복적으로 다시 듣기 전에는 그것을 증명할 수 없다.

35년 이상 와우! 신호는 외계에서 수신된 인공적인 특징을 가진 유일한 전파 신호로 남아 있다. 하지만 그것이 외계인이 보낸 신호였는지를 확인할 수 있을 것 같지는 않다.

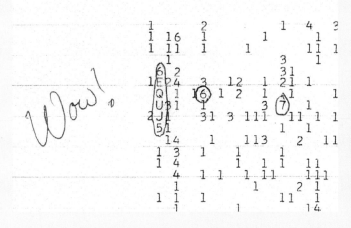

1977년에 오하이오 주립대학의 빅 이어 전파망원경이 인쇄한 신호들. 이 신호에는 인공적인 특징이 포함되어 있었기 때문에 천문학자 제리 R. 에만이 붉은 잉크로 와우(Wow!)라고 적어놓았다. 이것은 오늘날까지 외계인이 보냈을지도 모르는 유일한 신호로 남아 있다.

4

우리를
인간이도록
하는 것은 무엇일까?

칸지는 미국 아이오와 주 데스 모이네스에 있는 그레이트 에이프 트러스트/보노보 호프 보호소에서 안락한 생활을 하고 있는 서른 살 넘은 보노보이다. 칸지는 다른 보노보들과 마찬가지로 느릿느릿 주변을 돌아다니면서 놀다가 과일을 먹는다. 그런데 칸지는 우리 조상들이 그랬던 것처럼 다양한 돌 도구를 사용한다. 먹이를 숨긴 통나무를 놓아두면 속을 파내기 위해 드릴같이 생긴 작은 돌을 사용하고, 도끼와 쐐기 같은 모양의 큰 돌은 통나무를 갈라내는 데 쓴다. 삽 모양의 평평한 원형 파편은 먹이를 파내는 데 사용하며 다양한 토양에서 먹이를 찾기 위해 흙을 파내는 방법도 알고 있다. 연한 흙은 손으로 파지만 진흙땅은 나뭇가지를 이용해 파고, 더 단단한 땅은 돌처럼 단단한 도구를 이용한다. 이뿐만 아니라 칸지는 신호 언어도 사용할 수 있다.

이족 보행이나 윤리, 유머와 함께 도구 제작 능력은 인간의 특징을 정리한 목록에 항상 포함되어왔다. 그러나 지난 몇 년 동안 이 목록에서 많은 항목들을 삭제해야 했다. 우리 조상 중 하나를, 도구를 사용하는 사람이라는 뜻으로 **호모 하빌리스**라고 부

신호 언어를 알고 있는 보노보 침팬지 칸지.

인간 게놈 프로젝트의 개척자 중 한 사람인 존 설스턴. 설스턴은 2002년 노벨 생리의학상을 수상했다.

를 정도로 도구 사용 능력을 자랑스러워했던 우리에게 칸지는 우리가 얼마나 어리석었는지를 보여주는 동물 중 하나다. 창을 이용해 사냥하는 고릴라나, 호두를 깔 때 돌을 망치로 사용하는 흰목꼬리감기원숭이capuchin 뿐만 아니라 독수리는 알을 깨는 데 조약돌을 사용한다. 심지어는 문어도 이동용 거주지로 사용하기 위해 코코넛 껍질을 모아 나른다. 하지만 그것은 도구일 뿐이다. 코끼리들은 공동으로 일을 하며, 앵무새는 수학에 특별한 능력이 있다. 돌고래는 거울에 비친 자신의 모습을 인식할 수 있고, 꿀벌도 자신의 얼굴을 인식할 수 있다. 그럼에도 불구하고 70억 인류가 지구를 지배하고 있다.

왜 지구가 유인원이나 돌고래 또는 다른 동물의 행성이 아닐까 하는 것을 이해하는 것은 중요하다. 진화론의 아버지인 찰스 다윈Charles Darwin 은 "인간과 다른 고등동물의 차이는 크지만 그것은 능력의 차이일 뿐 능력 종류의 차이가 아니다"라고 믿었다. 그러나 그 차이가 얼마나 좁혀졌는지를 안다면 다윈조차도 깜짝 놀랄 것이다,

인간의 게놈은 침팬지의 게놈과 99%가 동일하고, 바나나의 게놈과는 50%가 비슷하다. 기능성 단백질의 유전자만 살펴보면 인간은 효모균과 69%가 유사하고 초파리와는 94%가 비슷하다. 좀 더 범위를 좁혀 뇌에서 작용하는 유전자만 비교해보면 인간과 침팬지 그리고 생쥐 사이에서는 아주 작은 차이만 발견할 수 있다. 여러분은 원숭이, 침팬지, 오랑우탄 그리고 동굴에서 생활했던 네안데르탈인의 DNA 염기 서열이 우리와 큰 차이를 보일 것을 기대하겠지만 그 차이는 우리가 기대했던 것처럼 극적이지 않다.

과학자들은 2001년에 인간 게놈의 초안이 처음 발표되었을 때 큰 충격을 받았다. 그때까지 사람들은 인간이 다른 동물들보다 더 많은 유전자를 가지고 있을 것이라고 예상했었다. 일부에선 인간의 유전자가 10만 개는 넘을 것이라고 예상했다. 그러나 최종 밝혀진 인간 유전자의 수는 2만 개 정도였다. 여러 해 동안 우리는 그 이유를 알 수 없었다. 그런데 DNA에서 유전적 특성을 부모에게서 자손으로 전달하는 유전정보를 포함하고 있는 부분 외 유전자들을 '쓰레기' 유전자로 치부했던 것이 잘못이었음이 연구를 통해 밝혀졌다. 우리는 '쓰레기' 유전자에 유전정보가 언제 어디서 얼마나 발현되어야 하는지를 조절하는 중요한 기능이 있다는 사실을 알게 되었다. 이것이 종들 사이의 발전 과정, 기능, 행동의 차이를 만들어낼 수 있다. 예를 들어 사람은 다른 동물보다 DUP1220이라고 부르는 단백질이 더 많이 합성된다. 사람은 이 단백질을 272개 만드는데, 이는 침팬지의 두 배이고 이 단백질을 하나만 만드는 생쥐보다 272배 많은 것이다. 그리고 이 단백질의 복제품을 많이 만드는 것은 큰 두뇌를 만드는 것과 관련 있다는 증거들이 발견되었다(이에 대해서는 뒤에서 다시 다룰 예정이다).

또 DNA의 단위들을 얻는 것과 마찬가지로 잃는 것도 우리를 만드는 데 중요한 역할을 하는 것이 확실하다. 연구에 의하면, 인간은 생쥐나 닭, 침팬지와 같은 다른 종

에서 발견되는 조절 DNA 510 단위를 잃어버렸다. 이 잃어버린 DNA 단위는 여러 가지 기능에 관련되어 있다. 예를 들면 머리카락이나 손톱의 주성분인 케라틴을 만드는데 관여하는 이 유전자는 과거에는 끝이 뾰족한 생식기 생성에도 관여했던 것으로 보이지만 500만~700만 년 전에 인류가 침팬지와 분리되면서 인간 유전자에서 사라졌다.

이러한 변화를 살펴보면 각각의 변화가 어떤 결과를 가져오는지를 이해하는 일이 매우 어렵다는 것을 알 수 있다. 특히 그러한 변화가 직접 관여하는 유전자일 때는 알아낼 수 있지만, 몇 단계 걸쳐 영향을 줄 때는 더욱 어렵다. 변화의 크기를 비교해 보는 것 역시 큰 도움이 되지 못한다. DNA의 큰 변화가 아무런 차이를 만들어내지 않을 수도 있는 반면 작은 변화가 큰 영향을 미칠 때도 있다. 이런 특성 역시 중요하고 큰 효과를 나타내는 것이기 때문에 진화 과정에서 선택되고 보존된 변화와, 자연적으로 발생했지만 우리 몸이나 행동에 아무 영향을 주지 않는 변화의 구별을 어렵게 한다.

파리 부근에 있는 실험실의 지도실에서 인쇄한 인간 게놈 인쇄물.

조절 작용을 하는 DNA에서 유전적 특질을 전달하는 유전자의 수준으로 올라가도 쉽지 않기는 마찬가지다. 우리는 인류가 나머지 영장류로부터 갈라져 나온 이후 자연선택 과정에서 보존된 일부 중요한 유전자를 찾아낼 수 있다. 예를 들면 두뇌의 크기와 관련 있는 ASPM 유전자와 MCPH1 유전자, 그리고 인간의 언어 능력에서 중요한 역할을 하는 FOXP2 유전자 등이 그런 것들이다. 그러나 인간의 FOXP2 유전자는 침팬지의 유전자와 약간만 다르며 다른 동물들도 공통으로 가지고 있다. 인간만이 가지고 있는 고유한 유전자들이 좀 더 발견된다 해도 그 유전자들이 어떤 역할을 하는지를 알아내기란 쉬운 일이 아닐 것이다.

더구나 각각의 진화된 기능은 그것이 중요한 기능이라고 해도 그 자체로는 인간성을 정의할 수 없다. 우리는 인류가 말라리아와 싸울 수 있도록 진화했다는 것은 알고 있지만 말라리아와 싸울 수 있다는 것이 우리가 인간이라고 주장할 근거가 되지 못한다는 것도 알고 있다.

큰 두뇌, 하지만 크기가 중요할까?

인간의 두뇌는 1.3kg 정도다. 따라서 크기로만 따지면 동물의 왕국에서 헤비급에 속한다. 하지만 인간이 가장 큰 두뇌를 가지고 있는 것은 아니다. 고래와 코끼리 그리고 돌고래도 인간보다 크고 무거운 두뇌를 가지고 있으며 고대 인류의 하나인 네안데르탈인도 우리보다 더 큰 두뇌를 가지고 있었다. 그러나 신경세포 수에서는 인간의 두뇌가 다른 종의 두뇌보다 압도적으로 우세하다. 인간의 두뇌는 놀랍게도 860억 개나 되는 신경세포로 이루어져 있다. 이는 생쥐 두뇌보다 1000배나 많고, 개코원숭이(비비)보다는 다섯 배, 고릴라보다는 세 배 많은 것이다. 아직 정확한 것을 규명하기 위한 연구가 진행되고 있지만 사람들은 이렇게 큰 신경세포의 수가 차이를 만들어내는 것 중 하나일 것이라고 생각하고 있다('의식이란 무엇인가?' 참조).

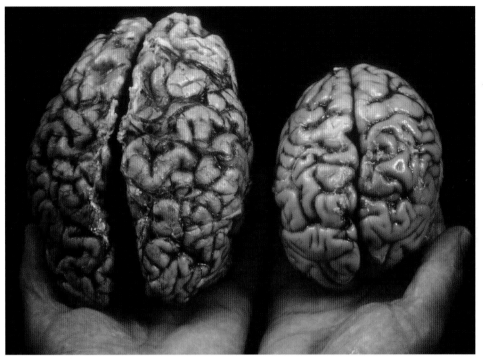
인간의 두뇌(좌측)와 고릴라의 두뇌(우측). 인간의 두뇌는 클 뿐만 아니라 세 배나 많은 신경세포를 가지고 있다.

    한 이론에서는 이 수십억 개의 신경세포 중에는 인간에게만 있는 고유한 신경세포가 포함되어 있다고 설명하고 있다. 인간만 가지고 있는 고유한 무엇이 있다는 것은 인간과 동물을 구별하는 일이 가능하다는 희망적인 이야기로 들릴 수도 있다. 스핀들 뉴런은 감정적인 판단과 사회적 상호작용을 연결하는 구역에 공통적으로 존재하는 신경세포다. 한때는 이 신경세포가 인간의 두뇌에만 존재한다고 생각했다. 그러나 과학자들은 고래 뇌의 같은 구역에서 세 배나 많은 스핀들 뉴런을 발견했다. 그리고 유전적으로 보면 고래는 이 신경세포를 우리보다 두 배나 더 오랫동안 가지고 있었다. 스핀들 뉴런은 돌고래와 코끼리에서도 발견되었다. 동물들은 이 신경세포를 우리와 같은 조상으로부터 물려받은 것이 아니라 독립적으로 진화시킨 것으로 보인다. 이것은 우리가 가지고 있는 스핀들 뉴런이 특별한 것이 아님을 뜻한다.

인류의 두뇌 크기가 커지면서 두뇌의 핵심 부분 크기가 커지고 능력이 향상되었다고 주장하는 사람들이 있다. 네안데르탈인의 두개골과 우리 조상의 뇌를 비교해보면 우리 조상의 두뇌 중 청각과 언어 그리고 언어를 관장하는 측두엽과 공간 지각과 관련 있는 두정엽의 두 영역이 네안데르탈인의 뇌보다 얼마나 더 발달되었는지 알 수 있다. 이 두 영역은 대뇌피질이라고 부르는 주름살 많은 두뇌의 바깥쪽에 위치해 있다. 그러나 대뇌피질의 다른 부분은 크게 다르지 않다. 예를 들면 문제 해결 능력과 지능에 관계하는 전두엽은 다른 포유동물과 크기 비례로 보아 비슷하다.

인류의 큰 두뇌가 어떻게 시작되었는지에 대해서도 아직 논란이 계속되고 있다. 150만~200만 년 전 사이의 어느 시기에 우리의 조상이었던 호모 에렉투스(선 사람)가 정신적인 능력을 증대시키면서 뇌의 크기가 커지기 시작했을 것으로 보인다. 일부 연구자들은 침팬지에서는 일어나지 않았지만 인간에게서는 일어난 유전적 돌연변이가 턱 근육을 약하게 만들어 두개골의 구조를 바꾸면서 커다란 두뇌가 가능해졌다고 주장하고 있다. 그러나 다른 과학자들은 돌연변이가 신경 신호 통로를 만들어 수천 년 동안의 진화를 거쳐 정교해진 결과, 오늘날과 같은 두뇌를 가지게 되었다고 주장하고 있다.

또 다른 이론은 두뇌 크기가 커진 것은 유전적 원인 때문이 아니라 음식물을 요리

해서 먹기 시작한 때문이라고 주장하고 있다. 인간의 소화기관은 익히지 않은 음식물이 가지고 있는 전체 영양분 중 30~40%의 영양분만 소화해서 흡수할 수 있다. 요리는 세포의 경계를 파괴하여 우리가 접근할 수 없었던 영양분이 세포 밖으로 흘러나오도록 함으로써 음식물이 가지고 있는 영양분 거의 대부분을 흡수할 수 있게 해준다. 두뇌를 이루고 있는 수십억 개의 신경세포가 제대로 기능하기 위해서는 많은 에너지가 필요하다. 과학자들은 우리 몸 전체가 사용하는 에너지의 20~30%를 두뇌가 사용한다고 추정하고 있다. 우리 조상들이 요리된 음식물을 먹기 시작하면서 더 많은 에너지를 흡수할 수 있게 되었고, 그것이 커다란 두뇌를 작동시키는 연료로 사용되었다는 것이다. 이는 우리 조상이 불을 사용할 수 있게 된 것이 지구를 지배하게 된 원인이 되었다는 생각과 연관성을 가지고 있다. 아마 이런 모든 요소들의 결합이 인류가 큰 뇌를 가지게 했을 수도 있다. 그러나 어떤 것이 옳은 것으로 밝혀지더라도 그 결과는 같다. 우수한 능력을 가지고 있는 우리의 뇌가 다른 영장류나 네안데르탈인들과 구별할 수 있는 기술과 인식 능력을 발전시켰다는 것이다.

유인원과 인류 – 크게 다르지 않다?

마이클 토마셀로^{Michael Tomasello}와 그의 동료들이 독일의 막스 플랑크 진화 인류학 연구소에서 행한 일련의 흥미로운 실험은 인류와 유인원의 인식 능력의 유사성과 차이를 밝혀냈다. 그들은 영장류를 평가하기 위해 사용하던 일련의 인식 시험을 두 살짜리 아기들에게도 적용했다. 상품(영장류에게는 먹이, 아기들에게는 장난감)을 컵 아래 숨겨놓고 그것을 찾아내기 위해 도구 이용 방법을 이해하고 있는지를 보거나, 다른 양들을 구별하는 방법을 아는지를 보는 '물리적' 지능 시험에서 놀랍게도 침팬지와 오랑우탄은 아기와 같은 수준의 지적 능력을 보여주었다. 그러나 어른의 행동을 흉내내거나 상품을 획득하는 데 대한 사회적 동기를 알아차리는 '사회적' 지능에서는 아기들이 침팬지나 오랑우탄보다 두 배의 능력을 보여주었다. 따라서 우리도 초기 인식 발전 단계에서는 우리의 가장 가까운 유인원 사촌들과 비슷한 수준에서 출발하지만 두 살이 되면 다른 방법으로 그들을 능가한다는 것을 알 수 있다.

그 방법들 중 하나가 언어 사용 능력이다. 우리의 사고를 분명하게 해주는 언어 사용 능력은 종종 인간을 정의하는 특징 중 하나라고 생각되어왔다.

미국의 언어학자 노암 촘스키^{Noam Chomsky}는 사고하는 능력을 갖기 전에 먼저 언어가 필요하다고 주장했다. 그의 이론은 모든 인류의 언어는 우리 마음에 내재된 기초적인 언어 능력을 바탕으로 하고 있기 때문에 비슷하다는 것이다. 촘스키에 의하면, 인간 언어의 특징은 하나의 구문을 같은 형태의 다른 구문에 삽입하여 개별적인 사고를 결합시키는 '회귀' 능력에 있다. 예를 들면 사람은 "나는 책을 읽고 있다"는 문장과 "나는 앉아 있다"는 문장을 결합하여 "나는 앉아서 책을 보고 있다"는 문장을 만들어내는 언어 능력을 가지고 있다.

뉴질랜드 오클랜드 대학의 심리학자 마이클 코벌리스^{Michael Corballis}는 회귀적인 사고가 정신적인 시간 여행 같은 것을 가능하게 한다고 주장했다. 정신적인 시간 여행에서는 과거의 일들을 회상하고 미래를 예상하며 때로는 가상적인 사실을 삽입하기도 하는데, 이 모든 것들은 계획을 세우고 앞으로 일어날 일을 예상하는 데 유용하다.

많은 사람들이 우리의 생각을 표현할 수 있는 언어가 인간성을 결정짓는 중요한 요소 중 하나라고 생각한다.

이것은 설득력 있는 주장이다. 그러나 문제는 새들도 그런 능력을 가지고 있다는 증거가 있고, 인간 모두가 그런 능력을 가지고 있는지도 확실하지 않다는 것이다. 생의 대부분을 아마존에 사는 피라하^{Pirahã} 종족 연구에 보낸 또 다른 미국의 언어학자

대니얼 에버렛^{Daniel Everett}은 피라하 종족의 언어에서 '회귀'에 대한 아무런 증거도 찾지 못했다. 그들은 수를 사용하지 않았으며, 색깔을 나타내는 단어나 '약간'이나 '많은'과 같이 양을 나타내는 단어도 사용하지 않았다. 또한 시제나 기억이나 그림을 사용하지도 않았다. 우리가 당연한 것으로 받아들이는 많은 능력을 거의 상실한 그들의 문화가 흥미롭기도 하지만 그것은 또한 우리의 언어가 정말 인간을 동물과 다른 특별한 존재로 만드는가 하는 의문을 가지게 한다.

문화

생리적인 요소나 유전적인 요소가 우리를 인간으로 만드는 게 아니라는 점이 점점 확실해지고 있다. 문화 역시 마찬가지다. 찰스 다윈에서부터 영국의 진화생물학자 리처드 도킨스^{Richard Dawkins}에 이르기까지 많은 뛰어난 과학자들이 문화의 중요성을 언급했고, 문화가 유전적인 요소와 어떻게 관련되어 있는지를 설명하려고 노력했다. 이 이론에서는 문화적 요소와 유전적 요소가 서로를 강화시킨다고 주장한다.

과학자들은 유전이 문화적 특성을 선택하도록 도와주는지, 반대로 문화가 어떻게 유전적 변화의 선택을 촉진시키는지를 보여주는 수학적인 모델을 제안했다. 만약 우리가 치즈나 우유를 넣은 차를 좋아한다면 우리는 이 이론의 가장 좋은 예가 될 수 있다. 대부분의 포유동물처럼 사람도 아기였을 때 생명 유지에 필요한 에너지를 젖에서 얻는다. 그러나 대부분의 포유동물과는 달리 어린아이 단계를 지나 어른이 되어서도 계속 소의 젖인 우유를 마신다. 중요한 것은 우유 안에 들어 있는 당인 젖당을 소화시키는 효소인 락타아제다.

대부분의 포유동물은 젖을 뗀 다음에는 더 이상 락타아제를 만들어내지 않는 것과 달리 사람은 락타아제를 생산하는 유전자가 어른이 된 후에도 계속 활동적이다. 우리는 이렇게 변한 이유를 특정 문화에서 식생활에 우유 제품을 이용했기 때문으로

인간은 동물과 달리 유아기 이후에도 오랫동안 우유를 마신다. 이런 문화적 습관이 우리 진화 과정에 영향을 주어 다른 포유동물에서는 젖을 뗀 후 활동을 멈추는 것과 달리 계속 활동적인 락타아제 유전자를 선택하도록 했다.

보고 있다. 유제품을 먹는 문화가 락타아제 유전자가 더 오래 활동적인 것이 유전적으로 유리하도록 만들었기 때문이다. 이런 이론의 증거는 락타아제 유전자를 활동적으로 유지하는 돌연변이가 세계의 여러 민족에서 독립적으로 일어났다는 것이다. 아마도 이런 돌연변이는 소를 가축으로 키우는 것과 연관이 있을 것이다.

이와는 대조적으로 전통적으로 유제품을 먹지 않는 아프리카나 아시아인들은 락타아제 활동 연장 돌연변이가 일어나지 않았다.

하지만 인간의 고유한 특성의 핵심은 경제, 특히 교역에 있는지도 모른다. 경쟁 우위의 법칙은 각자가 서로 다른 것을 만드는 것이 더 효과적이라면 교역을 통해 모두 이익을 볼 수 있다고 말한다. 다시 말해 한 사람은 창을 잘 만들고 또 다른 사람은 도끼를 잘 만든다면 각자가 한 가지는 잘 만든 것을 사용하고 한 가지는 서툴게 만든 것을 사용하기보다 잘 만들 수 있는 것을 두 개씩 만든 다음 하나씩 교환한다면 두 사람 모두 잘 만든 창과 도끼를 사용할 수 있게 될 것이다. 이를 21세기 경제에 적용하면 교역이 사회에 얼마나 큰 이익을 가져다주는지를 쉽게 알 수 있다.

식량을 생산하기 위해 하루 종일 농장에서 일하는 대신 전기 회사에서 일하면서 농부에게 전기를 공급해줄 수 있다. 이런 기술과 제품의 동시 상호 교역은 인간에게서만 발견할 수 있다. 침팬지에게 어느 정도 교역을 가르칠 수는 있지만 그들은 더 좋아하는 먹이를 얻기 위해 다른 좋아하는 먹이를 제공하지는 않는다. 수렵 채취 사회에서 남성은 동물을 사냥하고 여성은 곡물을 채취하는 것과 같은 노동의 성적 분리에서부터 교역이 시작되었는지도 모른다. 어찌 되었든 교역은 시작되었고, 그것은 인류가 서로를 도움으로써 큰 걸음을 내디딜 수 있게 해준 원인이 되었는지도 모른다.

영국 과학 저술가 매트 리들리[Matt Ridley]는 "인간이 이룬 성취는 집단적 지능에 기초를 두고 있다. 인간 신경 연결망에서 교차점은 사람 자신이다. 각자 한 가지 일을 하고 그것에 익숙해지면 교환을 통해 결과를 결합하고 공유함으로써 사람들은 그들이 생각할 수도 없었던 일까지 할 수 있게 된다"고 말했다. 그런 이유로 아마도 우리를 인간이게 하는 것은 유전자나 두뇌 또는 다른 어떤 개인적인 것이 아니라 인류 전체로서의 인간성일지 모른다.

인간을 인간이도록 하는 것은 유전자뿐일까?

게놈이 인간을 만드는 '청사진'이라는 말은 옳은 말이 아니다. 게놈은 청사진이라기보다는 요리책과 같다고 할 수 있다. 누가 요리를 하느냐와 마찬가지로 요리를 하고 있는 환경도 큰 차이를 만들어낸다. 유전자는 우리가 어떤 사람이 될 것인가에 일부 제한을 가하지만 정확히 어떤 사람이 될지를 결정하지는 않는다. 예를 들면 인간의 인식 작용과 물리적 발전의 대부분은 태어난 후에 결정되는 후천적인 것이다. 모든 종 가운데 인간은 가장 긴 후천적인 발전 과정을 가지고 있다. 두뇌는 우리가 스물다섯 살이 될 때까지도 발전 단계에 있다. 또한 어린이와 어른 사이의 짧은 '청소년기'를 가지고 있는 것과는 대조적으로 긴 청년기를 가지고 있는 유일한 종이다. 이는 다른 동물보다 인간은 환경이 더 큰 차이를 만들 수 있음을 뜻한다. 중요한 것은 인식의 발전 과정이다. 100만 년 전에서 20만 년 전* 사이에 그 당시 주변에 있던 동물 중에서 인류가 나타나도록 한 어떤 사건이 있었다. 우리는 아직도 그것이 어떤 사건이었는지에 대해 연구하고 있다. 그러나 우리가 갖게 된 인식 능력은 우리 조상들이 다른 종들이 할 수 없는 것을 할 수 있도록 했고, 계속 발전하여 다른 종들을 대체했다. 침팬지와 인간 유전자의 염기 서열을 비교하면 우리를 인간이게 만드는 차이점을 발견할 수 있을 것이라고 생각하는 사람들도 있다. 과거에 그런 생각은 희망 이상의 예상이었다. 침팬지와 공통 조상에서 출발한 후 수백만 년간의 진화 과정을 거쳤기 때문에 인류와 침팬지 사이의 차이를 만드는 것이 하나의 유전자 때문이라고 생각할 수는 없다. 그보다는 수백 또는 수천 개 유전자의 결합과 유전적 변화와 환경의 상호작용이 침팬지와 인간의 차이를 만들었을 것이다. 그리고 우리를 네안데르탈인이나 다른 동물과 구별짓게 하는 것은 그런 과정을 통해 얻게 된 인식 능력의 전환일 것이다.

아지트 바르키(Ajit Varki),
미국 캘리포니아 대학 샌디에이고 /
솔크 인류학 연구 및 연수 연구소(CARTA 공동 소장),

약 230만 년 전에서 140만 년 전에 살았고, 도구를 사용했던 우리의 조상인 **호모 하빌리스**(문자 그대로 '손을 사용한 사람').

---

* 역자 주: 인류가 지구상에 등장한 시기는 약 360만년 전에서 4만년 전 사이의 어느 시기라고 알려져 있다. 이는 어느 고인류를 이야기하느냐에 따라 달라진다.

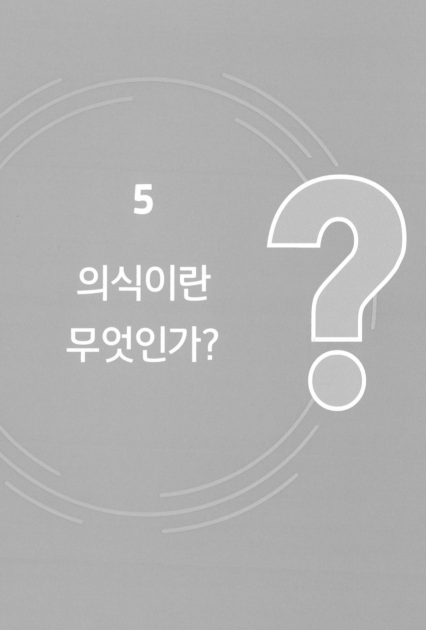

5

의식이란
무엇인가?

잠시 동안 우리가 죽어 있지도 않고, 잠도 자고 있지 않으며, 혼수상태도 아니면서도 주변을 인식하지 못하는 상태에 있다고 가정해보자. 그런 상태에서는 아무것도 인식할 수 없고, 즐거움이나 고통도 느끼지 못하며, 어떤 종류의 신체감각도 없다. 생각할 수도 없고 기억이나 감정도 없으며 다른 사람의 말을 듣거나 이해할 수도 없다. 호흡을 조절하는 것과 같은 기본적인 두뇌의 기능은 작동하지만 높은 단계의 인식 능력이 얼마나 작동하고 있는지는 알 수 없다. 이런 상태를 뇌 손상으로 인해 일어날 수 있는 최악의 상태인 식물인간 상태라고 한다. 때로는 눈을 뜨거나 신음 소리를 내고 미소 짓거나 우는 등 살아 있다는 신호를 보이기도 하지만 의미 없는 반응인 경우가 대부분이다. 슬프게도 식물인간 상태에서 회복된 사람은 거의 없다. 그러나 만약 실제로 식물인간 상태가 아니면서도 의식이 없다면 어떻게 될까?

케임브리지 대학에서 에이드리언 오언^{Adrian Owen}이 이끈 연구팀의 실험들은 교통사고로 사고 능력을 상실한 23세의 여성이 어느 정도 수준의 의식을 유지할 뿐만 아니라 테니스를 생각함으로써 외부 세상과 간단한 통신이 가능하다는 것을 증명했다. 여기서 중요한 것은 테니스를 치는 행동과 관련된 두뇌 활동의 형태가 집에서 걸어 다니는 행동과 관련된 두뇌 활동의 형태와 다르다는 것이다. 테니스 활동을 상상하면 운동을 계획하는 것과 관련된 보조운동 피질이라고 부르는 뇌의 영역이 활성화되는 반면 걸어 다니는 경우에는 공간 지각과 관련된 해마곁이랑이라고 부르는 뇌의 영역이 활성화된다.

이런 사실을 알고 있던 오언의 연구팀은 뇌를 스캔하면서 미리 녹음한 메시지를 들려주었다. 하나는 테니스 치는 모습을 상상하도록 하는 것이었고, 다른 하나는 집에서 걸어 다니는 모습을 상상하도록 하는 것이었다. 놀랍게도 그 여성의 두뇌 활동이 두 가지 메시지에 각각 다르게 반응했다. 그리고 그녀의 두뇌 활동은 건강한 자원자들의 것과 매우 비슷했다. 또 그러한 두뇌 활동은 멈추라는 지시를 내리기까지 30초 동안 계속되었다. 연구자들은 이것이 자동적이고 일시적인 반응이 아니라 의식적인 동기를 나타내는 것이라고 믿었다.

오언은 한발 더 나아가 식물인간 상태 또는 최소 의식 상태에 있는 54명에게 '예' 또는 '아니요'라고 대답할 수 있는 간단한 질문에 대한 반응 실험을 했다. 두뇌 스캔

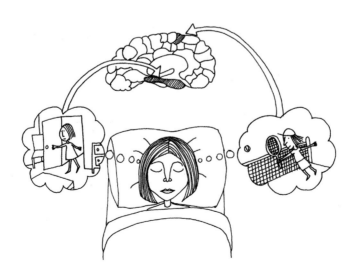

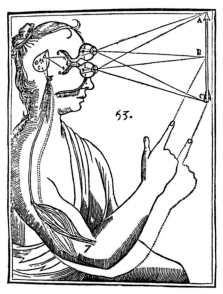

르네 데카르트가 작성한 마음 다이어그램.

을 통해 확인한 결과, 54명 중 5명은 정확히 대답했다. 일부는 자신이나 가까운 친구 또는 가족만이 알 수 있는 질문에도 대답했다. 올바른 대답을 한 다섯 사람은 모두 식물인간으로 진단받은 이들이었다.

이 연구는 이런 방법이나 다른 방법을 이용하여 최소한의 의식을 가지고 있는 환자를 더 잘 진단할 뿐만 아니라 진통제를 사용하는 치료 방법의 선택이나 감정적 상태에 대한 간단한 의사 결정을 할 수 있도록 질문도 할 수 있을지 모른다는 가능성을 제기했다. 오언은 식물인간 상태에 있다고 생각되는 사람들 중 20% 정도는 의식을 가지고 있지만 표준적인 진단 방법으로는 증명할 수 없을 뿐이라고 추정했다.

이런 방법을 이용하면 윤리적, 법적, 기술적으로 해결해야 할 문제는 많지만 심지어 생명 연장 장치를 계속 사용할 것인지를 스스로 결정하게 할 수 있을지도 모른다. 무엇보다 기술의 신뢰성, 개인 삶의 질 그리고 얼마나 의식 있는 상태냐 같은 것들이 문제가 될 것이다. 오언이 말했던 것처럼 "우리는 환자의 머릿속에 들어가 그의 경험의 질이 어떤 것인지를 확인해볼 방법이 없다". 여기에 의식에 관한 질문의 핵심이 있다. 우리는 어떻게 우리 마음, 우리 정신, 우리 '자신' 안으로 들어갈 수 있을까? 그리고 거기에는 무엇이 있을까?

인간의 두뇌 무게는 약 1.3kg이고, 86억 개의 신경세포가 들어 있다. 이는 쥐의 뇌에 들어 있는 신경세포보다 1000배나 많은 수이다. 이것은 매우 인상적인 수치이지만 왜 두뇌가 의식을 가지고 있는지, 그리고 의식이 무엇이며 의식이라는 말이 정확히 무엇을 뜻하는지를 설명해주지는 못한다. 정신세계의 많은 비물질적인 것들처럼 의식도 만질 수 없으며, 정의하기 어렵고, 식물인간 상태의 사람들처럼 증명하기 어렵다. 실제로 2004년에 일부 신경학자들은 의식을 정의하기를 거부했다. 그들은 "인간은 뇌의 물리적 활동에 의해 의식이 어떻게 형성되는지를 알지 못하며, 의식이 컴퓨터와 같은 비생물적인 체계로부터 나타날 수 있는지에 대해서도 알지 못하고 있다. (……) 현재 우리는 '의식'이라는 단어를 여러 가지 방법으로 그리고 모호한 의미로 사

용하고 있다. (……) 의식은 과학적인 방법으로 정의할 수 있는 과학적인 용어가 아니다"라고 주장했다.

우리가 논의하는 것이 무엇인지 정확히 모른다는 사실은 잠시 제쳐두자. 그런 다음 두뇌의 어느 부분이 의식에 관여하고 신경망이 어떻게 작동하는지 알아낸다면 우리는 의식이 어떻게 나타나는지를 어느 정도 알 수 있게 될 것이다.

의식과 관련된 첫 번째 질문은 그것이 어디 있느냐 하는 것이다. 고대 그리스인들은 의식이 심장에 있다고 생각했고, 마야인들은 간에 있다고 믿었으며, 17세기 프랑스의 철학자 르네 데카르트 René Descartes는 의식이 뇌의 가운데 부분에 있는 작은 원뿔 모양의 샘인 송과선에 있다고 생각했다. 그러나 우리는 의식에 관여하는 영역이 따로 있는 게 아니라는 것을 알고 있다. 대신에 의식은 뇌의 여러 부분들이 다른 정도로 또 다른 능력을 가지고 협동적으로 작용해서 나타난다. 의식적 또는 무의식적 사고를 하는 동안 뇌의 활동을 분석하여 우리는 뇌의 바깥쪽에 있는 주름살이 많은 피

질의 여러 영역이 의식 작용과 관련 있다는 것을 알아냈다.

뇌의 앞쪽에 있으며 주의력, 계획, 언어 작용을 관장하는 전두엽과, 뇌의 뒤쪽과 옆쪽에서 감각 정보 처리, 시각과 청각 그리고 언어와 기억에 관여하는 두정엽, 후두엽, 측두엽이 신경망을 형성하여 의식 작용을 관장하고 있다. 그리고 의식 작용에서 핵심적인 것은 피질 아래 묻혀 있으면서 어떤 신호를 피질로 보낼 것인지를 결정하는, 문지기 역할을 하는 커다란 두 개의 엽으로 이루어진 시상이다. 그러나 시상은 신호를 전달하는 역할만 하는 것이 아니라 의식의 수준을 조절하는 것을 돕기도 한다. 실제로 중심정중핵이라고 부르는 작은 영역이 손상을 입으면 의식을 잃기도 하고 때로는 영구적인 혼수상태에 빠지기도 한다.

뇌 손상은 매우 위험하지만 뇌의 여러 부분이 어떻게 함께 작동하는지에 대해 많은 것을 알려주고, 의식에 대한 연구에도 큰 도움을 준다. 외과 의사가 수술을 통해 뇌의 좌측과 우측을 연결하는 신경 다발을 절단하는 뇌량절제술은 극단적이기는 하지만 심한 간질의 경우 필요한 외과적 치료 방법이다. 뇌량절제술은 뇌를 물리적으로 두 부분으로 나눌 뿐만 아니라 환자의 의식도 둘로 나눈다.

1960년대에 미국의 신경생물학자 로저 W. 스페리는 분리된 두 개의 뇌가 어떻게 작동하는지를 보여주는 실험으로 노벨상을 수상했다. 분리된 뇌에 대한 스페리 실험의 뛰어난 점은 좌측이나 우측의 눈에만 보이도록 한 스크린 영상 실험 설계와 이 실험을 통해 알게 된 중요한 두 가지 사실에 있었다. 우리 뇌의 우측은 몸의 왼쪽 부분에서 오는 감각 신호만 받아들이고 통제한다는 것과 언어는 뇌의 좌측 부분에만 있는 영역에서 관장한다는 것이 그것이었다. 따라서 우측 눈이 받아들인 시각 신호는 언어중추가 위치해 있는 뇌의 좌측으로 가기 때문에 두 부분으로 나누어진 뇌는 우측 눈으로 본 물체의 이름을 말하는 데는 아무런 문제가 없었다. 그러나 좌측 눈으로 본 영상 신호는 우측 뇌로 가기 때문에 언어에 접근할 수 없어 "나는 아무것도 보지 못했다"라고 대답한다. 스크린 뒤에 숨어 있는 포크와 같은 물체를 왼손으로 만지도록 하고 설명하라고 하면 더 이상한 일이 벌어진다. 시각의 경우와 마찬가지로 왼손의 신경 신호는 뇌의 우측으로 간다. 우측 뇌는 그것이 포크라는 것을 알고 있지만 포크라는 대답도, "아무것도 없다"는 대답도 하지 못한다. 확실하게 무엇인가를 잡고 있기 때문이다. 이런 딜레마에 봉착한 좌측 뇌는 포크를 스패너라고 잘못 인식하게 된다.

분리된 뇌를 가진 환자에게서 나타날 수 있는 또 다른 이상한 현상은 손이 자체 마음을 가지고 있는 것처럼 행동하는 외계인 손 증후군이다. 이것은 한쪽의 뇌가 다른 쪽보다 뛰어나기(오른손잡이를 생각해보자) 때문에 나타나는 현상으로 보인다. 분리된 뇌 때문에 뛰어난 부분의 명령이 전달되지 않으면 다른 부분은 명령이 부족해 활동을 즉흥적으로 결합하려고 시도하게 된다. 그 결과, 한 손으로 방금 채운 셔츠 단추를 다른 손으로 다시 여는 '제멋대로 행동하는' 손들을 가지게 된다. 따라서 우리는 의식 작용에서 뇌의 연결망이 중요하다는 것을 알 수 있다.

그러나 미스터리는 아직도 남아 있다. 예를 들면 뇌신경의 반 이상을 포함하고 있는 소뇌를 포함하여 뇌의 많은 부분을 상실해도 의식에 영향을 주지 않는 것은 어떻게 설명할 수 있을까? 우리는 아직 뇌의 여러 부분이 어떻게 공동으로 작용하는지 충분히 알지 못하며, 그러한 협동 작업이 어떻게 의식 경험과 의식 수준을 결정하는지에 대해서도 잘 알지 못한다.

무의식적인 뇌

의식은 일반적인 수준의 자각 상태 또는 각성 상태를 뜻한다. 특히 의학적인 면에서 보면 그렇다. 의식의 상태는 완전한 각성 상태에서부터 부주의한 상태, 졸린 상태를 거쳐 뇌사 상태에 이르기까지 여러 단계가 있다. 잠을 잘 때는 공간과 시간에 대한 감각이 작동하지 않지만 모든 감각이 작동하지 않는 것은 아니다(1950년대까지는 이에 대해 잘못 생각하고 있었다). 잠을 자는 동안에도 뇌는 이완과 활동 주기를 반복하

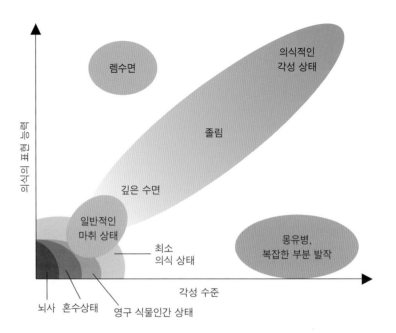

렘수면

의식적인
각성 상태

졸림

깊은 수면

의식의 표현력

일반적인
마취 상태

최소
의식 상태

몽유병,
복잡한 부분 발작

각성 수준

뇌사　혼수상태　영구 식물인간 상태

알려진 의식 상태와 무의
식 상태의 스펙트럼 그래
프. '각성'과 '주의'에는 여
러 단계가 있고, 이런 상태
들은 아직 신비의 베일에
가려져 있다.

며 의식 상태를 유지한다. 어떤 단계에서는 다른 단계에서보다 좀 더 '세상에 대해 죽은' 상태가 된다. 그리고 자는 동안 우리는 꿈을 꾼다('우리는 왜 꿈을 꾸는가?' 참조).

잠잘 때 외에도 우리가 자발적으로 들어가는 또 다른 무의식 상태로 마취 상태가 있다. 19세기 중반 이후 의학에서 마취가 사용되어왔지만 우리는 아직도 환자가 마취 상태에 '들어갈' 때 정확히 무슨 일이 일어나는지 모르고 있다. 실제로 마취약을 투여한 1000~2000명의 환자들 가운데 한 사람은 일시적으로 의식을 회복하기도 하고 수술하는 동안 의식 상태를 유지하기도 한다. 우리가 알고 있는 것은 마취가 피질과 시상 중심정중핵에 영향을 준다는 것이다. 이것은 의식이 어디에 있는가 하는 이론과 잘 맞는다. 뇌 전체를 정지시키지 않는 일반적인 마취는 신경의 전기적 활동을 위축시켜 의식 작용에 필요한 신경망을 혼란시키고 뇌의 다른 부분에서 오는 정보를 종합할 수 없게 만든다. 일부 과학자들은 이러한 정보의 종합이 의식 작용의 핵심 부분이라고 믿고 있다.

마취 상태는 우리가 조금밖에 알지 못하는 무의식 상태의 하나일 뿐이다. 무의식 상태에는 마취 상태 외에 다른 여러 가지 상태가 있다. 머리에 가해진 충격이나 뇌에 공급되는 당 또는 산소의 변화와 같은 뇌의 민감한 환경에 가해진 심각한 쇼크에 의한 혼수상태는 깊은 수면 상태와 비슷하지만 일반적인 수면-각성의 주기를 가지고 있지 않다. 혼수상태에 있는 사람은 고통에 대한 감각이 없고, 주변을 인식하고 있다는 아무런 징후가 없다. 외상 환자들에게는 혼수상태 외에도 의식이 심하게 변형되어 최소한의 각성 증거만 있는 최소한의 의식 상태, 식물인간 상태, 모든 근육의 마비로 말하거나 이동도 할 수 없는 상태인 락트-인 증후군과 같은 여러 단계의 무의식 상태가 있다. 그리고 이것은 다시 우리를 윤리적인 문제로 데려간다. 건강한 사람의 의식 상태도 잘 모르면서 어떻게 혼수상태나 식물인간 상태에 있는 사람들의 의식 상태를 말할 수 있겠는가?

어려운 문제

오스트레일리아의 철학자 데이비드 찰머스^{David Chalmers}가 말했던 것처럼 사람의 의식 상태에 대해 아는 것은 '어려운' 문제이다. 1996년에 발표한 기념비적 논문에서 그는 "의식에는 하나의 문제만 있는 것이 아니다. '의식'이란 말은 모호한 용어여서 여러 가지 현상들을 가리킨다. 이 현상들은 모두 설명할 필요가 있으며 그중 어떤 것은 다른 것들보다 설명하기 쉽다"라고 말했다('핵심 아이디어: 의식에 관한 찰머스의 쉬운 문제' 참조).

의식 상태와 관련된 문제들 중에는 각성이나 신경 체계를 통해 작동하는 메커니즘이나 계산을 통해 설명할 수 있는 문제들이 있다. 이런 문제들을 자세히 연구하기 위해서는 시간과 노력이 필요하겠지만 과학적인 방법을 통해 경험적으로 답을 찾을 수 있다. 의식의 다른 면은 설명이 더 어렵다. 미국 철학자 토머스 네이젤^{Thomas Nagel}은 우

의식이란 무엇인가?

75

리는 박쥐가 아니기 때문에 박쥐가 된다는 것이 어떤 것인지 절대로 알 수 없다고 했다. 다시 말해 의식은 순수하게 주관적인 내적 경험이기 때문에 다른 사람의 의식이 어떤 것인지 진정으로 알 수 있는 방법은 없다.

의식은 그것이 무엇인지 정확하게 알 수 없을 뿐만 아니라 연구하기도 힘들다. 독일 철학자 토마스 메칭거^{Thomas Metzinger}가 말했듯이, 의식은 '얇고', '사라지기 쉽기' 때문이다. 우리가 감각하는 것의 대부분과 우리 행동과 신체 기능의 많은 부분은 자율신경이라고 부르는 신경계의 무의식적 통제를 받는다. 그 결과, 어떤 시간에 우리가 무엇을 하고 있는지 모를 때가 많다. 그러나 우리는 우리가 무엇을 하고 있는지 알고 있다고 생각한다. 그 좋은 예가 눈을 감고 하는 선택이다. 한 독창적인 실험에서 과학자들은 슈퍼마켓에서 고객들에게 다른 맛을 가진 사과 잼과 포도 잼을 맛보고 어느 것이 좋은지 대답해달라고 요구했다. 그런 다음 고객들이 더 좋아한다고 말했던 잼을 다시 맛보고 왜 더 좋아하는지를 설명하도록 했다. 그런데 사실 실험자들은 고객들 모르게 그들이 싫어한다고 대답한 잼을 주었다. 놀랍게도 180명의 고객 중 잼이 바뀌었다는 것을 알아차린 사람은 3분의 1이 안 되었다. 나머지는 그들이 좋아하지 않았던 선택을 정당화했다.

눈을 감고 하는 실험은 우리 기억과 관점이 매우 주관적이라는 것을 나타낸다. 우리는 어떤 일이 일어난 다음에 역사를 다시 쓴다. 따라서 경험을 비교해서는 아무것도 확신할 수 없다.

그럼에도 불구하고 경험은 의식의 핵심 부분이다. 그리고 거기에는 진정한 문제가 포함되어 있다. 왜 그런 것이 뇌세포 망에서 나오는 것일까? 왜 우리는 그것을 진화시켰을까? 그리고 계속 진화시키고 있을까? 데이비드 찰머스는 이것이 진정 어려운 문제라고 말했다.

"우리 감각기관이 시각과 청각 정보를 처리할 때 우리는 어떻게 짙은 푸른색이나 특정한 음의 감각과 같은 시각과 청각 경험을 가지게 되는 것일까? 어떻게 물리적 과정이 내적인 감정을 만들어내는 것일까? 객관적으로는 그래야 할 아무런 이유가 없지만 그런 일은 일어나고 있다."

물론 우리는 몇 가지 답을 가지고 있다. 가장 그럴듯한 해답 중 하나는 여러 가지 다른 정보와 신경세포의 활동을 처리하고 종합함으로써 빠르게 행동하는 것을 가능하게 했다는 것이다. 그것은 약육강식의 위험한 세상을 살던 우리 조상들에게는 매우 유용한 것이었다. 다시 말해 의식적 사고가 매 순간 느끼는 모든 다양한 감각에 반응하기보다는 가장 중요하고 필요한 것을 선택하여 초점을 맞출 수 있도록 한다. 이 두 능력을 결합하여 실제적인 것과 그렇지 않은 것을 구별할 수 있도록 하고, 다양한 미래 시나리오에 대해 어떤 행동을 피하거나 선택할지를 결정할 수 있도록 한다. 건강한 사람의 의식 상태는 어떨까?

의식적인 마음의 성격

의식에 관한 오랫동안의 연구를 통해 신경과학자와 심리학자 그리고 철학자와 컴퓨터과학자를 비롯한 많은 과학자들은 의식이 무엇인지를 정의하기 위해 노력했다. 그 결과 의식적인 사람이 가지고 있는, 일반적으로 받아들여지는 다섯 가지 정신적인 능력 또는 특성이 정리되었다.

자의식	자신의 존재에 대한 자각.
주변 의식	자신과 환경 그리고 환경에서의 자기 위치와, 자신과 환경 사이의 상호작용에 대한 감각.
주관	세상과 자신에 대한 개인적인 관점.
감각	환경에 대한 감각 능력. 사람의 경우에는 시각, 청각, 미각, 후각 그리고 촉각을 통한 감각이 포함된다.
지혜	지적인 방법으로 사고하며 감각하고 행동하는 능력.

다른 사람들은 기억을 불러내 종합하여 미래 시나리오를 만들고 미리 계획을 세울 수 있도록 하는 상상력, 여러 개 중에서 하나에 집중할 수 있는 능력, 그리고 자신에게 무엇이 좋고 나쁜지를 알아내기 위해 감정을 사용하는 것 등을 여기에 포함시킬지도 모른다. 이런 기준들은 의식이 무엇인지를 정의하는 데 도움이 될 뿐만 아니라 사람만 그런 능력을 가지고 있는지를 판단하는 데도 도움이 된다.

앞에서 제시한 여러 개의 기준은 사람만 가지고 있는 것이 아니라는 여러 가지 증거가 있다. 코끼리도 문제를 해결하기 위해 공동 작업을 하고, 돌고래나 까치 그리고 유인원들도 거울에 비친 자신을 인식할 수 있다. 사람에 비해 아주 적은 수의 신경세포만 가지고 있는 꿀벌도 서로의 얼굴을 구별할 수 있다. 심지어 문어도 지형지물을 이용하여 이동하고 공간을 감각하며 미래 계획을 세우며 이동식 주거지로 사용하기 위해 코코넛 껍질을 모아 나른다.

이처럼 단순한 행동에 대한 관찰에서뿐만 아니라 포유류나 새의 뇌 구조에서도 유사성을 발견할 수 있다. 예를 들면 대뇌피질은 많은 종에서 모양과 크기가 비슷하다. 다양한 동물의 뇌에 대한 심도 있는 연구는 금화조도 포유류와 비슷한 신경 수면 주기를 가지고 있다는 것을 보여주었다. 물론 '어려운 문제'에서 이야기했듯이 우리는 동물이 생

문어들은 지표를 이용하여 이동하며, 미래에 이동용 주거로 사용하기 위해 코코넛 껍질을 모아 나른다. 그런데 공간 지각 능력과 미래 계획 능력은 의식의 특징 중 하나로 여겨지고 있다.

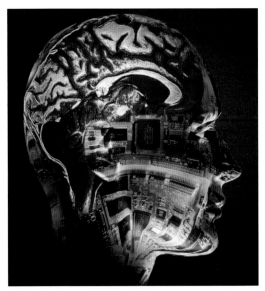
인공지능을 만들려는 노력은 의식 자체에 대한 이해에 한발 더 다가가게 할 것이다.

각하고 감정을 느끼는지에 대해 확실히 알 수 없다. 그럼에도 불구하고 2012년에 저명한 과학자들이 의식에 관한 케임브리지 선언을 했다.

"사람이 아닌 동물들도 의식 상태의 신경해부학적, 신경화학적, 신경생리학적 기질을 가지고 있으며, 의도적인 행동을 할 수 있다는 증거들이 있다. 결과적으로 말해 여러 가지 증거에 의하면 인간만이 의식 작용을 할 수 있는 신경학적인 기질을 가지고 있는 것이 아니다."

그들은 우리가 가지고 있는 가장 중요한 차이는 자신의 생각을 이야기할 수 있는 언어라고 말했다. 과학자들은 이것을 "동물들이 말을 할 수 있게 되기 전까지는 인간이 이야기의 가장 영광스러운 자리를 차지할 것이다"라고 표현했다.

그런데 아기들도 통신할 수 없다. 하지만 아기들의 두뇌가 충분히 발육되지 않았다고 해서 아기들이 의식을 가지고 있지 않다고 생각하지는 않는다. 우리가 의식적이거나 의식적이 아니라고 생각하는 것들이 궁극적으로 의식에 대한 이해에 다가가는 데 도움을 주고 우리가 의식을 창조하는 데 도움을 줄 것이다.

1950년대 이후 인공지능에 대한 꿈을 이루기 위한 노력이 다각도로 추진되어왔으며('우리는 언제 로봇 집사를 가질 수 있을까?' 참조), 로봇공학은 오랫동안 컴퓨터와 뇌의 연결을 시험해왔다. 1948년에 신경심리학자 윌리엄 그레이 월터William Grey Walter는 뇌세포를 나타내는 간단한 '거북이' 로봇들을 만들어 이들의 상호작용으로 얼마나 많은 행동을 이끌어낼 수 있는지를 보여주었다.

인공지능에 대한 오늘날의 접근은 놀라울 정도로 정밀하다. 여기에는 자체 시행착오 경험으로부터 배우거나 '어린이 같은' 교육 프로그램에서부터 자신과 환경 또는 다른 로봇 그리고 언젠가는 인간에 대한 '내부 모델'을 만들 수 있는 로봇의 개발까지 포함되어 있다. 기계들은 점점 이런 목표에 다가가고 있다. 우리는 아직도 인간 두뇌의 작용을 이해하고 복제할 수 있게 되면 의식이 그 모습을 드러낼 것이라는 꿈을 가지고 있다.

우리는 의식을 어떻게 정의할 수 있을까?

나는 의식을 명확하게 정의하는 것은 가능하지 않다고 생각한다. '각성'이나 '경험'과 같은 '의식'의 여러 가지 징후는 있지만 이런 것들을 '의식'이라고 하기에는 어려움이 많다. 철학자 토머스 네이젤^{Thomas Nagel}이 제안한 것처럼 우리가 할 수 있는 의식에 대한 최선의 정의는 그 생명체이게 하는 무엇이 있을 때 그 생명체가 의식을 가지고 있다고 할 수 있다는 것이다. '생명체이게 하는'이라는 말은 의식이

파리의 로댕 박물관에 있는 로댕의 〈생각하는 사람〉.

다른 생명체와의 비교를 통해 이해할 수 있는 것이 아니라 주관적인 견해나 세상에 대한 관점이라는 사실을 나타내는 것이다.

의식에 관한 과학적 연구를 생각할 때 유용한 일 중 하나는 의식적 생명체, 의식 수준 그리고 의식의 '내용'을 구별하는 것이다. 의식적 생명체는 말 그대로 의식을 가지고 있는 생명체를 말한다. 어떤 생명체는 의식을 가지고 있고 어떤 생명체는 그렇지 않다. 그러나 의식을 가지고 있는 생명체도 의식적인 방법에서 차이가 있다. 이 방법들은 '의식의 수준' 또는 '의식의 상태'라고 부르는 의식의 일반적인 면과 관련이 있다. 예를 들면 정상적인 각성 상태와 렘수면 상태, 최소한의 의식 상태, 가벼운 마취 상태 등과 같은 여러 수준의 의식 상태가 있을 수 있다. 의식을 조절하는 또 다른 방법은 세밀하게 나눈 의식 상태 또는 '의식의 내용'과 관련이 있다. 예를 들면 우리는 시각이나 청각과 같은 다른 형태의 감각으로부터 즐거움을 경험한다. 그리고 각 형태의 감각 안에는 개체가 의식할 수 있는 여러 가지 방법이 있다. 따라서 개체의 의식을 전체적으로 특징짓기 위해서는 의식의 단계와 의식의 내용이 무엇인지를 명확하게 밝혀내야 한다.

팀 베인(Tim Bayne), 맨체스터 대학, 철학 교수   81

의식에 대한 쉬운 문제와 어려운 문제

"의식과 관련된 문제는 하나만 있는 것이 아니다. '의식'이라는 말은 온갖 다른 현상을 나타내는 모호한 용어로, 의식과 관련된 각각의 현상들을 설명해야 한다. 그중 일부는 다른 것들보다 설명하기 쉽다."

의식을 연구할 때 가장 큰 문제는 연구 내용이 정확히 무엇인지 모른다는 것이다. 오스트레일리아의 철학자 데이비드 찰머스는 의식과 관련된 문제를 '쉬운' 문제와 '어려운' 문제로 나누었다. 쉬운 문제는 시간을 가지고 과학적으로 관찰하고 실험하면 경험적으로 이해할 수 있는 문제를 말한다. 어떤 특징이 이해하기 '쉬운' 것은 이 현상이 아무리 복잡하다 해도 그런 기능을 하는 메커니즘을 찾아내면 설명될 수 있기 때문이다. 여기에는 다음과 같은 것들이 포함된다.

- 우리가 환경에서 오는 감각 정보를 지각하고 구별하며 반응하는 방법
- 우리가 모든 정보를 종합하는 방법
- 우리가 외부 감각 정보뿐만 아니라 내부의 정신적 정보에도 접근하고 통신을 통해 그것을 기술하는 방법.

- 우리가 다른 것들보다 하나(또는 여러 개)에 주의를 집중하는 방법.
- 우리가 우리 자신의 행동을 의도적으로 조절하는 방법
- '각성' 상태와 '수면' 상태의 차이, 그리고 그 사이에 어떤 상태들이 존재하며 이런 상태에서 우리가 할 수 있거나 할 수 없는 것들.

물론 이런 것들은 쉽게 답을 찾을 수 있는 것들이 아니다. 그러나 이런 것들은 '어려운' 문제들과 비교된다. 의식이 본질적으로 주관적이라면 어떻게 의식 경험을 측정하고 그것을 확인할 수 있을까? 그리고 의식은 왜 생기는 것일까?

찰머스의 정의는 의식이 무엇인가에 대한 답을 주지는 못하지만 그것을 분해하여 우리가 연구할 수 있는 면과 더 많은 생각을 필요로 하는 면을 구별할 수 있도록 하여 질문의 더 명확한 틀을 제공한다.

6

우리는
왜 꿈을 꾸는가?

영히 잠을 자지 않는 알약을 준다면 먹을까? 피곤을 느끼지 않고 24시간 동안 더 많은 일을 할 수 있게 하는 약이 있다면 유혹을 느낄까? 아니면 밤의 숙면이 주는 즐거움을 선호할까?

많은 사람들에게 침대에서 보내는 귀중한 시간은 바쁜 생활 속에서 가질 수 있는 유일한 휴식이다. 교통 상황에 대처하거나, 필요한 번호들을 선택하고, 잃어버린 문 열쇠를 찾는 일처럼 매일 일어나는 일들을 처리하느라 우리 뇌는 아침부터 저녁까지 너무 많은 일을 한다. 하루에 너무 많은 일이 일어나기 때문에 늦은 밤 침대에 들어가 바쁜 뇌에 휴식을 주고 싶은 것은 어쩌면 당연하다.

그러나 과학적 연구에 의하면, 잠을 자는 동안 우리 몸은 재충전할 기회를 가지지만 우리 마음은 쉬지 않고 있다. 자는 사람들의 뇌파를 조사하는 것이 가능해지면서 자는 동안 뇌는 우리가 이해하지 못하는 어떤 상태에 있다는 것을 알게 되었다. 꿈은 자는 동안 뇌에서 어떤 일이 일어나고 있는지를 들여다볼 수 있게 해주는 창문이다. 또한 세상에 대한 우리의 경험을 조절하고, 그런 모든 경험들에 의미를 부여하는 것을 돕는 중요한 역할을 하고 있는 것으로 보인다. 하지만 불행히도 과학적인 측면에서 볼 때 꿈에 대한 연구는 전체적으로 문제가 많다. 간접적 보고만을 근거로 하여 마음에서 일어나는 꿈에 대한 연구는 정확한 측정과 객관적 관측을 바탕으로 하는 과학적 연구 주제로는 적당하지 않다. 19세기까지 꿈에 관한 과학적 연구가 이루어지지 않은 것은 이런 이유 때문일 것이다. 지금도 꿈을 신의 메시지나 꿈을 꾸는 사람의 미래를 보여주는 예언으로 생각하는 사람들이 많다.

꿈을 연구하는 최초의 학자가 나타난 것은 이러한 배경에서였다. 프랑스의 루이 페르디낭 알프레드 모리^{Louis Ferdinand Alfred Maury}는 역사학자 겸 고고학자였지만 기록 보관인을 하면서 익힌 습관 덕분에 꿈에 대한 과학적 연구를 시작할 수 있었다. 모리는 30년 이상 자신의 꿈에 관한 일기를 썼고, 최초로 꿈을 꾸게 하는 원인과 그 결과를 알아보는 실험을 했다. 그는 실험 설계자였을 뿐만 아니라 스스로 실험대상이 되기도 했다. 또 자신의 실험을 도운 조수들의 신원을 밝히지 않은 것으로 보아 그가 아내나 하인들에게 여러 종류의 수면 방해가 꿈에 주는 영향을 시험하는 것을 돕도록 했을 것으로 추정하고 있다. 그가 충실히 기록해놓은 것들 중에는 깃털로 코를 간질이면 피부를 벗겨 만든 가면을 쓰는 꿈을 꾸고, 향수 냄새를 맡게 하면 카이로에 대한 꿈을 꾼다는 내용도 포함되어 있다.

모리가 기록해놓은 모든 이상한 꿈 중에 가장 널리 알려진 것은 지그문트 프로이트^{Sigmund Freud}가 지은 《꿈의 해석》을 통해 유명해진 '기요틴 꿈'일 것이다. 이 꿈에서 모리는 프랑스 혁명 동안 정치적 재판을 받고 기요틴에서 목이 잘리는 형을 받는다. 그는 칼이 떨어질 때 머리와 몸이 분리되는 것을 느꼈다. 꿈에서 깨어난 모리는 침대 기둥이 부러져 넘어지면서 그의 목을 친 것을 발견했다. 이것은 논쟁거리가 되었다. 그런 꿈은 순간적으로 일어난 침대 기둥이 넘어지는 사건에 의해 촉발되었다고 보기에는 너무 길다는 것이다. 프로이트는 꿈은 이루어지지 않은 소망을 나타내는 것이라는 자신의 이론에 맞추기 위해 이 꿈을 각색한 것으로 보인다. 프로이트는 이 꿈 이야기를 하면서 모리가 당당하게 처형대로 올라가기 전에 작별의 키스를 했다는 부

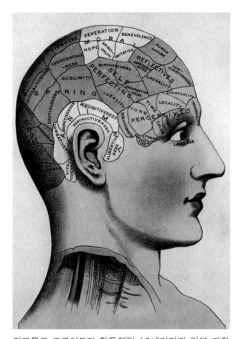

지그문트 프로이트가 활동했던 19세기까지 일부 과학자들은 뇌가 개인적 특징을 나타내는 여러 영역으로 나누어져 있다고 믿었다. 골상학자들은 머리를 만져서 뇌를 구성하는 영역들의 지도를 작성할 수 있다고 생각했다. 우리는 현재 영상 기술을 이용해 뇌의 여러 활동을 알아낼 수 있으며 사이비 과학인 골상학은 오래전에 신뢰성을 잃었다.

분을 덧붙였다. 이 꿈과 관계된 이야기의 진실이 무엇이든 모리는 꿈을 기록으로 남기는 전통을 만들었고, 이는 19세기에 많은 의사들과 심리학자들이 자신들의 꿈에서 많은 것을 배울 수 있도록 하는 전통이 되었다.

만질 수 없는 것에 대한 탐구

1세기가 넘는 기간 동안 과학자들은 꿈을 기록할 때 침대 옆에 준비해둔 펜과 종이를 이용했다. 가장 정밀한 뇌 영상 장치도 꿈꾸는 사람들의 마음속 이야기나 영상을 재생할 수 없기 때문에 꿈꾸는 사람 자신이 꿈의 내용을 결정한다. 여기에는 꿈을 꾼 사람이 자신의 꿈을 잊어버리거나, 꾼 꿈을 설명하기 어려울 수 있다는 문제가 있다. 우리는 금방 꾼 꿈은 생각해내려 할 때 어떤 느낌인지 잘 알고 있다. 하지만 꿈의 자세한 내용을 기억해내려고 노력하면 할수록 그 내용이 더 빨리 사라져버리는 것처럼 느낀다. 또 다른 어려운 문제는 실험 참가자들이 자신들의 꿈을 멋있게 각색한다는 것이다. 만약 과학자들이 어머니를 살해한 꿈이나 말과 성관계를 가진 꿈에 대해 말해달라고 하면 사실대로 이야기해주는 사람이 얼마나 될까? 실제로 프로이트 시절에는 그리고 최근까지도 그런 꿈은 꿈을 꾼 사람은 심리 분석가를 필요로 하는 심각한 상태에 있다고 간주되었기 때문에 이야기하는 것을 자제하려 했다.

프로이트는 모든 꿈은 그것이 추구하는 숨겨진 의미가 있다고 믿었고, 종종 성적 판타지와 연관시켰다. 이 분야에서의 그의 영향은 오늘날까지도 무시 못할 만큼 크지만 지금은 꿈에 대한 그의 초기 이해에서 벗어나 뇌와 여러 가지 다른 의식 상태에 대한 발전된 지식을 바탕으로 꿈을 새롭게 해석하고 있다('의식이란 무엇인가?' 참조).

1970년대에 미국의 정신과 의사 J. 앨런 홉슨 J. Allan Hobson은 꿈에 관한 프로이트의 이론이 너무 오랫동안 과학적 연구를 방해했으므로 여기에서 탈피해 좀 더 생물학적 접근이 필요하다고 생각했다. 1975년 4월에 홉슨은 꿈에 관한 그의 생각을 에든버러 대학에서 발표했고, 2년 후에는 《미국 정신병학회》지에 발표되어 논란을 불러일으킨 논문을 통해 공론화했다. 일부는 이것이 프로이트에 대한 노골적인 공격이라고 생각했다.

홉슨과 그의 동료 로버트 매컬리 Robert McCarley가 제안한 내용의 핵심은 꿈은 그 기원이 심리학적인 것이 아니라 생리적인 것이고, 꿈의 내용은 상당히 임의적이라는 것이었다. 그들은 꿈은 자는 동안 활동적인 뇌세포가 우연히 만들어내는 것 이상이 아니라고 설명했다. 홉슨과 매컬리는 뇌를 '꿈 상태의 발생자'라고 부르면서, 우리의 가장 이상한 꿈은 우리가 렘수면(REM)이라고 알고 있는 상태에서 꾼다고 주장했다('놀라운 발견: 렘수면' 참조). 렘수면이라는 말은 자는 동안 눈동자가 빠른 운동을 하기 때문에 붙여진 이름이다. 우리는 매일 저녁 세 번 내지 네 번 이 옅은 수면 상태를 들락거리면서 각성 상태에 가까운 상태와 깊은 수면 상태를 왔다 갔다 한다. 그러나 우리는 깊은 수면 상태에서도 꿈을 꾼다는 것을 알고 있다. 하지만 깊은 수면 상태에서 깬 사람에게서 일관성 있는 꿈 내용을 알아내는 것은 어려운 일이다.

프로이트 이론과 정면으로 대립되는 입장에서 보면 꿈은 아무런 의미도 없고 어떤 종류의 목적도 없다고 결론지을 수 있다. 그러나 지난 수십 년 동안의 연구는 이런 생각이 옳지 않다는 것을 증명하고 있다. 뇌 영상 기술 발전과 기분, 기억, 학습 같은 것들이 수면에 주는 영향을 알아보는 실험을 설계하는 과학자들의 창의성 덕분에 우리는 수면과 꿈에 대해 좀 더 복잡한 그림 조각들을 짜 맞추기 시작했다. 현재 꿈은 우리의 감정을 체크하고, 심지어는 실제 상황이 어떻게 일어날지를 시험하는 가상현실로, 위협에 대한 우리의 반응을 알아보는 일종의 '밤중에 시행되는 정신 치료'라고 이해되고 있다. 미국 하버드 의대에서 수면을 연구하고 있는 로버트 스틱골드 Robert Stickgold와 에린 웜슬리 Erin Wamsley는 2010년에 과학자들에게 "꿈이 알려지지 않은 과정에 의해 발생하는 신비스럽고 지적이지 않으며 거의 아무런 기능이 없는 현상이라는, 꿈에 대한 이전의 생각을 버려야 한다"고 요구했다. 이와는 반대로 현대의 수면 연구는 꿈이 실제로 각성 상태의 삶에 도움을 주며 우리에게 좋은 것이라는 좀 더 흥미 있는 결론을 이끌어냈다('전문가 노트: 꿈은 우리에게 좋은 것일까?' 참조.)

기억의 미로

현재 많은 과학자들이 수면과 꿈은 뇌가 기억을 유지하고 서로 연관 짓는 데 필수적이라고 생각하고 있다. 그리고 최근 동물 연구를 통해 이 분야에서 좀 더 놀라운 발견이 이루어졌다. 동물이 우리 인간과 같은 방법으로 꿈을 꾸는지는 확실히 알 수 없지만 일부 동물의 뇌 활동 패턴은 동물도 꿈을 꾼다는 것을 보여주고 있다. 꿈을 꾸는 것이 아니라 해도 적어도 꿈을 꾸는 것과 비슷한 과정이 동물의 뇌에서도 일어나고 있다. 상당한 정도의 지능을 가지고 있고, 상당히 복잡한 일을 하도록 훈련시킬 수 있는 쥐의 경우에 꿈의 이런 기능은 특히 유용하다. 만약 잠을 자는 동안 학습과 기억을 관장하는 뇌의 영역에서 이 일들에 대한 경험을 어떻게 처리하는지 관찰할 수 있다면 우리는 각성 상태의 경험이 꿈속 세상과 어떤 관계가 있는지 알아낼 수 있을 것이다.

2007년에 꿈에 관한 질문의 답을 설치류에서 찾을 수 있을 것이라고 생각했던 매사추세츠 공과대학의 신경과학자들은 미로를 찾아가는 쥐를 이용한 수면 연구 결과를 발표했다. 매슈 윌슨 Matthew Wilson과 다오윤 지 Daoyun Ji는 실험실에서 기른 쥐를 짧은

"This one's useless - it keeps going, 'Oh, God, say it's only a dream.
Oh, God, say it's only a dream'."

악몽의 시나리오! 1980년대의 만평. "이것은 쓸데없는 거야. 계속 가는 거야. '신이시여, 이것은 꿈일 뿐이라고 말해주소서. 오! 신이시여, 이것은 꿈일 뿐이라고 말해주소서.'"

수면 사이에 한 시간에서 두 시간 동안 미로를 지나가도록 훈련시켰다. 실험실 쥐가 미로를 지나가게 하는 것은 수십 년 동안 학습과 기억에 대한 표준적인 실험이었다. 놀랍게도 쥐가 잠을 자는 동안 뇌에서 신호를 발사하는 형태를 자세히 관찰했을 때 일부는 미로를 통과할 때 기록된 신호 발사 형태와 거의 완전하게 일치했다. 윌슨과 지는 쥐가 잠을 자면서 각성 상태의 경험을 재생하고 있다고 결론지었다. 마치 뇌가 미로를 기억하고 그것을 더 잘 통과하는 방법을 알아내기 위해 '꿈'을 이용하고 있는 것 같았다. 그리고 그것은 윌슨과 지가 예상한 것과 거의 같았다.

우리는 수면 상태의 뇌가 그날의 경험을 훑어보고 어떤 것이 보존해야 할 만큼 중요한지, 그리고 어떤 것이 '기억 박물관'에 속해야 하는지를 결정하는 일종의 기억 관리자라는 것을 알아차렸다. 이런 관리 과정에서는 새로운 기억을 모으는 역할을 하는 진화적으로 오래된 해마와 장기 기억을 보존하는 데 관여하는 피질이 핵심적인 역할을 하는 것으로 보인다. 이 두 영역은 윌슨과 지가 미로 실험에서 뇌파를 기록한 부분이다. 이 두 영역의 상호작용에 대한 조사는 기억의 수집과 저장 영역이 서로 통신하면서 기억 과정을 조정한다는 것을 보여주었다. 이와 같은 실험실의 연구는 쥐의 모든 상황을 제어할 수 있기 때문에 유리하다. 다른 모든 경험이 어떻게 형성되는지 알 수 있기 때문에 꿈이 실제 생활에 뿌리를 두고 있다면 이들의 꿈이 어디에 근거를 두고 있는지 알아낼 수 있다. 반면에 쥐는 깨웠을 때 어떤 꿈을 꾸었는지를 말해줄 수 없다. 하지만 사람은 꿈을 이야기해줄 수 있다. 그렇다면 사람을 이용해서 이런 종류의 실험을 할 수는 없을까?

하버드 대학의 로버트 스틱골드 수면 과학 연구팀은 컴퓨터 게임에서 미로를 통과하는 사람들을 대상으로 일련의 실험을 했다. 그러나 실험 참가자들의 뇌 활동을 분석하는 대신 짧은 수면 전과 후에 (꿈을 꿀 수 있는 기회를 가지기 전과 후에) 게임을 하는 것을 관찰했다. 게임 방법을 가르쳐준 다음 한 시간 정도 잠을 잘 수 있도록 한 사람들은 그냥 앉아서 생각하도록 한 사람들보다 훨씬 더 빠르게 컴퓨터 미로를 통과했다. 그리고 잠을 잔 사람들에게 꿈속에서 무엇을 했느냐고 물었을 때 일부는 그들이 알고 있는 사람들과 미로와 관련된 시나리오에 대해 협력하는 꿈을 꾸었다고 대답했으며 일부는 실제 생활에서 이전에 방문한 적이 있는 장소에 관한 꿈을 꾸었다고 했다. 그중 한 사람은 박쥐 동굴을 방문하는 꿈을 꾸었다. 새로운 기억과 오래된 기억의 이러한 결합은 넓은 의미에서 새로운 경험에 처했을 때 과거의 비슷한 경험을 이용하여 미래 상황에 대비한 계획을 세우는 것을 돕는 꿈의 역할에 대한 힌트를 준다. 이론에 의하면, 어떤 사람이 다음에 박쥐 동굴에서 길을 잃으면 뇌가 미로 통과 기억을 되살려 일정한 형태의 도움을 받을 것이다.

그러나 박쥐 동굴 꿈은 꿈 연구자들이 당면하고 있는 가장 어려운 문제로 우리를 데려간다. 박쥐 동굴이 실제의 박쥐 동굴이 아니라면 어떨까? 꿈을 꾼 사람이 만들어낸 것이거나 당황스러운 내용을 제거하기 위해 변화시킨 것이라면 어떻게 할까? 우리가 무엇을 꿈꾸는지 알지 못하면서 왜 꿈을 꾸는지를 알 수 있는 방법이 있을까?

오랜 시간이 지났지만 우리는 아직도 19세기에 모리가 했던 것과 같은 방법으로 꿈을 기록하고 있다. 2012년에 사람들의 꿈을 읽을 수 있는 새로운 기술이 개발되었다는 보고가 있었지만 실제로는 놀라운 것은 아니었다. 일본 연구자들은 수면 연구소에서 지원자들의 뇌를 스캔하여 20가지 공통적인 꿈의 목록 중에 대상자들이 어떤 꿈을 꾸었는지를 비교적 믿을 수 있을 정도로 추측할 수 있다는 사실을 발견했다. 그러나 연구 대상자들이 차에 대한 꿈을 꾸고 있는지 아닌지를 종종 정확하게 추측할 수 있다 해도 누가 차를 운전하는지 그리고 차가 어디로 가고 있는지에 대해서는 이야기해줄 수 없다. 꿈을 꾸는 사람이 기억할 수 있다면 이런 자세한 부분을 메워야 한다. 우리 각자에게 꿈이 매우 개인적인 경험이라는 사실은 꿈 연구를 방해한다. 적어도 아직까지는 꿈을 녹화하여 영화처럼 재생할 수 있는 방법이 없다. 각성 상태의 사고와 마찬가지로 우리의 꿈도 우리 자신만의 것이고, 그 기억을 계속 보유하는 것은 매우 어렵다. 우리는 수면 상태의 뇌가 관리자, 상담자 그리고 창조자의 역할을 할 수 있다는 것을 알고 있다. 그러나 꿈은 우리의 접근 범위 밖에 있고 꿈을 꾸는 사람마저도 접근이 쉽지 않다는 사실은 과학이 왜 우리가 꿈을 꾸는가라는 질문에 아직 답을 제시하지 못하고 있는 이유 중 하나다.

꿈은 우리에게 좋은 것일까?

우리 기준에서 꿈은 긍정적인 영향을 주는 것처럼 보이는 면이 있다. 꿈은 우리 정신 건강에 중요한 감정적인 숙제를 하는 것과 같다. 나는 아주 많은 사람들을 조사했다. 그들이 잠들기 전에 어떤 문제를 가지고 있었는지 알아본 다음 밤에 꾸는 꿈을 차례대로 정리해 보았다.

내가 발견한 것은 꿈을 꾸는 동안에 감정적으로 중요한 것들을 수행한다는 것이었다. 자는 동안 우리는 각성 상태에서 해결하지 못한 문제에 도전한다. 많은 연구자들이 수면을 방해하는 약을 먹이거나 실험실에서 꿈을 중단시켜 꿈을 꾸지 못하게 했을 때 어떤 일이 일어나는지를 조사했다. 이런 실험을 통해 우리가 알아낸 것은 꿈을 꾸지 않은 사람은 잠에서 깨어났을 때 약간 기분 나쁜 상태라는 것이다. 이러한 감정 조절의 기능은 잘 밝혀진 유일한 꿈의 기능이다. 이에 대해서는 일관적인 여러 연구 보고가 있다. 그러나 우리는 꿈이 다른 기능도 가지고 있다고 생각하고 있다. 예를 들면 몇 주일 동안 계속해서 아침 일찍 잠에서 깨는 경우에도 꿈을 꾸는 시간이 줄어들 것이고 그렇게 되면 학습 능력이 영향받을 것이다. 꿈은 실제적인 기능을 가지고 있는 것으로 보인다. 따라서 우리는 꿈을 소중하게 생각하고 꿈을 꾸는 주기를 완성할 수 있도록 충분히 자야 할 것이다.

로절린드 카트라이트(Rosalind Cartwright),
시카고 러시 대학 신경과학 명예교수

렘수면

빠른 눈동자 운동(REM) 수면은 미국 과학자 유진 아세린스키[Eugene Aserinsky]가 시카고 대학 대학원생이던 1953년에 여덟 살짜리 아들 아몬드를 대상으로 한 실험을 통해 처음 발견했다. 아들에게 뇌파와 눈동자의 운동을 기록하는 장치를 연결한 다음 아세린스키는 아들이 편안하게 잠을 자고 있는 동안에도 눈동자의 움직임을 나타내는 바늘이 각성 상태와 마찬가지로 움직인다는 것을 알아냈다. 박사 학위 지도 교수였던 너새니얼 클라이트먼[Nathaniel Kleitman]과 함께 아세린스키는 렘수면을 처음으로 밝혀낸 논문을 공동으로 작성했다.

"……꿈과 관련이 있을 것으로 추정되는 이러한 생리학적인 현상은 잠을 자는 동안에 나타나는 특정한 수준의 두뇌 활동을 나타내는 것으로 보인다. 눈동자의 운동은 잠을 자기 시작한 지 세 시간 후에 나타나고 두 시간 후에 다시 나타난다. 그런 다음에는 잠에서 깨기 직전에 세 번 내지 네 번 짧은 간격으로 나타난다. 이 방법은 꿈을 꾸는 시간과 꿈의 지속 시간을 결정하는 수단을 제공한다."

1953년 9월 4일자 《사이언스 저널》에 발표된
아세린스키와 클라이트먼의 논문
〈수면 동안에 주기적으로 나타나는 눈동자 운동과 이완 관련된 현상들〉에서

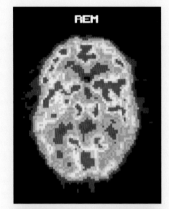
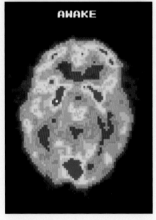

⇧
REM 수면 동안과 각성 상태의 뇌의 스캔. 따뜻한 색깔(붉은색과 노란색)은 좀 더 활동적인 영역을 나타낸다. 이 스캔은 양전자단층촬영(PET)을 이용하여 만들었다. PET에서는 혈관에 주사하여 뇌에 흡수된 '추적자' 분자가 방출하는 방사선을 감지한다.

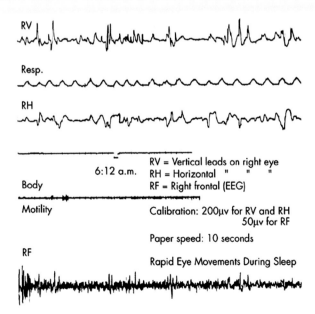

RV

Resp.

RH

6:12 a.m.

Body

Motility

RF

RV = Vertical leads on right eye
RH = Horizontal   "   "   "
RF = Right frontal (EEG)

Calibration: 200μv for RV and RH
                    50μv for RF

Paper speed: 10 seconds

Rapid Eye Movements During Sleep

⇦
두뇌의 전기적인 활동성을 기록하는 뇌파기록장치(EEG)를 이용하여 최초로 감지한 빠른 눈동자 운동(후에 렘수면이라고 불리게 된). 유진 아세린스키와 너새니얼 클라이트먼이 1953년에 출판한 논문 그림 1에서 전재.

93

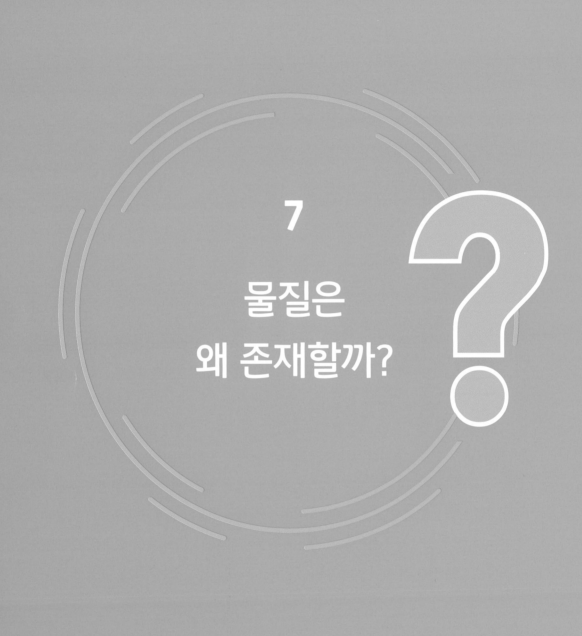

7

물질은
왜 존재할까?

프랑스와 스위스 국경 부근의 시골 구릉지대 아래 있는 깊은 터널 안에는 '빅뱅 실험 장치'가 설치되어 있다. 유럽입자물리연구소(CERN)에서 설치하여 운영하고 있는 대형 하드론 충돌가속기(LHC)는 둘레가 27km나 되는 입자가속기로, 지하 100m에서 두 나라의 국경에 걸쳐 있다.

강력한 자석을 이용하여 조절되는 아원자입자 빔이 둘레가 27km나 되는 진공 터널 안에서 반대 방향으로 빛에 가까운 속도로 돌고 있다. 빔 안에 포함된 입자들이 엄청난 에너지를 가지고 충돌하여 과학자들이 빅뱅 직후에 존재했던 고에너지 상태를 이해할 수 있도록 한다. 물리학자들은 이곳에서 물리학에서 가장 위대한 신비 중 하나로 간주되는 '왜 우리가 물질로 이루어진 우주에 살고 있는가'라는 질문의 답을 찾고 있다.

우주가 만들어진 빅뱅의 순간에는 엄청난 양의 에너지만 존재했다. 그리고 최초 수백만분의 1초 동안 이 엄청난 에너지로부터 입자와 반입자로 이루어진 입자-반입자 쌍들이 만들어졌다. 물질은 우리를 포함하여 우리 주변의 모든 것을 만들고 있는 '재료'이다. 물질은 원자로 이루어져 있고, 원자는 양성자와 중성자로 이루어진 원자핵과 원자핵 주변을 돌고 있는 전자로 이루어졌다. 양성자는 양전하를 가지고 있고, 전자는 음전하를 가지고 있어 서로 잡아당기기 때문에 전자가 원자핵 주변의 궤도에 머물러 있을 수 있다. 반물질은 정상적인 물질과 대칭을 이루고 있다. 반물질로 이루어진 원자는 전하의 부호가 반대인 것을 제외하면 보통의 물질로 이루어진 원자와 모든 면에서 똑같다. 반물질로 이루어진 원자에서는 양전하를 가지고 있는 반전자(양전자라고 알려진)가 음전하를 띠고 있는 반양성자와 반중성자로 이루어진 원자핵 주변을 돌고 있다. 반물질은 공상과학소설에나 등장하는 신비한 물질이 아니다. 양전자단층촬영(PET)에서는 인체 내부를 조사하여 암과 같은 질병을 진단한다. 또 뇌나 신장과 같은 기관이 어떻게 작동하고 있는지를 조사하기 위해 반물질인 양전자를 이용하고 있다. NASA의 망원경은 번개에 의해 만들어진 반물질을 감지하였으며 LHC에서의 입자 충돌에서도 반입자들이 만들어진다.

빅뱅 후에 우주가 팽창하면서 온도가 내려가 입자의 생성이 멈추자 물질과 반물질의 양이 고정되었다. 그러나 여기까지는 아직 이야기의 시작일 뿐이다. 입자가 자신의 반입자(예를 들면 전자와 양전자가)가 만나면 두 입자는 소멸하여 다시 에너지로 돌아간다. 입자와 반입자가 같은 양이 만들어졌다면 결국 모든 물질이 모든 반물질과 함께 사라져 은하와 별 그리고 행성을 만들 물질이 남아 있지 않아야 한다. 그러나 우리 주변의 세상은 분명히 물질로 가득 차 있고 반물질은 거의 존재하지 않는다. 하지만 우리가 존재하는 것 자체가 물질과 반물질이 모두 소멸되지 않았다는 것을 증명한다. 이에 대한 가능한 설명은 우주 어딘가에 아직도 물질과 반응하여 소멸하지 않고 남아 있는 반물질 저장소가 있을 것이라는 것이다. 그러나 우주에 대한 조사에 의하면, 100광년(10^{21}km) 이내에는 숨겨진 반물질이 존재한다는 증거가 없다.

또 다른 설명은 우주 초기에 만들어진 물질과 반물질이 완전히 똑같지 않아 빅뱅 후에 물질과 반물질이 모두 함께 소멸되지 않았다는 것이다. 우리 우주가 만들어진 조건을 정확하게 재현할 수 없는 물리학자들은 LHC와 같은 입자가속기를 이용하여

물질은 왜 존재할까?

이런 아이디어를 시험하기 위해 빅 뱅 직후의 상태와 가까운 조건을 만들고 있다. 이런 실험은 빅뱅과 같은 고에너지 상태에서만 나타날 수 있어 오늘날에는 만날 수 없는 다양한 아 원자입자들도 만들어낸다. 그런 다음 물리학자들은 입자와 반물질 사이에 있었던 대칭성 붕괴의 증거를 찾고 있다.

입자와 반입자 사이의 대칭성이 붕괴된다는 증거는 케이온^{kaon}이라고 부르는 입자에서 처음 발견되었다. 영국 맨체스터 대학에서 1947년 처음 발견된 케이온은 불안정해서 빠르게 다른 입자로 붕괴한다. 케이온의 붕괴는 여러 가지 방법으로 일어난다. 어떤 붕괴에서는 양전자와 다른 입자들이 만들어지고, 또 다른 붕괴에서는 전자와 다른 입자들이 만들어진다. 만약 물질과 반물질이 대칭적이라면 수백만 번의 붕괴에서는 같은 수의 전자와 양전자가 만들어질 것을 기대해야 한다.

그러나 실험에 의하면, 케이온의 붕괴로 만들어진 전자와 양전자를 합한 수의 50.17%는 양전자였고 49.83%는 전자였다.

물리학자들은 물질과 반물질 사이의 대칭성 붕괴를 'CP 대칭성 붕괴'라고 부른다. CP 대칭성 붕괴의 최초 실험적 증거는 뉴욕 롱아일랜드에 있는 브룩헤이븐 국립연구소의 과학자들에 의해 1964년에 발견되었다. 이 놀라운 발견으로 미국의 물리학자 제임스 크로닌$^{James\ Cronin}$과 발 피치$^{Val\ Fitch}$는 1980년 노벨 물리학상을 수상했다.

왜 우리가 물질로 이루어진 우주에 살고 있는가 하는 질문에 대한 답의 열쇠를 쥐고 있는 것은 CP 대칭성 붕괴이다. 그러나 케이온에서의 차이만으로는 우주의 물질과 반물질의 불균형을 설명하기에 충분하지 않다. 크로닌과 피치의 발견에 고무된 CERN의 물리학자들은 CP 대칭성이 붕괴되는 더 많은 경우를 찾아냈다.

미국 물리학자 제임스 크로닌(좌측)과 발 피치(우측)는 물질과 물질의 거울상인 반물질 사이의 CP 대칭성이 깨진다는 것을 발견하여 1980년 노벨 물리학상을 공동으로 수상했다.

초대칭성

LHC 둘레에는 네 개의 성당 크기 공간이 자리 잡고 있다. 이 중 하나에는 LHCb 실험 장비가 설치되어 있다. 길이가 21m이고 너비가 13m이며 높이가 10m의 무게가 5600톤이나 되는 LHCb 실험 장치는 괴물같이 큰 설비이지만 세 개의 다른 검출 장치와 마찬가지로 매우 민감한 장치이다. 이 실험 장치는 LHC에서 일어나는 충돌로 만들어진 입자들을 검출할 수 있다. LHC에서의 충돌에서는 물질과 반물질인 D 중간자라고 부르는 입자와 반D 중간자가 함께 만들어진다. 케이온과 마찬가지로 두 입자는 매우 불안정하여 빠르게 LHCb의 미세 조정된 센서가 검출할 수 있는 가벼운 입자로 붕괴한다. 과학자들은 이 입자들을 반대로 추적하여 이것이 D 중간자에서 온 것인지 아니면 반D 중간자에서 온 것인지 알아낼 수 있다. 다시 말해 물질에서 온 것인지 반물질에서 온 것인지 알 수 있다.

스위스 제네바 부근에 있는 CERN의 대형 하드론 충돌가속기(LHC) 모형. 길이가 27km나 되는 지하 터널에 설치된 트랙에서 아원자입자 빔이 서로 반대 방향으로 돌다가 빛에 가까운 속도로 충돌한다.

　물질과 반물질의 대칭적인 성격을 바탕으로 물리학자들은 D 중간자와 반D 중간자가 거의 같은 방법으로 붕괴할 것으로 기대했다. 입자물리학에서 널리 받아들여지는 힘과 입자 그리고 이들 사이의 상호작용에 관한 이론인 표준 모델에 의하면 이 두 입자의 차이, 즉 CP 대칭성 붕괴는 0.1%밖에 안 돼야 한다. 그러나 2011년에 발표된 논문에 실린 D 중간자의 붕괴에서는 기대했던 것보다 8배나 많은 0.8%나 되는 대칭성 붕괴가 관측되었다. LHCb에서는 물리학자들이 기대했던 것보다 더 많은 CP 대칭성 붕괴가 진행되고 있는 것처럼 보였다.

　무엇이 이 놀라운 결과를 설명해줄 수 있을까? 한 가지 가능성은 1970년대에 제안된 초대칭성이라고 부르는 이론이다. 초대칭 이론에서는 모든 입자가 '초대칭입자sparticle'라고 부르는 크고 무거운 동반 입자를 가지고 있다. 예를 들면 전자는 초대칭전자selectron라고 부르는 초대칭입자를 가지고 있다. 초대칭입자가 LHCb에서의 D 중간자와 반D 중성자의 붕괴를 방해할 가능성이 있다. 매우 무거운 초대칭입자들을 만들어내기 위해서는 많은 양의 에너지가 필요하다. 그러나 물리법칙에 의하면, 빠르게 갚을 수만 있다면 그러한 많은 에너지를 자연으로부터 '빌릴' 수가 있다. 따라서 초대칭입자와 반초대칭입자 쌍이 아주 잠시 동안 LHC 안에 나타났다가 빠르게 소멸할 수 있다. 물리학자들은 이 짧은 수명을 가지고 있는 초대칭입자의 영향을 나타내는 모델을 가지고 있고 계산을 통해 이 입자들이 1%까지의 차이를 만들어낼 수 있다는 것을 증명할 수 있다. 이것은 실제로 측정된 0.8%에 근접하는 값이다.

만약 이것이 초대칭성이 실제로 존재한다는 최초의 증거라면 그것은 물리학의 모습을 바꾸어놓을 것이다. 또한 물리학에서 아직 풀리지 않은 많은 문제들을 설명할 수 있도록 해줄 것이다. 예를 들면 가장 가벼운 초대칭입자는 우주에 존재하는 물질의 23%를 차지하고 있는 것으로 알려진 암흑물질의 근원일 수 있다('우주는 무엇으로 만들어졌는가?' 참조). 초대칭성은 고차원 물리학에서도 중요한 역할을 한다. 고차원 물리학은 언젠가 블랙홀 바닥에서 무슨 일이 일어나고 있는지 우리에게 말해줄 것이다('블랙홀 바닥에는 무엇이 있을까?' 참조).

그러나 과학자들은 너무 성급한 결론을 내리지 않으려고 조심하고 있다. 그래서 그들은 다시 처음으로 돌아가 어떻게 0.1%의 차이를 예상하게 되었는지 확인해보았다. 그리고 특정 인자의 영향을 과소평가했다는 것을 알아냈다. 따라서 표준 모델은 결국 0.8%의 차이를 설명할 수 있었다.

현재로서는 초대칭성이 존재한다는 확실한 증거가 없으며 LHC에서의 실험은 초대칭성의 증거를 찾기 위해 계속될 것이다. 그리고 LHCb팀은 더 많은 CP 대칭성 붕괴를 찾아내기 위해 노력할 것이다. 많은 과학자들이 아직도 CERN에서 관측된 CP 대칭성 붕괴가 왜 우리가 물질로 이루어진 우주에 살고 있는지를 완전히 설명하지 못한다고 생각하고 있다. 수수께끼 해답의 다른 조각을 찾아내기 위해서는 더 가벼운 입자인 중성미자로 관심을 돌려야 할 것이다.

CERN의 LHCb 입자 검출기의 일부인 거대한 자석. 2011년에 발표된 결과는 LHCb 안에서 이루어진 입자의 충돌에서 예상했던 것보다 더 많은 CP 대칭성 붕괴가 일어난다는 것을 보여주었다. 이러한 결과는 초대칭성 이론에 대한 논란으로 이어졌다.

유령 입자들

중성미자는 태양의 핵과 같은 고에너지 환경에서 만들어지는 유령 같은 입자로, 매 초 우리 몸의 피부 1제곱센티미터를 650억 개의 태양에서 만들어진 중성미자가 통과하고 있다. 이렇게 많은 수의 중성미자가 우리 몸을 통과하고 있는데도 전혀 눈치 채지 못하는 것은 중성미자가 보통 물질과 거의 상호작용을 하지 않는다는 것을 나타낸다. 이렇게 상호작용을 하지 않음에도 불구하고 적당한 설비를 이용하면 지구를 통과하는 중성미자 일부를 검출할 수 있다.

1980년대에 물리학자들은 중성미자에 대한 연구를 통해 무엇인가가 사라졌다는 것을 알게 되었다. 태양에서 지구에 도달하는 중성미자 수는 예상했던 것의 3분의 1

밖에 안 되었다.

중성미자는 질량을 가지고 있지 않다는 가정이 잘못되었다는 것을 알아내기 전까지 해결되지 못한 채 남아 있던 이 문제는 1990년대 말에 중성미자도 아주 작지만 질량을 가지고 있다는 것을 확인하면서 풀리기 시작했다. 중성미자의 질량은 전자질량의 100만분의 1보다 적을 것으로 추정된다. 이 적은 양의 질량으로 인해 중성미자는 세 종류의 중성미자 사이를 '진동'할 수 있다. 태양에서 지구까지 여행하는 동안 중성미자가 측정할 수 없었던 다른 종류의 중성미자로 바뀌었던 것이다. 이로써 '사라진' 중성미자의 비밀이 밝혀졌다.

중성미자들 사이의 이러한 진동이 물질-반물질이 불균형을 이루고 있는 비밀을 해결할 열쇠를 가지고 있을지도 모른다. 물질과 반물질 사이의 대칭성을 깨는 CP 대칭성 붕괴는 중성미자와 반중성미자에서는 관측되지 않았다. 중성미자는 보통 물질과 거의 상호작용을 하지 않기 때문에 중성미자에서도 CP 대칭성 붕괴가 일어나는지를 확인하기에 충분한 관측 자료를 수집하는 데는 시간이 걸릴 것이다. 그러나 중성미자와 반중성미자는 다른 두 종류의 중성미자들과 진동하는 방법이 다를 수 있다. 일본 T2K 입자가속기에서 행한 것과 같은 실험은 가까운 장래에 입자 교환의 차이를 찾아낼 수 있을 것이다('전문가 노트: 우리는 어떻게 CP 대칭성 붕괴를 찾아낼 수 있는가?' 참조). 우리는 현재 중성미자에서 얼마나 큰 CP 대칭성 붕괴가 일어나는지 알지 못한다. 전혀 없을 수도 있고, 아주 적거나 많을 수도 있다.

중성미자 실험과 LHC에서의 실험은 같은 문제를 여러 각도에서 바라볼 수 있게 해준다. 이런 노력들이 왜 우리 우주가 반물질보다 물질을 선호하게 되었는지에 대한 답을 찾아낼 것으로 기대한다. 이는 현대 과학이 해결해야 할 중요한 문제의 하나로, 해답을 찾아내면 왜 우주에 물질이 존재하느냐는 물음에 답할 수 있을 것이다.

우리는 어떻게 CP 대칭성 붕괴를 찾아낼 수 있는가?

중성미자는 어쩌면 우리에게는 아주 이상해 보이지만 양자물리학적으로 보면 매우 정상적으로 행동한다. 생성되어 소멸할 때까지 달리고 있는 이 입자에 대해 우리가 이야기할 수 있는 것은 이 입자가 가질 수 있는 상태의 확률뿐이다. 우리는 특정한 시간에 특정한 장소에 존재할 확률을 계산할 수 있고, 이 입자의 특정한 성질을 알 수 있을 뿐이다. 그것이 전부다. 측정할 때만 위치와 성질을 결정할 수 있다. 보통의 경우에는 상호작용 사이의 시간이 아주 짧아 그동안 입자의 성질이 바뀔 가능성이 아주 적다. 그러나 중성미자는 물질과 상호작용을 하지 않기 때문에 성질이 바뀔 시간이 충분하다. 그리고 실제로 그러한 변화가 일어나고 있다.

중성미자는 전자 중성미자, 뮤온 중성미자, 타우 중성미자의 세 가지 형태 중 하나로 태어난다. 각각의 중성미자는 관련 있는 세 가지 전하를 띤 입자들과 대응된다(중성미자는 전자와, 뮤온 중성미자는 뮤온과, 그리고 타우 중성미자는 타우 입자와 대응된다).

중성미자가 물질과 상호작용하면 대응되는 전하를 띤 입자를 만들어낸다. 따라서 중성미자가 다른 종류의 중성미자로 변환하면 실험에서는 원래 중성미자에 대응되지 않은 다른 전하를 띤 입자를 검출하게 된다. 중성미자의 이런 형태 변환을 중성미자 진동이라고 부른다.

여러 실험에서 중성미자 진동이 관측되었다. 중성미자 사이에 진동이 일어난다는 것은 한 형태의 중성미자가 다른 형태의 중성미자로 변환할 확률을 통해 확인할 수 있다. 이제 중성미자와 반중성미자가 같은 방법으로 행동하는지 알아볼 때가 되었다.

아주 작은 크기에서는 자연이 반물질보다 물질을 선호하는 것처럼 보인다. 이런 편애가 없었다면 우리가 관측할 수 있는 우주는 존재하지 않았을 것이다. 중성미자와 반중성미자의 진동을 조심스럽게 관측하면 이들이 조금 다르게 행동한다는 것을 알 수 있다.

미래의 중성미자 실험은 중성미자 빔과 반중성미자 빔을 지구 상에서 수백 km 떨어져 있는 거대한 검출 장치를 향해 발사할 것이다. 중성미자와 반중성미자 그리고 여러 실험 결과를 비교하면 중성미자와 반중성미자가 다르게 행동하는지, 즉 중성미자와 반중성미자 사이에서 CP 대칭성 붕괴가 일어나는지 알 수 있게 될 것이다.

중성미자와 반중성미자 사이에서 차이를 발견하면 그것은 자연이 물질을 선호하는 증거가 될 것이다. 시간이 걸리겠지만 유령 같은 중성미자와 반중성미자를 충분히 관측하여 이들의 행동을 이해하게 되면 우리가 사는 세상에 물질이 존재하는 이유를 설명할 수 있을 것이다.

벤 스틸(Ben Still),
중성미자 물리학자, 런던 퀸 메리 대학

8

또 다른 우주가
존재할까?

우리는 존재하지 않을 수도 있었다. 우리가 존재하게 된 것은 다양한 가능성 안에서 이루어진 일이다. 어떤 면에서는 우리가 존재할 수 있도록 우주가 정교하게 조정되어 있는 것처럼 보인다. 그렇다면 우리는 어떻게 여기까지 와서 이 책을 읽고 있을까?

우리는 지구 행성에서 가장 지배적인 동물로 진화한 **호모 사피엔스**의 자식으로 임신 후 약 열 달 만에 태어난다. 우리 행성인 지구는 약 46억 년 전에 성간 기체 구름이 뭉쳐 태양이 만들어지는 과정에서 부산물로 만들어졌다. 그리고 성간 기체 구름은 많은 큰 별들이 죽을 때 일어난 대폭발에 의해 공간으로 방출된 물질이 모여 형성되었다. 성간 기체 구름 안에 포함된 무거운 원소들 일부가 현재 우리 몸을 이루고 있다. 우리 뼈 안에 들어 있는 칼슘이나 혈액 속에 들어 있는 철 같은 원소들은 모두 별 안에서 만들어져 우주에 흩어졌던 원소들이다.

그런데 이 모든 일들은 전혀 다른 방향으로 진행되었을 수도 있었다. 우주의 출발점이 조금만 달랐더라도 모든 것이 현재와는 다른 방향으로 진행되었을 것이다. 우주에 존재하는 기본적인 힘들이 약간만 달랐더라도 우리는 존재하지 못했을 것이다. 중력이 몇 %만 약했다면 별 내부의 압력이 충분히 높지 않아 가벼운 원소들이 무거운 원소로 융합하지 못했을 것이고 따라서 우주에는 칼슘이나 철과 같은 무거운 원소들이 존재할 수 없었을 것이다. 만약 원자핵에서 양성자와 중성자를 묶어주는 힘이 조금만 더 강했다면 태양은 몇 초 만에 모든 연료를 소모해버려 생명체는 진화에 필요한 시간을 가질 수 없었을 것이다. 방사성붕괴를 지배하는 힘이 약간만 강했다면 별들은 초신성폭발을 하지 못했을 것이다. 중력 붕괴에 의해 일어나는 초신성 폭발은 우리 몸을 이루는 성분들이 우주에 퍼지고 섞여서 우리를 존재하도록 한 연쇄적인 사건의 출발점이다. 따라서 초신성 폭발이 없었다면 우리도 존재하지 못했을 것이다.

믿을 수 없을 정도로 생명체에 우호적인 자연의 균형은 생명체가 존재할 수 있도록 우주가 정밀하게 조정되어 있는 것처럼 보인다. 이 시점에서 어떤 사람들은 모든 것을 의도적으로 설계한 창조자를 생각할 것이다. 하지만 또 다른 설명도 가능하다. 그것은 우리 우주가 유일한 우주가 아니라는 것이다.

물리적 힘의 세기가 약간씩 다른 수많은 우주(다중 우주)가 있다고 생각해보자. 어떤 우주에서는 힘들이 우리 우주와 약간만 다르고 다른 우주에서는 아주 많이 다를 수도 있다. 수많은 우주로 이루어진 다중 우주에서는 생각할 수 있는 모든 상태의 우주가 가능하다. 일부 우주에서는 중력이 약해 칼슘과 철이 형성되지 않고, 다른 우주에서는 별들이 아주 짧은 기간 동안만 살다가 죽을 것이다.

무한히 많은 우주 가운데 우리는 어느 우주에 살고 있을까? 그 대답은 너무 자명하다. 말할 것도 없이 우리는 우리가 존재할 수 있는 모든 조건을 갖춘 우주에 살고 있을 것이다. 우리 우주가 생명체가 존재할 수 있도록 정밀하게 조정되어 있는 것처럼 보이는 이유는 그렇지 않다면 우리가 존재하지 않을 것이기 때문이다. 이런 생각은 질문의 대답을 회피하기 위해 사용하는 철학적인 '감옥 탈출 카드(모노폴리 게임에서 감옥에 갇힌 사람이 감옥을 탈출하는 데 사용하는 카드)'처럼 보인다. 그러나 다중 우주는 공상과학소설에 등장하는 이야기가 아니다. 일부 널리 받아들여지는 물리법칙은 다중 우주의 존재를 예측한다. 이런 이론들 중 하나를 살펴보기 위해서는 우리 우주가 탄생한 사건인 빅뱅으로 돌아가야 한다.

빅뱅 이론은 1929년 미국의 천문학자 에드윈 허블^{Edwin Hubble}이 우주가 팽창하고 있다는 것을 발견한 후에 제안되었다. 우주가 지금도 계속 커지고 있다면 과거의 우주는 현재의 우주보다 작았어야 하고, 따라서 시작이 있어야 한다.

허블이 우주가 팽창하고 있다는 것을 발견하고 수십 년이 지난 후에 빅뱅이 우주의 기원을 정확하게 설명할 수 있다는 증거를 발견했다.

그러나 1970년대까지는 빅뱅 이론과 관련된 많은 문제들이 제기되었다. 그중 하나가 우주는 평평하다는 것이었다. 평평한 우주는 팽창하는 우주가 가질 수 있는 세 가지 가능한 형태 중 하나였다. 다른 두 가지 우주는 닫힌 우주(구와 같이 안으로 휘어진)와 열린 우주(말안장과 같이 밖으로 휘어진)였다. 우주가 어떤 모습을 하느냐는 우주에 포함된 물질의 양에 의해 결정된다. 우주가 많은 양의 물질을 가지고 있다면 닫힌 우주가 되고, 적은 양의 물질을 가지고 있다면 열린 우주가 된다. 우주가 적당한 양의 물질을 가지고 있을 때, 즉 우주의 질량이 임계질량과 같을 때만 평평한 우주가 된다. 측정 결과에 의하면, 우리 우주에 존재하는 물질의 양은 실제로 이 임계질량에 매우 가까운 양이다. 따라서 다시 한 번 천문학자들

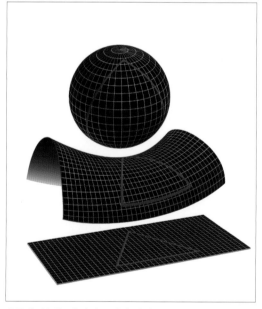

우주의 가능한 세 가지 모양인 닫힌 우주(위), 열린 우주(중간), 평평한 우주(아래). 우주에 존재하는 물질이 특정한 값, 즉 임계질량일 때만 우주는 평평한 우주가 된다. 우리 우주는 그런 상태에 있는 것으로 보인다. 이 평평성의 문제는 부분적으로 인플레이션 이론을 이끌어내는 원인이 되었다.

은 별로 반갑지 않은 정밀한 조정과 마주하게 되었다.

1980년대에 미국 물리학자 앨런 구스$^{Alan\ Guth}$와 다른 과학자들은 '평평성 문제'의 가능한 해답을 제안했다. 그들은 빅뱅 직후 신생 우주가 아주 빠르게 팽창하는 인플레이션 단계를 거쳤다고 제안했다. 인플레이션 단계에는 1초보다 훨씬 짧은 시간 동안 우주의 크기가 10^{78}배로 팽창했다. 인플레이션 단계에서는 공간이 빠르게 늘어나면서 초기에 있었던 곡률이 평평하게 펴졌기 때문에 우주의 평평성 문제를 해결할 수 있다. 인플레이션은 다른 우주의 존재 가능성도 제기했다.

주머니 우주

인플레이션 이론에 의하면 우주 초기에 우주를 갑자기 성장시킨 주범은 인플레이션장이다. 물리학에서는 여러 가지 장을 제안하고 있다. 전자기장의 변화는 빛을 발생시키고, 중력장은 중력을 작용하게 하며, 유명한 힉스 입자는 힉스장에 의해 나타난다. 과학자들은 우주 초기에 있었던 인플레이션은 인플레이션장에 의한 것으로 보고 있다. 인플레이션을 연구하는 학자들은 갑작스러운 가속 팽창을 가능하게 한 것은 장에 저장된 에너지라고 믿고 있다. 이 이론에서는 인플레이션장의 세기가 일정하지 않고 장소에 따라 달라질 수 있다고 설명한다. 장의 세기가 강한 곳에서는 인플레이션이 계속되고, 장의 세기가 약한 곳에서는 인플레이션이 멈추게 된다. 따라서 전체적인 우주는 팽창을 계속하지만 인플레이션이 정지된 '주머니'가 뒤에 남게 된다. 이 주머니들이 분리되고, 독특한, 고립된 우주가 되었다는 것이다.

각 주머니 우주에서의 물리법칙은 그 주머니 우주가 형성되는 과정에 따라 모두 다를 수 있다. 이 이론이 옳다면 우리는 빠른 팽창이 멈춘 주머니 우주 중 하나에 살고 있다. 천문학자들이 오늘날 우주에서 빠른 인플레이션 팽창은 관측할 수 없지만 아직도 느린 팽창은 관측할 수 있는 것은 이 때문이다. 만약 우리 우주가 수많은 주머니 우주 중 하나라면 우주에서 일어나는 모든 일들은 다른 다중 우주에서도 일어날 수 있을 것이다. 또 실제로 무한히 반복해서 일어날 수도 있다. 그렇게 되면 우리의 존재도 확률적으로 불가능한 일이 아니라 필연적인 것이 된다.

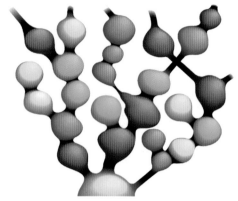

인플레이션 단계에 있는 우주. 전체적으로 인플레이션은 계속되고 있지만(아래에서 위로), 국부적으로 인플레이션이 정지된 곳에 주머니를 남기게 된다. 인플레이션 이론이 옳다면 우리는 이런 주머니 중 하나 안에 살고 있는 것이다. 천문학자들이 오늘날의 우주에서는 아주 빠른 인플레이션을 관측할 수 없는 것은 이 때문이다.

기본적인 힘의 세기가 생명체가 발전하는 데 적당한 주머니 우주 안에 우리가 살고 있는 것은 그리 놀라운 일이 아니다. 그런 조건을 가지고 있지 않은 우주 안에서는 우리 자신을 발견할 수 없을 것이기 때문이다.

물리학자들이 호두를 깨기 위해 커다란 해머를 사용하는 것과 같이 다른 것을 설명하기 위해 만든 이론을 여러 세상의 가능성을 이야기하는데 사용하고 있는 것처럼 보인다. 인플레이션을 우주 초기에 삽입한 것이나 수많은 주머니 우주의 존재를 가정한 것은 평평성 문제와 같은 빅뱅 이론의 몇 가

예술가가 그린 다중 우주를 구성하고 있는 주머니 우주 또는 거품 우주의 상상도. 각각의 거품은 완전히 고립되어 있으며 다른 물리법칙이 적용된다. 물리법칙이 생명체의 존재에 우호적인 거품 안에서만 우리 자신을 발견할 수 있다.

지 결함을 보완하기 위해 제안되었다. 하지만 다른 과학 이론과 마찬가지로 인플레이션 이론도 우리 우주의 미래에 대해 시험 가능한 예측을 할 수 있느냐에 따라 살아

남거나 사라질 수 있다. 인플레이션 이론은 빅뱅의 잔광이라 할 수 있는 우주마이크로파배경복사[CMB]에 대해 시험 가능한 예측을 하고 있다. 그리고 우주 망원경을 이용한 우주마이크로파배경복사의 정밀한 측정 결과는 인플레이션 이론의 예측과 거의 일치한다. 따라서 인플레이션은 현재 우리 우주의 상태에 대한 최선의 설명이 되었고, 다중 우주와 우리가 존재하는 이유는 인플레이션 이론의 보너스로 주어졌다. 그러나 다른 우주의 가능성을 제시하는 잘 시험된 물리 이론에 인플레이션 이론만 있는 것은 아니다. 양자물리학도 이 문제에 대해 할 말이 있다. 이 이야기는 가상적인 고양이로 시작한다.

윌킨슨 마이크로파 비대칭성 탐사위성(WMAP)이 9년 동안 관측을 통해 만든 우주마이크로파배경복사(CMB) 지도. 이 지도는 인플레이션 이론의 예측과 잘 맞아 이 이론에 무게를 실어주었다.

상자 안의 고양이

1935년에 오스트리아 물리학자 에르빈 슈뢰딩거$^{Erwin\ Schrodinger}$는 양자물리학을 더 잘 이해하기 위해 노력 중이었다. 그는 다음과 같은 시나리오를 생각했다. 고양이 한 마리가 상자 안에 갇혀 있고, 상자 한구석에는 독약이 든 유리병과 방사성물질이 놓여 있다. 방사성물질의 원자가 붕괴하면 유리병이 깨져 고양이가 죽는다. 방사성붕괴가 일어나지 않으면 고양이는 살아 있다. 원자가 붕괴하느냐 하지 않느냐는 양자물리학의 지배를 받는 무작위적인 사건이다. 양자물리학이 설명하는 현상들은 우리가 일상생활에서 경험하는 것들과는 매우 다르다. 예를 들면 측정하기 전까지는 원자가 어떤 특정한 장소에 있다고 말할 수 없다. 실제로 원자는 동시에 여러 장소에 있을 수도 있다. 물리학자들의 용어로는 상태의 중첩이라고 한다. 양자물리학은 이상하기는 하지만 엄격한 시험을 거친 법칙이다. 그러나 우리가 원자를 보고 있다면 원자가 특정한 장소에 있는 것을 보는 것이다. 이에 대한 가장 보편적인 설명은 원자가 그 자리를 '선택'하도록 한 것은 측정 자체의 작용이라는 것이다. 이 이론은 덴마크의 물리학자 닐스 보어$^{Niels\ Bohr}$가 이것을 생각해냈던 도시 이름을 따라 코펜하겐 해석이라고 알려져 있다. 슈뢰딩거 방정식을 제안하여 양자물리학의 기초를 닦는 데 크게 기여했지만 코펜하겐 해석에 동의하지 않았던 슈뢰딩거는 보어의 이론을 반박하기 위해 고양이 사고실험을 제안했다. 이 사고실험에는 다른 우주의 가능성이 함축되어 있었다.

양자물리학에 대한 코펜하겐 해석에 의하면, 상자를 열어 측정하기 전까지는 방사성물질 안의 원자는 붕괴되었거나 붕괴되지 않은 두 상태가 중첩된 상태에 있다. 측정했을 때만 두 상태 중 한 상태로 확정된다. 따라서 상자를 열기 전까지는 고양이도 살아 있는 상태와 죽어 있는 상태의 중첩 상태에 있어야 한다. 다시 말해 고양이는 동시에 살아 있으면서 죽어 있어야 한다.

동시에 원자가 두 가지 상태에 있다는 것도 받아들이기 어려운데, 더구나 고양이가

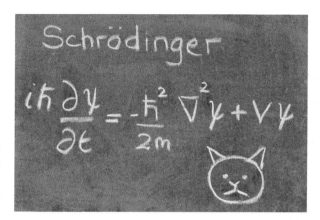

양자물리학의 슈뢰딩거 방정식. 이 방정식은 실험에서 원자와 빛이 어떻게 행동할 것인지를 놀랍도록 정확하게 예측한다. 그러나 실제 우리가 경험하는 세상의 일들을 설명하기 위해서 이 방정식의 결과를 어떻게 해석해야 할 것인지를 두고 아직 논란이 벌어지고 있다.

살아 있는 상태와 죽은 상태가 중첩된 상태로 존재한다는 것은 상상할 수도 없을 만큼 이상한 일이다.

슈뢰딩거가 고양이 실험을 처음 제안한 후 직관에 반하는 이런 생각은 많은 논란을 불러왔다. 코펜하겐 해석을 받아들이는 사람들은 측정자를 그것을 바라보는 사물이나 사람으로 정의하는 것으로 이 문제를 피해가려고 했다. 우리가 상자 안에 방사성원소의 붕괴를 감시할 감지 장치를 설치하면 원자가 두 상태 중 하나를 '선택'하도록 강요할 수 있다. 그러나 코펜하겐 해석의 비판자들은 코펜하겐 해석에서는 관측이 왜 선택을 강요하는지에 대해 아무런 설명을 할 수 없다고 반박했다. 관측이 그런 선택을 강요하지 않는다면 어떻게 될까? 두 가지 결과가 모두 가능하다면 어떻게 될까? 이에 대해 생각한 사람이 있다.

1954년 어느 날 밤 스물세 살의 물리학자 휴 에버렛 3세Hugh Everette III는 프린스턴 대학에서 동료들과 포도주를 마시며 코펜하겐 해석의 의미에 대해 토론을 벌이고 있었다. 당시에는 이 해석이 널리 받아들여지고 있었다. 양자역학의 방정식이 물리학자들이 관측한 원자와 빛의 행동을 놀랍도록 정확하게 예측했기 때문이다. 그러나 이 방정식은 슈뢰딩거의 상자 안에 두 가지 다른 상태의 고양이가 동시에 존재한다고 이야기하고 있었다. 보어는 측정 행위의 중요성을 강조하여 이 방정식의 성공과 한 가지 고양이만 관측할 수 있는 것을 조화시키려고 노력했다. 그러나 토론 도중 물체의 상태를 한 가지로 확정하기 위해서는 측정이 필요하다는 생각에 의문을 가지게 된 에버렛은 새로운 해석을 생각해냈다. 후에 그는 우리가 실제로 경험하고 있는 실재를 만들어내는 데 더 이상 측정이 필요하지 않다는 것을 보여줄 수 있었다. 그러나 에버렛의 해석은 다중 우주라는 좀 더 과격한 것을 필요로 했다.

두 상자의 두 마리 고양이

현재 여러 세상 해석이라고 부르는 에버렛의 아이디어는 양자역학적 '선택'에 직면하면 우주가 여러 개로 분리된다는 것이다. 슈뢰딩거 고양이의 경우에는 전체 우주가 살아 있는 고양이를 포함한 우주와 죽어 있는 고양이를 포함한 두 가지 우주로 분리된다. 우리는 이 중 한 우주만을 감지할 수 있기 때문에 둘 중의 하나만을 '실재'로 인식한다는 것이다. 그래서 만약 죽은 고양이를 보고 있다면 살아 있는 고양이를 보고 있던 우주와는 다른 우주에서 또 다른 우리의 실재가 반대의 결과를 보고 있는 것이다. 이것은 우리가 이야기했던 정밀하게 조정된 우주 문제의 답을 함축하고 있다. 우주 전체에서 매 순간 일어나고 있는 수많은 양자적 사건으로 우주는 계속해서 수많은 고립된 우주로 분리되고 있다. 이렇게 계속 분리되고 있는 많은 우주에서는 일어날 수 있는 모든 일이 일어난다. 따라서 우리의 존재와 우리가 이 책을 읽는 것은 다시 한 번 필연적인 것이 된다.

만약 이런 생각을 받아들이는 데 어려움을 느낀다면 그렇게 느끼는 것이 당신만이 아니라는 사실이 큰 위안이 될 것이다. 1957년에 에버렛이 이러한 생각을 발표했을 때 일부 과학자들은 이에 대해 간단히 요약한 논문을 출판하도록 권했다. 하지만 많은 물리학자들은 계속해서 분리되고 있는 우주를 '말도 안 되는' 생각이라고 비판했다. 그의 연구는 받아들여지지 않았고, 그는 냉전이 고조되던 시기에 미군에 입대했다.

그 뒤 51세이던 1982년에 심장마비로 사망했다.

물리학자들 중 일부가 그의 아이디어를 심각하게 검토하기 시작한 것은 그가 사망한 후였다. 오늘날 여러 세상 해석은 실재에 대한 우리의 감각과 과학 이론을 가장 잘 조화시키는 이론의 선택 시 많은 물리학자들이 선택하는 이론이 되었다. 이에 따라 이 이론은 이제 코펜하겐 해석과 어깨를 나란히 하고 있다('전문가 노트: 왜 우리는 여러 세상을 믿어야 하는가?' 참조).

대부분의 경우 같은 결과를 예측하기 때문에 두 해석을 구별하는 것은 어려운 일이다. 그러나 여러 세상 해석을 시험할 수 있는 방법들이 제안되었다. 그중에 가장 극단적인 것은 슈뢰딩거의 고양이 실험을 변화시킨 양자 자살이라고 알려진 사고실험으로, 스웨덴의 물리학자 막스 테그마크Max Tegmark가 제안했다.

이 사고실험에서는 과학자가 총을 머리에 겨누고 앉아 있다. 이 총은 양성자를 감지하는 측정 장치에 연결되어 있다. 아원자입자인 양성자는 50%는 '업'이고 50%는 '다운'인 스핀이라는 물리량을 가지고 있다. 측정 장치가 '업'을 측정하면 총이 발사되어 과학자가 죽고, '다운'을 측정하면 총은 찰칵 소리만 낼 뿐이다. 코펜하겐 해석에서는 한 번의 측정 후에는 죽어 있을 확률이 50%이다. 두 번의 측정 후에는 죽어 있을 확률이 75%이다. 세 번 측정하면 죽을 확률은 87.5%로 증가한다. 어떤 미친 사람이 그런 실험을 할까?

하지만 여러 세상 이론을 믿는 사람은 절대로 죽지 않을 것이라고 말할 것이다. 첫 번째 양성자 측정 후에 우주는 두 개로 분리된다. 하나의 우주에서는 과학자가 죽어 있고, 다른 우주에서는 살아 있다. 죽어 있는 우주에서는 우주를 감지할 수 없기 때문에 과학자는 그가 살아 있는 우주만 감지할 수 있다. 그런 우주에서 양성자를 측정할 때마다 우주는 계속 두 개로 분리되겠지만 총을 맞지 않은 우주만 감지할 수 있을 것이다. 확률이 아무리 작더라도 우리가 존재하는 우주는 항상 존재할 것이다. 따라서 여러 세상 해석에 의하면, 우리 일생이 양자 측정에만 의존한다면 우리의 존재가 필연적일 뿐만 아니라 우리는 영원히 죽지 않는 존재가 된다!

이 가상적인 실험은 확인이 불가능한 극단적인 상황을 가정하고 있어서 여러 세상 해석과 코펜하겐 해석의 우열을 가리는 것을 어렵게 한다. 어느 해석이 다른 해석을 이길지는 두고 보아야 할 것이다. 그러나 만약 여러 세상 해석과 인플레이션 다중 우주 이론이 옳다면 무한히 많은 우주에 무한히 많은 내가 존재할 수 있게 된다. 어떤 우주에서는 우리가 아직 태어나지도 않았고 어떤 우주에서는 200살이 되도록 살고 있을지도 모른다. 어떤 우주에서는 내가 이 책에서 다루고 있는 모든 문제의 답을 찾아내 노벨상을 수상한 과학자일지도 모른다. 그러나 다른 우주에서는 이 책에서 다루는 문제들이 영원히 답을 얻지 못할 수도 있다.

또 다른 우주는 존재할까? 라는 질문은 어떤 우주에서도 영원히 답을 찾아낼 수 없는 문제일 것이다. 또 다른 우주가 있다 해도 그런 우주들은 우리와 아무런 상호작용을 하지 않으므로 우리가 그런 우주가 있다는 것을 확인할 방법이 없기 때문이다. 만약 다른 우주가 있고 그 우주가 어떤 방법으로든 우리와 상호작용한다면 그 우주는 다른 우주가 아니라 더 큰 우리 우주의 일부라고 할 수 있을 것이다. 다른 우주라는 말은 우리와 아무런 상호작용도 하지 않는 우주를 말한다. 따라서 또 다른 우주가 존재할까? 라는 질문은 질문 자체가 답을 찾아낼 가능성을 부정하고 있는 셈이다.

우리는 왜 여러 세상을 믿어야 하는가?

여러 세상 이론은 1957년 이후 논의되었지만 지난 25년 동안 많은 물리학자들의 지지를 받는 인기 있는 이론이 되었다. 이 기간 동안 50년간 압도적 지지를 받고 있던 양자 이론인 코펜하겐 해석은 우월적인 지위를 상실했다.

그런 변화는 왜 일어났을까? 보어를 비롯한 코펜하겐의 개척자들은 이 이론에 대해 많은 생각을 한 데 비해 제2차 세계대전 후의 물리학자들은 대부분 양자물리학을 이용하여 계산하는 데 더 많은 관심을 쏟았다. 양자 이론의 의미를 이해하는 것은 실제로 필요하지 않았다. 따라서 개념적인 문제는 가볍게 지나가는 것이 편리했다.

1980년대의 이런 변화에는 여러 가지 이유가 있다. 첫 번째로 과학자들이 양자물리학이 예상하는 불가사의한 것들을 직접 보기 시작했기 때문에 그것을 무시할 수 없었다. 결어긋남 이론이라 부르는 새로운 이론이 양자물리학을 바라보는 방법을 바꾸어놓았다. 코펜하겐 해석은 측정이 중요하다고 말하여 우리가 살아가는 세상의 물체들과 양자 세계의 물체들 사이의 차이를 완화시키려고 노력하고 있다. 그러나 결어긋남 이론은 우리가 살아가는 큰 세상의 행동이 측정을 필요로 하지 않고도 양자 세상으로부터 나타날 수 있는 자연적인 방법을 제공했다.

이 이론은 양자 입자가 관련된 경우에는 하나의 얽혀 있는 아주 이상한 실재만 존재한다고 주장한다. 그러나 커다란 크기에서는 실재가 얽힘을 풀고 분리되어 기본적으로 서로 상호작용하지 않는 층들을 이룬다. 이 층들이 여러 세상 이론에서의 '세상들'이다. 결어긋남 이론은 양자 수준에서 하나의 혼합된 실재에서 이 층들이 어떻게 만들어지는지 말해주고 있다. 따라서 여러 세상 이론은 이미 존재하는 양자 이론에 여분의 여러 세상을 첨가한 것이 아니다. 이 이론은 실제로 우리에게 양자 이론을 이야기하고 있었던 것이다. 즉 양자 이론은 이미 여러 세상 이론이었던 것이다!

데이비드 월리스(David Wallace), 물리철학자,
옥스퍼드 대학

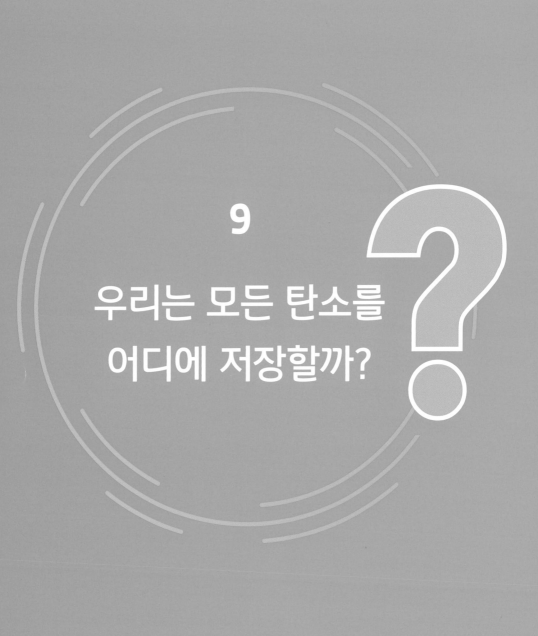

9

우리는 모든 탄소를
어디에 저장할까?

우리 아이들의 아이들은 우리가 알아보기 힘든 세상에 살고 있을 것이다. 계속적인 기술의 발전과 변덕스러운 유행 때문이 아니라 지구 자체가 변하고 있기 때문이다. 우리는 느린 위기에 직면해 있다. 환경은 점차적으로 변하고 있고, 우리가 알고 있는 오늘의 자연은 서서히 사라지고 있다. 많은 온실 기체를 만들어내는 공장에서 공기 중으로 방출하는 이산화탄소는 태양으로부터 오는 에너지를 잡아두어 지구의 기후를 변화시키고 있다. 우리가 화석연료의 연소를 중단하지 않거나 화석연료 대신 다른 방법으로 에너지를 얻지 않고, 탄소를 안전한 장소에 모아두지 않는다면 기후변화로 인한 문제는 점점 더 악화될 것이다. 미래 세대는 더 자주 폭풍이 불고, 홍수와 가뭄이 자주 발생하는 환경에서 살게 될 것이고, 오래전에 쌓인 얼음이 녹아 해수면이 높아져 해변에 사는 사람들이 내륙으로 후퇴하는 일이 벌어질 것이다('놀라운 발견: 빙붕의 온도가 올라가면 어떤 일이 일어날까?' 참조). 우리의 화석연료 집착을 치료할 수 있다 해도 이산화탄소와 같은 온실

기체는 수백 년 또는 수천 년 동안 대기에 머물면서 미래 세대가 살아갈 세상을 바꾸

어놓을 것이다. 이런 일이 일어나는 것을 받아들이는 것과 그에 대비해 무엇을 해야 하는가 하는 것은 전혀 다른 문제다.

일생 동안 계속되는 기후변화의 속도를 우리가 실감하기는 어렵다. 아마도 우리보다 훨씬 오랫동안 지구에서 살았던 식물로부터 얻은 정보를 분석하면 장기간에 걸친 기후변화를 더 잘 알 수 있을 것이다. 캘리포니아 화이트 마운틴의 경사지에는 거의 5000년 동안이나 살아 있는 브리슬콘 소나무가 있다. 이 소나무는 성경에 등장하는 오래 산 인물의 이름을 따 '므두셀라'로 불린다. 이 소나무가 살아 있는 동안 로마제국이 일어났다가 멸망했다. 므두셀라의 일생에서는 황혼의 한순간에 지나지 않는 지난 수백 년 동안의 산업화가 우리 대기를 숨 막히게 하고 기후를 변화시

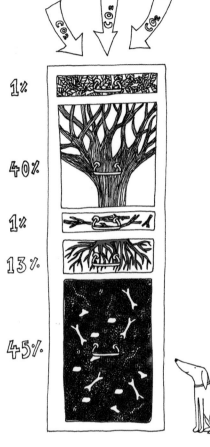

나무의 어디에 탄소가 저장될까? 탄소는 나무 위에 저장된다. 그러나 오대호 생태계 보고서에 의하면, 많은 양의 탄소가 지하에 저장된다. 그림 위에서 아래로 잎, 가지, 잔가지, 뿌리, 토양 순이다.

키는 이산화탄소를 만들어냈다. 1970년대 지구온난화에 대한 논의가 시작된 이후에 흐른 시간은 므두셀라의 입장에서 보면 겨우 한 겹의 솔잎이 떨어져 쌓을 정도로 짧은 시간이다. 우리 입장에서 보아도 기후변화가 아주 천천히 일어나서 거의 일어나지 않는 것처럼 보이지만 지구의 얼굴은 이 짧은 시간 동안에도 크게 변했다.

탄소는 대기 중에 이산화탄소 형태로 존재한다. 므두셀라와 같이 이산화탄소를 이용해 필요한 영양분을 만드는 식물에게 대기 중에 존재하는 이산화탄소는 필수적인

기체이다. 지구 대기가 포함할 수 있는 안전한 수준의 이산화탄소 양은 약 1조 톤으로 추정된다. 이러한 추정이 정확하다면 1조 톤 이상의 이산화탄소가 배출되었을 때 산업화 이전보다 지구 대기의 온도가 2도 이상 더 올라갈 것이다.

전 세계의 많은 과학자들은 이것이 우리 미래에 어떤 영향을 줄 것인지를 이해하기 위해 복잡한 모델을 개발했다. 그들은 지구온난화가 좀 더 극단적인 기상 현상과 열이나 공기 오염과 관련된 건강 문제, 질병이 전파되는 방법의 변화로 인한 급속한 질병의 전파와 같은 불편한 결과들을 초래할 것으로 예상했다('전문가 노트: 너무 더워지면 어떤 일이 일어날까?' 참조). 그리고 기후변화는 적응이 어려운 가난한 사람들에게 더 큰 충격을 안겨줄 것이다.

우리는 화석연료 사용으로 이미 약 5000억 톤의 탄소를 배출했다. 나머지 5000억 톤의 배출을 피하려면 이제 매년 몇 %씩 탄소 배출량을 줄여 탄소 배출량의 증가 추세를 반대로 돌릴 때가 되었다. 지구는 직원 보너스를 위해 1년 예산의 반을 써버리고 파산을 막기 위해 더 이상의 지출을 줄이려고 안간힘을 쓰는 회사와 같은 상태에 있다. 부유한 나라들은 탄소 배출량을 줄이기 위해 노력하고 있다. 하지만 기후변화를 가져온 선진국들의 경제적인 과정과 기술적 과정을 똑같이 밟아가고 있는 신흥 공업국들이 이제 탄소 배출량을 늘리기 시작하고 있다.

많은 과학자들이 기후변화로 인한 최악의 결과를 피하기 위해 대기 중에서 탄소를 제거해 육지나 바다 밑에 저장해야 한다고 주장하고 있다. 그리고 더 깨끗한 에너지가 바로 손 닿을 곳에 있다('우리는 어떻게 태양으로부터 더 많은 에너지를 얻을 수 있을까?' 참조). 나무를 많이 심는 것만으로는 문제를 해결할 수 없다. 므두셀라와 다른 육지 식물이 공기 중의 이산화탄소를 흡수하여 약간의 도움을 줄 수 있겠지만 식물은 우리가 지난 150년 동안 방출한 이산화탄소의 3분의 1도 안 되는 양만 처리했을 뿐이다. 바다도 비슷한 공헌을 하고 있다. 대신에 우리는 좀 더 현명한 탄소 저장 방법을 찾아내야 한다. 이제 과학자들이 이 문제를 논의할 때다.

깊은 곳에 있는 저장소

탄소를 저장할 가장 완전한 장소는 그것이 온 곳으로 돌려보내는 것이다. 빈 유정이나 가스전은 지하나 해저 탄소 저장소로 가장 적절한 장소이다. 화석연료가 방출한 이산화탄소를 모아 저장소로 보내고, 공장에서 공기 중으로 방출하는 탄소의 양을 줄이는 것이다. 우리는 이미 이런 일을 하기 위한 기술을 가지고 있다. 북해 한가운데 있는 슬레이프너 웨스트 유전과 가스전은 탄소 수집 저장(CCS) 설비를 가동하여 매년 100만 톤의 이산화탄소를 파이프를 통해 해저로 보내고 있다. 1996년부터 시작된 이 프로젝트는 이런 종류의 설비 중 최초로 설치 운영되고 있는 설비로, 해저 800m에 탄소를 저장하고 있다. 그러나 CCS는 화석연료가 남아 있는 동안에만 유용하다.

여기에는 딜레마가 있다. 화석연료 대신 더 깨끗한 에너지에 투자하는 것이 가능한데 빠르게 고갈되어가는 연료로부터 마지막 에너지까지 모두 짜내기 위해 시간과 돈을 소비해야 할까? 2012년까지 5년 동안 태양전지 산업은 탄소 수집 저장 산업보다 약 10배 빠르게 성장했다. 그것은 일부 투자자들이 태양에너지에 이미 투자를 시

이산화탄소(CO_2)는 공기 중에서 직접 포집하거나 화석연료를 연소시킬 때 나오는 기체에서 포집할 수도 있고, 석탄을 가열하여 일산화탄소를 방출한 뒤 물과 반응시켜 CO_2를 만들 수도 있다. 저장소로 수송하기 전에 이산화탄소는 액화 과정을 거친다.

작했음을 의미한다. 또다른 논란이 될 수 있는 방법은 탄소를 먹는 조류가 성장할 수 있도록 바다에 철을 뿌리는 것이다. 식물과 마찬가지로 식물 플랑크톤이라고 불리는 조류도 광합성을 통해 에너지를 생산하기 위해 공기 중의 이산화탄소를 사용한다. 조류는 자연적으로 대형 표면 조류 블룸을 만드는데 이들은 아주 커서 우주에서도 보일 정도다. 철은 비료처럼 작용하여 식물 플랑크톤의 폭발적인 증가를 가능하게 하기 때문에 인공 조류 블룸을 만드는 것이다. 이는 조류가 죽으면 조류에 포함된 탄소와 함께 바닥으로 가라앉는다는 이론에서 나온 방법이다.

그런데 우리는 해양 생태계가 작동하는 방법, 특히 깊은 바다에 대해서는 아주 조금밖에 모르고 있다. 따라서 대규모로 조류를 증식시키는 것이 원하는 결과를 가져올지 부작용은 발생하지 않을지에 대해 결론 내릴 수가 없다. 그리고 넓은 바다에서 대규모로 철 비료 실험을 해보고 싶어 하는 과학자들은 해양오염을 방지하기 위해 설치해놓은 법이라는 지뢰밭을 통과해야 한다. 지금까지 소규모 내지 중간 규모의 실험이 철 비료의 가능성을 알아보기 위해 진행되었지만 바닥으로 가라앉은 탄소가 얼마나 오래 그곳에 머물지에 대해서는 확실히 알지 못하고 있다.

탄소를 고정시켜 깊은 바다에 저장하는 또 다른 방법 역시 비슷한 결점을 가지고 있다. 바위 아래나 부식하는 물질 안에 탄소를 저장하는 대신 심해에서는 이산화탄소가 물보다 무겁다는 것을 이용하여 이산화탄소를 직접 바다 바닥에 가라앉힐 수 있다. 해저 약 3km에서는 이산화탄소가 바닷물과 섞여 화성 표면에 잡혀 있는 것과 같은 물질인 클라드레이트라고 부르는 화합물을 만든다. 그러나 심해 생물에게 주는 영향이 알려져 있지 않고 100년 안에 클라드레이트 안에 포함된 탄소의 4분의 1이 표면으로 돌아올 수 있다.

2004~2006년에 미국 연구팀이 심해 탄소 저장이 진흙 속에 살고 있는 유공충이라는 생물에게 주는 영향을 알아보기 위한 일련의 실험을 했다. 유공충은 모든 해저에서 발견되는 작은 생물로, 먹이사슬 위쪽에 있는 생명체들의 먹이가 된다. 과학자들은 이산화탄소를 캘리포니아 해변의 해저 진흙 속에 직접 주입시키고 몇 주 뒤 그곳

에 살고 있는 유공충에게 미친 영향을 조사했다. 그 결과 일부 종은 영향을 받지 않았지만 껍질을 가지고 있는 종들은 클라드레이트에 의해 사라진 것을 발견했다. 클라드레이트가 산성 환경을 만들어 껍질을 만드는 핵심 성분에 영향을 주고, 이로 인해 유공충이 그 성분을 사용할 수 없게 되어 죽어버린 것이다.

산성화 문제는 심해 생물에게만 국한된 것이 아니다. 바다가 공기로부터 많은 이산화탄소를 흡수하면 바닷물은 점점 더 산성화된다. 산호와 오징어는 산도의 변화에 아주 민감하기 때문에 산성화로 인해 고통받을 것이다. 뿐만 아니라 바다가 더 많은 이산화탄소를 흡수했을 때 나타나는 놀라운 결과 중 하나는 시끄러워진다는 것이다. 이산화탄소 증가로 바닷물이 산성이 되면 소리 흡수 능력이 떨어져 소음이 더 멀리까지 전달된다. 이것은 사냥이나 항해에 소리를 이용하는 고래나 물고기의 위치를 알아내기 위해 음파탐지기를 사용하는 어부들에게 영향을 줄 수 있다. 하지만 현재 심해에 대한 우리의 지식은 매우 제한적이어서 문제 전체를 모두 파악하지 못하고 있다('해저에는 무엇이 있을까?' 참조).

숨바꼭질

빠른 해결 방법을 가지고 있지 않은 상태에서는 기후변화에 대한 토론을 중단하고 우리가 저지른 잘못을 자연이 스스로 치유하는 방법을 찾아내기를 기다리는 수밖에 없다. 자연은 탄력성이 있고 자체에 내재된 적절한 안전 메커니즘을 가지고 있다. 예를 들어 바다가 산성화되면 탄소를 흡수하는 능력이 감소된다. 하지만 그것은 면역 기능과는 거리가 멀다. 여러 가지 면에서 문제는 또 다른 문제를 만들어낸다. 기후변화로 인해 므두셀라 나무 이전부터 탄소를 안전하게 보존해왔던 자연 탄소 저장소가 더 이상 제기능을 하지 못해 더 많은 탄소를 공기 중으로 방출하고 있다. 예를 들면 토탄 늪이 그런 것이다.

2011년에 웨일스의 뱅거 대학 과학자들은 영국 토탄 늪지가 메테인과 같은 다른 온실 기체와 함께 30억 톤의 탄소를 저장할 수 있다는 계산을 내놓았다. 전 세계적으로 토탄에는 모든 숲이 가지고 있는 것보다 두 배나 많은 탄소가 포함되어 있다. 그러나 기후변화의 결과로 토탄 늪지가 마르면서 탄소가 공기 중으로 방출되고 있다. 이는 기후변화를 더욱 가속시킬 것이다. 해초는 또 다른 예다. 지중해에 있는 해초 초원은 므두셀라 나무를 어린아이처럼 보이게 할 정도로 긴 시간인 20만 년 이상 살아

넵튠그라스(Posidonia oceanic)는 지중해에서만 발견되는 해초의 일종으로, 오염으로 인해 그 수가 줄어들고 있다. 전 세계적으로 해초는 바다에 포함되어 있는 유기물의 탄소 10%를 고정시켜 제거하는 역할을 한다. 과학자들은 지금의 속도로 해초가 사라지면 매년 수백만 톤의 탄소가 배출될 것으로 추정하고 있다.

온 식물들의 고향이었다. 여기서 중요한 것은 해초가 숨기고 있던 것이었다. 해초 1헥타르가 수백만 톤의 탄소를 해저에 잡아두고 있었던 것이다. 따라서 해초가 해저 일부분을 덮고 있다고 해도 이들은 탄소를 저장하는 데 숲만큼 중요한 역할을 한다. 그러나 두 가지 모두 사라지고 있다. 과학자들은 지중해의 해초 초원이 21세기 중반이면 모두 사라질 것으로 예상하고 있다. 그때 가서 온실 기체의 배출이 안정화된다 해도 해초 초원이 사라지는 것을 막지는 못할 것이다.

탄소 문제는 빠르게 숨바꼭질 놀이가 되어가고 있다. 북극해 바닥에 탄소를 숨기면서 우리는 인도네시아의 토탄 늪지를 마르게 하여 수백 년 된 탄소 저장소를 열어젖히고 있다. 지구온난화의 어려움은 이것이 전 지구적이라는 것이다. 한 공동체 또는 한 회사나 한 나라의 행동이 지구 전체에 영향을 준다. 기후변화의 문제를 해결하려는 노력은 아주 쉽게 훼손될 수 있다. 우리는 지구 대기와 지구의 미래를 돌보아야 할 공동 책임을 가지고 있지만 이제 막 시작된 국지적인 노력은 이런 노력들을 무색

케 하는 여러 가지 도전들로 인해 어려움에 처해 있다.

므두셀라의 마지막 솔잎이 떨어질 때 우리는 어디에 있을까? 미래 기후에 대한 예상 시나리오는 미래의 지구 탄소 균형을 나타내는 숫자가 얼마냐에 따라 달라질 것이다. 현재 많은 과학자들이 온도 한계를 2℃ 넘어서는 것은 거의 필연적이라 믿고 있다. 므두셀라는 기후변화가 가져올 불확실한 종말을 확실하게 상기시켜주고 있다. 므두셀라와 같은 브리슬콘 소나무는 털로 덮인 매머드가 살던 시원하고 습도 높던 플라이스토세에 번성했다. 브리슬콘 소나무들은 여전히 북아메리카 대분지의 경사지를 차지하고 있지만 고도가 높은 곳으로 조금씩 이동하는 중이다. 한때 모하비 분지까지, 그리고 남쪽으로는 오늘날의 라스베이거스까지 뻗어 있던 브리슬콘 소나무 숲은 사라졌다. 강수량, 곤충 서식지 그리고 버섯 질병에 주는 기후변화의 효과는 예측하기 어렵지만 므두셀라는 기후변화로 인해 종말을 맞을 것이 틀림없다. 므두셀라가

숲보다 더 많은 양의 탄소를 저장하고 있는 토탄 늪지는 식물의 중요한 서식지이다. 캐나다의 민갠 군도에는 백산차(rabrador tea), 각시석남(bog rosemary), 야생 블루베리 그리고 돌이끼가 번성하고 있다.

수십 년 안에 종말을 맞을지 아니면 수백 년이나 수천 년을 더 살지는 확실히 알 수 없지만 말이다.

우리 인간은 스스로 기후 문제를 만들었다. 역설적이지만 인간만이 가지고 있는 과학적인 문제의 해답을 구하고 공학적 기술을 발전시키는 능력이 이런 문제를 만들었고, 이제 그런 능력을 이용하여 기후 문제를 해결해야 한다. 우리가 오래된 유정을 이산화탄소로 매우거나 이산화탄소를 깊은 바다 밑에 숨기는 것만으로는 지구 상에서 우리 아이들이 안전하게 살아갈 장소를 확보할 수 없다. 때문에 수천 년 동안 자연이 만든 탄소 저장소의 가치를 인식하고 보존하기 위해 노력해야 한다. 그러나 이 모든 노력은 화석연료 없이 에너지를 얻는 방법을 찾아내지 못하면 헛수고가 될 것이다. 탄소를 포함하고 있는 에너지원에 의존한 것이 이런 문제를 만들었기 때문에 우리 아이들에게 물려줄 유산은 탄소 에너지원 없이 살아가는 방법이 되어야 할 것이다.

너무 더워지면 어떤 일이 일어날까?

만약 우리가 앞으로도 계속 화석연료에 의존한다면 2℃의 온도 상승을 피하기는 어려울 것이다. 2℃의 온도 상승은 여러 가지 부정적인 충격을 줄 것으로 예상된다. 기후를 연구하는 과학자로서 나는 '위험'이나 '재앙' 같은 단어는 사용하지 않겠다. 나의 연구는 온도가 2~3℃ 증가했을 때 기후에 어떤 일이 일어날지를 예상하는 것이고, 내 동료들의 임무는 이러한 기후변화가 인간의 생활과 자연 생태계에 어떤 충격을 줄지를 예상하는 것이다. 결국 이러한 충격이 재앙적일지 아닐지를 결정하는 것은 사람들이다. 예를 들면 우리는 지구온난화로 그린란드 빙원을 모두 녹여 해수면이 7m까지 상승할 것을 염려하고 있다. 온도가 2℃ 올라가는 것으로는 얼음이 모두 녹는 데 오랜 시간이 걸릴 것이다. 하지만 온도가 더 높이 올라가면 얼음이 더 빠르게 녹을 것이다.

좀 더 극단적인 기후와 관련된 변화로 인한 위험도 존재하고 있으며 우리는 이미 그런 일들이 일어나는 것을 보고 있다. 기후 영역의 변화는 상당히 많은 수의 생태계를 위험에 빠뜨릴 것이고 생태계는 이런 변화에 적응할 충분한 시간을 갖지 못할 것이다. 기후변화로 인한 최악의 충격을 피하는 문제와 관련하여 나는 어느 정도 낙관적인 편에 속한다. 하지만 2℃의 지구온난화를 피하는 문제에서는 비관적이다. 내일 어떤 기술혁명이 일어나 우리가 화석연료를 더 이상 사용하지 않게 될 수도 있다. 화석연료를 더 이상 사용하지 않는 것과 같은 획기적인 변화가 없이는 국가나 정치가들의 노력은 이 문제 해결에 별 도움이 되지 못할 것이다. 그럼에도 나는 2℃와 3℃ 사이의 어디에서 온난화를 정지시킬 수 있을 것이라고 생각한다.

안드레이 가노폴스키(Andrey Ganopolski),
기후변화 전문가, 포츠담 기후 충격 연구소

빙붕의 온도가 올라가면 어떤 일이 일어날까?

2002년 2월에 인공위성을 이용해 남극을 주시하던 과학자들의 눈앞에 놀라운 일이 벌어졌다. 작은 나라 크기의 라센 B 빙붕이 눈앞에서 사라지고 있었던 것이다. 세계 과학자들은 수천 년 동안 얼어 있던 3250km²의 얼음이 하루 만에 해체되는 것을 속수무책으로 지켜볼 수밖에 없었다. 영국의 록 밴드 브리티시 씨 파워는 〈오, 라센 B〉라는 노래로 이 빙붕의 종말을 조문했다. "5000억 톤, 가장 순수한 얼음과 눈 덩이, 오, 라센 B, 오, 내 위에 떨어지지 않을래?"

온도 상승이 이 빙붕의 붕괴에 영향을 준 것은 확실해 보인다. 2005년에 발표된 연구에서도 이것이 과학적으로 확인되었다.

"……최근에 있었던 라센 B 빙붕의 붕괴는 유례가 없는 일이다. ……(우리는) 최근 남극 반도 지역에서 계속된 오랜 온난화로 얼음의 두께가 얇아진 것이 이 빙붕의 붕괴를 가져왔다."

2005년 8월 4일 《사이언스 저널》에 발표된 논문 〈홀로세 동안의 남극 반도의 라센 B 빙붕의 안정성〉에서

라센 B와 같은 빙붕은 바다에 떠 있었기 때문에 해수면에 직접 영향을 주지 않지만 빙붕이 사라지면서 바다로 흘러드는 빙하와 빙판은 해수면의 상승을 가져올 수 있다. 기후변화의 영향으로 남극의 서부 대륙을 덮고 있는 서부 남극 빙원이 녹으면 해수면을 3~6m 상승시켜 몰디브처럼 낮은 곳에 있는 섬들과 많은 해변 도시를 물에 잠기게 할 가능성이 있다.

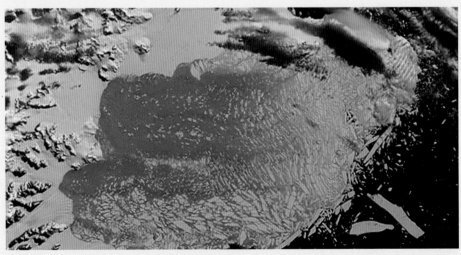

2002년 3월 7일 붕괴 후의 라센 B 빙붕. 푸른색은 빙산과 녹은 얼음이 섞인 것이다.

10

우리는 어떻게 더 많은 에너지를 태양으로부터 얻을 수 있을까?

정원에 있는 풀은 낮 동안 놀라운 일을 한다. 풀들은 태양 빛에서 흡수한 에너지를 이용하여 필요한 영양분을 만드는, 즉 광합성 작용을 한다. 모든 녹색식물은 광합성을 할 수 있다. 식물이 이런 일을 하는 것은 한때의 간식을 준비하기 위해서가 아니라 그들이 살아가는 데 필요한 모든 것을 만들어 내기 위해서다. 우리가 사냥을 하고 식량을 찾아 돌아다니는 동안(오늘날에는 이런 일을 슈퍼마켓에서 하지만), 식물은 햇볕 아래서 태양에너지를 이용해 이산화탄소와 물의 원자들을 재배열하여 그들이 사용할 수 있는 화학연료인 당을 만든다. 우리 중에는 소파에서 일어나는 것이 싫어 수백 가지의 아침용 시리얼 중 하나를 선택하는 대신 당을 마시는 것을 선택하는 사람은 거의 없을 것이다. 그러나 우리가 식물이 하는 일을 따라 하고 싶어 하는 데는 또 다른 이유가 있다. 우리는 에너지를 필요로 한다. 그것도 아주 많이 필요로 한다. 만약 우리가 기름이나 가스를 태울 때 나오는 오염 물질로 공기를 더럽히지 않고 태양 빛을 이용하여 주전자와 자동차 그리고 컴퓨터에 직접 에너지를 공급할 수 있다면 어떨까? 날마다 매 시간 태양은 우리가 1년 동

화성 탐사 로봇 로버의 에너지를 공급하는 태양전지는 일반 태양전지보다 태양 빛으로부터 더 많은 에너지를 얻을 수 있는 다중 전기'접점'을 가지고 있는 다층 태양전지다. 가장 조건이 좋을 때는 날개 모양의 패널이 화성의 하루 동안에 900와트시의 에너지를 공급했다.

안 화석연료에서 얻는 에너지보다 더 많은 에너지를 지구에 제공하고 있다. 만약 우리가 식물처럼 광합성을 할 수 있고 태양에너지의 일부를 연료로 바꿀 수 있다면 사람들의 생활은 훨씬 편해질 것이다.

태양에너지 연구의 개척자 중 한 사람인 이탈리아 화학자 자코모 치아미치안[Giacomo Ciamician]은 1912년에 식물처럼 광합성 작용을 이용하여 깨끗한 연료를 만들어내는 '유리관의 숲'이 굴뚝을 대신하는 미래의 비전을 발표했다. 현대판 치아미치안의 유리 숲이라고 할 수 있는 것이 인공 나뭇잎이다. 인공 나뭇잎에서는 식물의 비밀을 이용하여 태양에너지를 연료로 바꾼다.

식물이 하는 일을 흉내 내는 것은 대단한 일이 아닐지도 모른다. 식물은 뇌를 가지고 있지 않지만 지구에서 살아온 인류의 시간보다 더 긴 수억 년 동안의 진화 과정을 통해 태양 빛에서 에너지를 추출해내는 기술을 발전시켰다. 우리가 흉내 내고 싶어 하는 식물의 분자 조작은 오늘날에도 신비로 남아 있

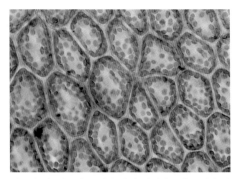

식물의 잎 세포에는 태양 빛의 에너지를 흡수하여 당 연료를 만들 수 있도록 하는 녹색 염료인 클로로필이 들어 있다. 클로로필을 함유한 작고 둥근 엽록체는 보통 현미경 불빛 아래서도 볼 수 있다.

는 연쇄적인 반응을 통해 잎 안의 세포 기관에서 일어나고 있다. 식물 기관('놀라운 발견: 잎 기관 자세히 관찰하기 …세균에서' 참조)은 광자라고 부르는 빛 에너지 덩어리를 이용하여 매초 400회에 달하는 놀라운 속도로 물 분자를 구성 원소인 산소와 수소로 분해한다. 이를 통해 수소에서 전자를 빼앗아 당을 만드는 여러 단계의 화학반응을 시작한다. 에너지 과학자들이 이 과정에서 흥미 있어 하는 부분은 물을 분해하는 것과, 그 결과로 나오는 수소이다. 수소 연료전지에서는 수소와 산소가 다시 결합하여 순수하고 깨끗한 물을 만들면서 에너지를 생산한다. 이 과정에는 탄소가 관여하지 않는다. 따라서 수소야말로 우리가 찾던 21세기 인류 생활에 혁명을 가져올 가능성을 가진 깨끗한 연료이다.

그런데 왜 연료로 사용할 태양 빛을 직접 이용하는 방법 대신 폭발성 기체인 수소를 생산하는 수고를 해야 할까? 지붕 위에 설치된 태양전지를 보면 이미 우리는 태양에서 에너지를 추출하는 방법을 이용하고 있는 것이 아닌가? 실제로 일부 값싼 저성능 태양전지는 태양 빛을 흡수하는 데 실리콘 대신 잎이 녹색 염료인 클로로필을 사용하는 것과 같은 방법으로 색깔 염료를 사용한다. 염료를 기초로 한 태양전지는 1980년대에 스위스 과학자 미카엘 그레첼^{Michael Gratzel}이 발명했기 때문에 그레첼 전지라고도 알려져 있다. 그러나 모든 형태의 태양전지가 가지고 있는 문제는 낮은 효율

이다. 불행하게도 현재 가능한 가장 좋은 태양전지도 태양전지에 도달하는 빛의 대부분을 유용한 에너지(보통 전기에너지)로 전환하지 못하고 있다.

그럼에도 불구하고 낮은 효율이 태양전지 제작을 중단할 이유가 되지는 못한다. 적어도 가까운 미래에는 인공 나뭇잎을 이용하여 수소를 생산하는 데서도 비슷한 어려움에 봉착할 것이므로 더 그렇다. 심지어 식물의 잎도 태양으로부터 받는 에너지의 1%만 당 형태의 연료로 바꾸고 있다. 지구 전체에서 필요로 하는 에너지는 구름 사이로 쏟아지는 태양에너지의 아주 작은 부분이면 충분하다. 그러나 최선의 태양전지를 만드는 것('전문가 노트: 어떻게 더 나은 태양전지를 만들 수 있을까?' 참조)과 그런 태양전지의 대량 생산 기술을 개발하는 것은 에너지 문제를 해결하기 위해 우리가 해결해야 할 과제이다.

태양전지가 에너지 문제의 최종 해결책이 되지 못하는 또 다른 이유가 있다. 우리는 연료를 사용하는 빠른 자동차에 익숙하기 때문이다. 미국에서의 1년 연료 소비량을 10이라고 할 때 그중 5는 자동차에서 소비하고, 1은 비행기에서 소비하고 있다. 태양에너지로 주전자의 물을 끓이고 컴퓨터를 사용할 수는 있을 것이다. 그러나 자동차에도 태양전지를 달아서 사용할 수 있을까? 해가 진 다음에 태양전지로 충전한 자동차가 얼마나 오래 달릴 수 있을까? 해가 지면 차를 세워두었다가 해가 뜨면 다시 운전하는 사람이 얼마나 될까? 이런 이유로 저장할 수 있고 가지고 다닐 수 있으며 밤낮 언제나 사용할 수 있는 연료가 필요하다.

에너지 문제를 해결하기 위해 수소를 사용해야 하는 것은 이 때문이다. 수소 연료를 분배하고 사용하는 방법이 기름을 사용하는 방법과 비슷하기 때문에 기름 사용에 익숙한 사람들에게 수소 연료는 매력적이다. 태양전지를 사용하는 친환경적인 주택에서 전기 자동차를 충전하는 것도 장점이 있지만 많은 사람들이 수소 충전소를 방문하는 데 더 익숙할 것이다. 휘발유처럼 주유차가 수소를 충전소로 배달하면 사람들은 충전소를 방문해 자동차에 수소를 충전하고 연료가 떨어지면 다른 충전소를 방문해 보충할 수 있다.

우리가 해야 할 일은 연료로 사용할 수소를 만들어내는 일이다. 여기에 문제가 있다. 순수한 수소를 만들어내는 데 화석연료에서 나오는 에너지를 사용한다면 탄소-제로라는 우리의 꿈과는 거리가 멀어진다. 따라서 탄소-제로 수소 연료를 만들기 위해 식물이 하고 있는 방법과 인공 잎을 만드는 방법으로 돌아가야 한다. 식물의 잎처럼 태양 빛만을 이용하여 물 분자에서 산소를 떼어내 수소만 분리해낼 수 있다면 우리는 탄소와 관계없이 많은 수소를 얻을 수 있을 것이다. 어려운 부분은 수소를 산소에서 분리하는 것이 아니다. 우리는 18세기에 네덜란드 의사 요한 루돌프 다이만[Johan Rudolph Deiman]과 그의 친구 아드리안 파에트 반 투르스트비지크[Adriaan Paets van Troostwijk]가 물에 전류를 흘려 물을 분해할 수 있다는 것을 알아낸 이후 물에서 수소와 산소를 분리하는 일을 해왔다. 문제는 전기를 사용하지 않고 물을 수소와 산소로 분리하는 것이다. 청정에너지 발생 장치를 화석연료로 제공되는 전기 소켓에 연결해서는 청정에너지를 만들어냈다고 할 수 없기 때문이다.

인공 잎

그렇다면 우리는 어떻게 식물처럼 물에서 수소를 얻을 수 있을까? 1998년에 콜로라도 골덴의 미국 국립재생에너지 연구소의 과학자 존 터너[John Turner]가 이를 위한 올바른 방향으로 한 발 내디뎠다. 그는 태양에너지를 이용하여 물 분자를 분리하는 데 필요한 핵심 열쇠가 태양전지에 사용하는 것과 비슷한 물질인 빛을 받아들이는 물질과 물 분자 분리 역할을 하는 물질을 결합시키는 데 있다는 것을 알고 있었다. 그리고 최초의 인공 잎이라고 할 수 있는 것을 만드는 데 성공했다. 그가 만든 것은 빛을 비추면 물을 분리하는 태양전지였다. 효율도 좋은 편으로 대부분의 식물보다 높은 12%나 되었다. 따라서 터너가 그의 발명품을 공개했을 때 과학계는 크게 동요했다. 하지만 터너는 인공 잎을 만들기 위한 이 초기의 시도가 실용적인 면에서는 별 쓸모가 없다는 것을 알고 있었다. 물을 분리시키는 반응을 촉진시키는 촉매가 희귀 금속이어서 상업적 경쟁력을 갖기에는 너무 비쌌던 것이다. 더구나 터너의 물 분리기는 하루가 지나자 분해되기 시작했다. 다른 사람이 맞닥뜨렸던 문제를 터너도 만난 것이다. 물을 잘 분리하는 물질일수록 햇빛에 의해 더 빨리 분해되었다.

10여 년 후에 매사추세츠 공과대학의 대니얼 노세라[Daniel Nocera]의 연구팀이 이 문제를 피해가는 독창적인 방법을 발견하고 최초로 실용적인 인공 잎을 만들었다. 그들은 분해되자마자 다시 결합하는 자체 수선 기능을 가진 촉매를 사용했다. 치아미치안의 유리관 숲에 고무되어 아프리카의 가장 가난한 지역을 위한 값싼 에너지원을 찾고 있던 노세

MIT의 대니얼 노세라 교수가 만든 '인공 잎'은 금속으로 만들어졌다. 그러나 진짜 잎과 마찬가지로 태양빛의 에너지를 화학연료로 바꾼다. 인공 잎이 태양에너지를 이용하여 물 분자를 산소와 수소 원자로 분리하면 생산된 수소는 수소 자동차의 연료전지에 사용된다.

우리는 어떻게 더 많은 에너지를 태양으로부터 얻을 수 있을까?

137

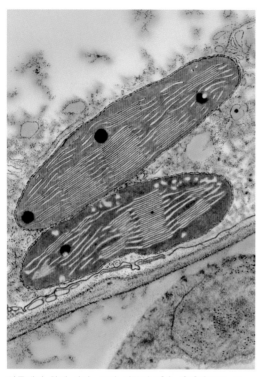

엽록체의 확대 사진. 콩과 식물인 **피숨 사티붐**(완두: Pisum sativum)에서 추출하여 길게 자른 이 엽록체에는 평평한 노란색 팬케이크 같은 것이 쌓여 있다. 이것은 빛을 흡수하는 클로로필 염료를 포함하고 있는 그라나이다.

라는 효율 면에서 손해를 보더라도 쉽게 구할 수 있는 값싼 금속을 촉매로 사용하여 물을 분리시키는 데 초점을 맞추었다. 그리고 2011년 시제품을 공개했다. 신용카드 크기와 모양의 이 인공 잎은 보기에는 그저 그랬지만 빛이 비추는 물통에 넣자 양쪽에서 산소와 수소 거품이 나오기 시작했다. 노세라가 사용한 촉매의 미세 구조가 식물에서 같은 작용을 하는 분자의 구조와 비슷한 것은 우연의 일치가 아니었다.

노세라의 잎은 싼값으로 일을 시작했지만 몇 달 또는 몇 년 후에 얼마나 많은 비용이 들지는 지켜보아야 할 것이다. 태양전지는 수십 년 동안 계속 에너지를 생산할 수 있다. 그러나 인공 잎도 그렇게 할 수 있을까? 효율의 문제도 남아 있다. 효율이 3% 이하인 노세라의 인공 잎은 개선의 여지가 아직 많이 남아 있다.

마침내 인공 광합성 시대가 오면 수소 충전소에서 자동차에 물과 태양 빛만으로 만든 연료를 채우는 일이 더 이상 꿈같은 이야기가 아닐 것이다. 그러나 이것이 수소에 관한 이야기의 끝은 아니다.

또 다른 가능한 에너지원은 수소 원자핵들이 융합하여 헬륨 원자핵을 만들면서 많은 에너지를 방출하는 수소 핵융합이다. 핵융합은 태양에너지를 이용하지 않는다. 그러나 태양 안에서 에너지를 만들어내는 과정을 기초로 한다. 일부 과학자들은 핵융

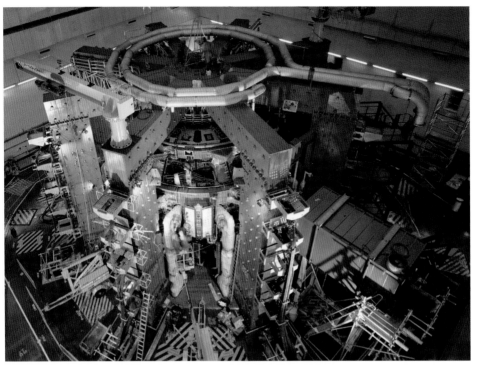

2025년까지 연장 운행이 결정된 유럽공동핵융합장치(JET)는 세계에서 가장 크고 가장 강력한 토카막 핵융합 원자로이다. 오늘날의 원자력 발전소에서는 핵분열을 이용하여 에너지를 생산하지만 토카막은 핵융합을 이용하여 고준위 방사성 핵폐기물을 만들어내지 않으면서 에너지를 생산한다.

합이 미래에 필요한 에너지를 공급하는 에너지원이 될 것이라 확신하고 있다.

그러나 여기에도 극복해야 할 기술적 어려움이 있다. 지구에서 핵융합이 일어나게 하려면 별 내부에서 핵융합이 일어날 때와 비슷한 조건을 만들어야 한다. 다시 말해 태양 내부와 같은 뜨거운 환경을 만들어야 한다. 정확히 말하자면 지구에서 만들 수 있는 상대적으로 낮은 압력을 보상하기 위해 태양의 중심보다 더 뜨거운 상태를 만들어야 한다.

영국 옥스퍼드셔에 있는 조인트 유럽 토러스(JET) 핵융합 실험은 태양의 중심보다 약 10배나 더 높은 온도인 1억 5000만 도에서 이루어지고 있으며 수백만 와트의 전기를 이용한 여러 개의 가열 시스템으로 에너지를 공급하고 있다. 의미 있는 실험

JET 핵융합 실험의 중심부는 아주 높은 온도의 플라스마를 잡아둘 수 있도록 만들어졌다. 이 핵융합로는 로봇 마스 코트 '슬레이브'에 의해 밖에서 원격으로 통제할 수 있는 인공 팔(그림에서 좌측)을 이용해 유지 보수가 이루어진다.

이 되려면 핵융합을 위해 사용된 에너지보다 더 많은 양의 건강한 에너지를 생산할 수 있어야 한다. 이런 면에서 보면 1997년에 JET 핵융합로가 생산한 16메가와트 (MW)는 비록 인상적이진 못하지만 다른 어떤 시도보다 좋은 결과였다. 설비를 개선 하기 위해 2009년부터 2011년까지 실험을 중단했던 JET는 핵융합 실험 재개 준비 를 마쳤다. 실험의 궁극적인 목표는 핵융합을 일으키는 데 사용한 에너지의 10배의 에너지를 생산하는 것이다.

지구에서의 우리의 미래는 화석연료를 대체할 깨끗한 에너지원을 찾아내는지 여부 에 달려 있다. 우리는 그런 에너지원이 하나 이상 필요할 것이다. 이를 위해서는 자 연을 살펴보고 거기서 영감을 얻는 것이 가장 좋을 것이다. 우리가 식물의 잎에서 일 어나는 과정을 흉내 내든 아니면 가장 가까이 있는 별에서 일어나고 있는 반응을 재 현하든 우리는 자연이 이미 가능하게 했던 일을 따라 하는 것이다.

어떻게 더 나은 태양전지를 만들 수 있을까?

연구 시설과 육군 그리고 해군 기지를 위해 설치된 대형 태양전지 네트워크. 많은 태양전지가 전국적인 전력망에도 전력을 공급하고 있다. 생산되는 에너지의 양은 주어진 시간 동안 주어진 면적에 얼마나 많은 태양 빛이 도달하느냐를 나타내는 일조량에 따라 달라진다. 예를 들면 오스트레일리아에서는 일조량이 크고, 노르웨이에서는 일조량이 작다.

오늘날의 태양전지 대부분은 태양 빛을 흡수하여 전류로 바꾸는 반도체 물질인 규소로 만든다. 전류를 얻기 위해서는 전자를 회로로 보내는 전기접점이 필요하다. 하나의 접점만 있는 경우에는 스펙트럼의 한 파장대에서만 빛을 흡수할 수 있다. 따라서 이런 방법으로 만들어진 가장 좋은 실험실용 태양전지의 경우에도 효율이 약 25%를 넘어설 수 없다. 그러나 여러 반도체 층이 스펙트럼의 여러 파장 영역을 흡수하도록 한 다중 접점을 이용하여 효율이 40%가 넘는 전지를 만들 수도 있다. 인공위성에 에너지를 공급하기 위해 만든 복잡한 구조의 이런 전지는 값이 비싸지만 태양광 집광 장치와 함께 사용하면 흥미로운 결과를 얻을 수 있다. 태양 복사선을 모아 좁은 면적에 집중시키면 적은 양의 물질만 사용해도 되기 때문에 비용을 절감할 수 있다. 미래에 태양 관련 기술이 다양화되면 태양전지를 이용하여 에너지를 얻을 뿐만 아니라 태양광 집광 장치나 태양 빛으로 직접 만든 연료로부터도 에너지를 얻을 수 있을 것이다.

태양전지와 관련된 또 다른 흥미로운 점은 그것을 건물에 설치할 수 있다는 것이다. 우리는 주택에 부착된 태양전지를 보았을 것이다. 미래에는 건물 자재 자체가 전기를 발생시키는 건물을 상상해볼 수 있다. 나는 태양전지의 규소 패널과 비슷한 패널로 만들 수 있는 박막 물질을 연구 중이다. 이 박막들은 지붕에 사용하는 타일에 입힐 수도 있고 창문으로 만들 수도 있다. 공장 지붕과 소매점들을 생각해보자. 건물을 사용하기만 해도 태양으로부터 우리가 사용하는 에너지의 상당 부분을 생산할 수 있을 것이다. 내 생각에 그것은 매우 흥미로운 미래에 대한 비전이다. 이 세기 말에는 기술이 어디까지 발전해 있을까? 우리가 사용하는 전기의 75%를 태양으로부터 얻고 있지 않을까? 그것은 실현 불가능한 꿈이 아니다.

스튜어트 어빈(Stuart Irvine),
영국, 글린드워 대학, 태양에너지 연구소 소장

잎의 기관 자세히 관찰하기 … 세균에서

자연에서 광합성이 작용하는 기전을 자세히 밝혀 내는 것은 매우 어려운 문제다. 식물의 잎에서는 빛을 흡수하는 기관이 세포 안의 막에 붙어 있어서 그 기관만을 분리해내기가 거의 불가능하기 때문이다. 그러나 1980년대에 세 독일 과학자가 모든 과정의 중심 역할을 하는 광합성 반응 중심을 찾아냈다. 그들은 식물에서 세균으로 관심을 돌려 광합성 기관만을 분리해내고 광합성 반응 중심을 찾아냈다. 또 식물과 비슷한 방법으로 광합성을 하는 로도슈도모나스 비리디스^{Rhodopseudomonas viridis}라고 부르는 자주색 세균이 가지고 있는 단순한 구조를 조사했다.

"오랫동안 막에 붙어 있는 단백질을 3차원에서 자세한 구조를 결정할 수 있는 형태로 준비하는 것이 불가능했다. 1984년 이전에는 막 단백질의 흐릿한 구조 사진 몇 장만 얻을 수 있었다. (……) 그러나 하르트무트 미헬이 (……) 세균에서 광합성 반응 중심의 고도로 정제된 결정을 준비하는 데 성공한 1982년, 상황이 극적으로 변했다. 이 결정을 이용하여 1982년에서 1985년 사이에 그는 요한 다이젠호퍼 그리고 로베르트 후버와의 공동 작업을 통해 원자 단위에서 광합성 반응 중심의 구조를 결정했다. (……) 이로써 지구 생물권에서 가장 중요한 화학반응인 광합성 작용의 기본적인 반응에 대한 이해에서 큰 진전을 이끌어낼 수 있었다."

요한 다이젠호퍼, 로베르트 후버,
하르트무트 미헬에게 수여된 1988년 노벨 화학상 수상 연설
〈광합성 반응 중심의 3차원 구조 결정을 위하여〉에서

식물의 고유한 색깔은 잎에 들어 있는 클로로필 염료 때문이다. 클로로필은 붉은색부터 보라색까지의 빛은 흡수하지만 녹색 빛은 반사한다.

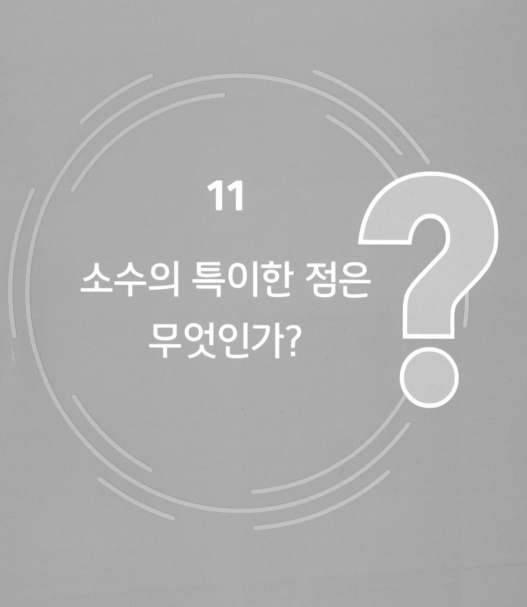

11

소수의 특이한 점은
무엇인가?

스위스 수학자 레온하르트 오일러(Leonhard Euler, 1707~1783). 소년 시절부터 소수에 매료되었던 그는 일부 소수를 만들어낼 수 있는 식을 찾아냈다.

레온하르트 오일러 Leonhard Euler 가 스위스 북부에 있는 바젤에서 역사적인 도시 상트페테르부르크까지 여행하는 데는 7주가 걸렸다. 목사의 아들로 스무 살이었던 그는 2년 전인 1724년에 표트르 대제가 설립한 러시아 과학아카데미를 향하고 있었다.

동쪽으로 여행하면서 오일러는 새로 설립된 연구소에 들어가기 위해 그 길을 갔던 많은 동료들의 발자취를 따라갔다. 황제가 개인적으로 수집한 책들로 채워진 거대한 도서관에서 비슷한 생각을 가진 사람들로 둘러싸인 오일러는 당시 가장 위대한 수학 문제들에 도전했지만 어린 시절부터 그를 매료시켰던 소수에 대한 열정도 그대로 간직하고 있었다.

중학생이면 누구나 알고 있듯이 소수는 자신과 1로만 나누어지는 수로 2, 3, 5, 7, 11, 13, 17 등이 여기에 속한다. 1은 자신 하나로만 나누어지므로 소수가 아니다. 소수는 종종 수학의 가장 중요한 구성 요소라고 여겨진다. 오일러가 상트페테르부르크로 향하기 2000년 전에 고대 그리스 수학자 유클리드가 소수가 아닌 모든 수는 소수들의 곱으로 나타낼 수 있다는 것을 보여주었다.

오늘날에는 소수가 훨씬 더 중요해졌다. 현대 수학의 많은 부분이 소수에 기반을 두고 있으며 실용적인 면에서도 일상생활에서 파렴치한 해커들로부터 신용카드의 자세한 내용을 안전하게 지켜주는 시스템 역시 소수에 바탕을 두고 있다.

유클리드에서 오일러까지

유클리드 시대 이래 수학자들은 소수가 가지고 있는 규칙성을 연구해왔다. 그들은 소수로 이루어진 수열을 나타내는 일반적인 식을 발견하기 위해 연구했고 간단한 수열의 경우에는 그런 식을 쉽게 발견할 수 있다.

다음과 같은 수열을 생각해보자. 1, 4, 9, 25……. 이 수열은 수열에서의 위치를 나타내는 수를 두 번 곱해('제곱'하여) 만들어진 '제곱'수들로 이루어진 수열이다. 다시 말해 $1 \times 1 = 1$, $2 \times 2 = 4$, $3 \times 3 = 9$ 등이다. 이 수열의 여섯 번째 수를 알고 싶다면 6을 제곱하면 된다($6^2 = 6 \times 6 = 36$). 108번째 수를 알아내는 것도 쉽다. 108번째 수는 11,664(108×108)이다. 어떤 수의 제곱을 찾아내는 식은 아주 간단하다. 그렇다면 소수로 이루어진 수열의 경우에도 그런 식을 찾아낼 수 있을까?

이 질문은 우리를 오일러에게로 데려간다. 두 번째로 상트페테르부르크에 머물던 시기에(그는 러시아의 정치적 혼란을 피하기 위해 25년 동안 베를린으로 피신해 있었다)

오일러는 소수를 생성시키는 방법을 생각해냈다. 그가 생각해낸 식은 x^2+x+41 이었다. x에 1부터 차례로 수를 대입하면 소수를 얻을 수 있다. $x=1$인 경우에는 $(1\times1)+1+41=43$이 되는데 43은 소수이다. $x=2$인 경우에는 $(2\times2)+2+41=47$이 되는데 이 역시 소수이다. 이처럼 오일러의 식에 차례로 모든 수를 대입하면 소수를 만들 수 있지만 40을 대입했을 때는 소수가 만들어지지 않는다. 그의 식은 소수에 내재된 규칙성의 가능성을 보여주었지만 단지 소수의 일부만 생성할 수 있을 뿐이었던 것이다.

소수에 대한 오일러의 집착은 그의 일생 내내 계속되었다. 하지만 그는 모든 소수를 만들어낼 수 있는 일반적인 식을 발견하지 못하고 1783년 상트페테르부르크에서 뇌출혈로 사망했다.

리만 가설

독일 수학자 게오르크 프리드리히 베른하르트 리만(Georg Friedrich Bernhard Riemann, 1826~1866). 그는 제타 함수와 소수 사이의 관계를 알아냈다. 이와 관련된 리만 가설을 증명하는 것은 현대 수학의 가장 중요한 과제이다.

1859년 독일 수학자 베른하르트 리만Bernhard Riemann이 가능한 방법을 제공했다. 괴팅겐 대학의 리만은 거의 1세기 전에 오일러가 처음 연구하기 시작한 제타 함수를 연구하고 있었다. 함수는 수를 가지고 어떤 계산을 하는 규칙을 말한다. 함수에 수를 대입하면 다른 수가 만들어진다. 오일러가 제안했던 식 x^2+x+41도 함수이다. 리만은 제타 함수 값이 일정한 값이 되도록 하는 수들이 어떤 일정한 규칙성을 가지고 있는지에 대해 조사했다. 그는 제타 함수*의 값을 0으로 하는 몇몇 수들이 모두 같은 직선 위에 있다는 것을 발견했다. 또한 제타 함수는 소수와 밀접한 관계를 가지고 있다(제타 함수는 소수들만의 식으로 나타낼 수 있다). 제타 함수의 값이 0이 되게 하는 수들 사이에 숨은 규칙이 있다면 혼돈스럽게 보이는 소수들 사이에도 규칙이 있는 것이 아닐까?

리만은 자신이 발견한 제타 함수의 값을 0으로 하는 수들을 바탕으로 제타 함수의 값이 0이 되게 하는 아직 발견하지 못한 것을 포함한 모든 가능한 수들이 같은 직선 위에 있을 것이라고 추정했다.

제타 함수의 값을 0으로 만드는 수는 같은 직선에서 절대로 벗어나지 않는다(여기서 직선은 복소수 평면 위에서의 직선을 말하며 직선에서 벗어나지 않는다는 것은 모든 수가 실수부가 0.5인 직선 위에 있다는 것을 뜻한다)는 것을 리만의 가설이라고 부른다. 만약 이 가설이 옳다면 그것은 소수 안에 들어 있어 있을지도 모르는 규칙성과 관련된 신비를 벗겨낼 수 있을 것이다. 불행히도 우리는 그것을 알 수 없다. 리만이 이에 대한 증명을 가지고 있었을 가능성은 있다. 하지만 완전하지 않다고 생각되면 어떤 연구도 발표하지 않았던 그는 이 가설에 대한 증명 역시 발표하지 않았다.

1866년에 오스트리아와 프로이센 사이에 벌어진 전쟁의 전선이 괴팅겐까지 이르자 그는 많은 논문들을 남겨두고 이탈리아로 피신했다. 그리고 그해 39세의 나이로 결핵으로 사망했다.

수학자들은 수학의 기초가 되는 소수들의 혼돈스러워 보이는 분포 안에 내재되어

---

* 역자 주: 제타 함수는 $\zeta(x)=1+\frac{1}{2^x}+\frac{1}{3^x}+\frac{1}{4^x}+\cdots$의 형태로 주어지는 함수로 변형하면 다음과 같이 소수로만 나타낼 수 있다. 확장된 제타 함수에서는 x가 복소수 값을 가질 수도 있다.

$$\zeta(x)=\frac{1}{\left(1-\frac{1}{2^x}\right)\left(1-\frac{1}{3^x}\right)\left(1-\frac{1}{5^x}\right)\left(1-\frac{1}{7^x}\right)\cdots}$$

리만의 가설은 이 함수 값을 0으로 하는 x 값의 실수 부분이 모두 $\frac{1}{2}$이라는 것이다.

있을 규칙성을 찾아내고 싶어 했다. 19세기에서 20세기로 넘어갈 때쯤 또 다른 독일의 수학자 다비드 힐베르트[David Hilbert]가 미래 수학의 지평을 그리는 강의를 했다. 1900년에 페르시아 청중을 상대로 한 연설에서 그는 새로운 세기에 수학자들이 해결해야 할 열 가지 가장 중요한 문제를 제시했다. 그 뒤 이 열 가지 문제에 열세 가지 문제를 추가한 목록을 출판했다. '힐베르트의 문제들'이라고 알려진 이 목록에는 리만의 가설을 증명하는 문제가 여덟 번째로 수록되어 있다.

그 후 수십 년 동안 힐베르트의 문제들 중 많은 문제들이 발전한 수학에 의해 해결되었다. 그러나 나치의 암호를 해독한 앨런 튜링[Alan Turin]을 포함한 20세기 최고 수학자들의 노력에도 불구하고 리만 가설의 증명은 여전히 수학이 해결해야 할 중요한 과제로 남아 있다.

그동안에도 리만의 가설이 언젠가 증명될 것이라는 가정을 바탕으로 수학 분야에서는 다른 많은 진전이 이루어졌다. 현대 컴퓨터들은 리만 제타 함수 값이 0이 되게 하는 수십억의 입력 값들이 모두 직선 위에 있다는 것을 보여주었다. 하지만 그렇지 않은 입력 값을 하나만 발견해도 많은 현대 수학을 지탱하고 있는 기초가 무너질 것이다. 리만 가설의 증명은 이처럼 중요한 문제이기 때문에 매사추세츠에 있는 클레이 수학연구소는 이 문제를 증명하는 사람에게 100만 달러를 주겠다고 상금을 내걸었다('놀라운 발견: 리만의 가설' 참조).

리만의 가설을 증명하는 문제는 힐베르트가 20세기 초에 20세기에 해결해야 할 수학 문제들을 제시했던 것과 마찬가지로 21세기가 시작되는 2000년에 21세기에 해결해야 할 문제로 제시한 일곱 문제들 중 하나이다. 이 문제들을 해결하는 사람에게는

100만 달러의 밀레니엄 상을 주겠다고 했다. 이 문제들 중 한 문제인 3차원 구와 관련된 푸앵카레의 추론은 2002~2003년에 해결되었다. 그러나 나머지 여섯 문제는 아직도 새로운 백만장자가 탄생하길 기다리고 있다.

지금까지 살펴보았듯이 소수의 규칙성은 수학에서 매우 중요한 문제일 뿐만 아니라 지난 세기 말에 등장한 새로운 기술인 인터넷으로 인해 정부, 산업계 그리고 소비자들에게도 점점 더 중요해지고 있다.

암호 만들기

인터넷이 현대 생활의 많은 면을 혁명적으로 바꾸어놓고 있다. 오프라인 상점보다 온라인 상점에서 더 많은 돈을 쓴다는 것은 인터넷이 우리 생활에 얼마나 깊숙이 침투해 있는지를 잘 보여준다. 그러나 사이버공간에 신용카드의 자세한 내용들이 날아다니게 되자 은행 거래 내역을 안전하게 보관하는 방법과, 정보를 암호화하여 범죄자들이 중간에서 가로채지 못하도록 하는 방법이 필요하게 되었다.

암호 기술은 새로운 것이 아니다. 메시지를 암호화하는 가장 오래되고 가장 기본적인 방법 중 하나는 통신에 사용했던 율리우스 카이사르의 이름을 따서 카이사르 암호라고 부르는 것이다. 이 방법에서는 메시지의 모든 글자를 일정한 규칙대로 바꾼다. 예를 들면 "please don't read this"라는 문장에서 모든 글자를 알파벳에서 두 개 뒤에 오는 글자로 바꾸면 "rngcug fqp'v tgcf vjku"

인터넷은 현대 생활에 혁명을 가져왔다. 그 결과 지금은 오프라인 상점보다 온라인에서 더 많은 돈이 사용되고 있고, 소수는 온라인 상점에서 민감한 은행 정보를 암호화하는 데 핵심적인 역할을 하고 있다.

가 된다. 읽는 사람이 글자를 바꾼 규칙을 알고 있으면 원래의 문장을 복원할 수 있다. 이같은 것을 신용카드 위의 숫자들에도 적용할 수 있다. 그러나 이런 방법은 쉽게 해독할 수 있다는 데 문제가 있다. 그리고 암호를 해독하는 데 필요한 열쇠를 암호화된 메시지와 함께 보내야 하는 또 다른 문제도 있다.

메시지를 암호화하는 대신 메시지를 넣고 열쇠를 잠근 상자를 보낸다고 생각해보자. 수신자가 메시지를 읽어볼 수 있게 하려면 어떤 방법으로든 수신자에게 상자의 열쇠를 보내야 할 것이다. 만약 누가 중간에서 이 열쇠를 가로채면 그 사람은 상자 안에 들어 있는 모든 메시지를 다 읽을 수 있을 것이고, 같은 방법으로 보내는 미래의 메시지도 읽을 수 있을 것이다. 따라서 상자를 잠글 때와 열 때 다른 열쇠를 사용한다면 더 안전할 것이다. 소수는 그 방법을 제공한다.

온라인에서 정보를 암호화하기 위해 현재 사용하는 표준적인 방법은 퍼블릭 키(PK) 엔코딩이라고 부르는 방법이다. 이 방법에서는 수학적으로 연관이 있는 두 개의 키를 사용한다. 하나(퍼블릭 키)는 공개되어 있고 다른 하나(프라이빗 키)는 비밀로 유지된다. 만약 내가 상대방에게 나에게 메시지를 보낼 것을 요구하고 싶으면 퍼블릭 키를 제공한 뒤 메시지를 암호화해 달라고 요구한다. 이 메시지를 해

온라인에서 신용카드 정보는 퍼블릭 키(PK) 암호 기법을 이용하여 보호되고 있다. RSA 알고리듬은 아주 큰 두 개의 소수를 지불 정보를 암호화하고 풀어내는 두 개의 키로 전환시켜 범죄자들의 손으로 넘어가는 것을 막고 있다.

독하는 유일한 방법은 나만이 가지고 있는 프라이빗 키를 이용하는 것이다. 따라서 누가 내 퍼블릭 키를 이용하여 메시지를 암호화했다면 그 메시지는 나만 읽을 수 있다. 웹브라우저가 웹사이트의 퍼블릭 키를 이용해 신용카드의 정보를 섞어놓았다면

그들만이 프라이빗 키를 가지고 있기 때문에 그 웹사이트만 그것을 읽을 수 있다. 키는 두 개의 큰 소수를 곱해서 얻은 더 큰 수를 사용하여 만든다. 큰 수는 퍼블릭 키의 바탕이 된다. 원래의 두 소수는 프라이빗 키를 만드는 데 사용된다. 이 방법을 사용할 수 있는 것은 큰 수를 알게 된다고 해도 이 수를 만든 두 개의 소수를 알아내기가 매우 어렵기 때문이다.

소수를 두 개의 키로 바꾸는 방법은 1977년 매사추세츠 공과대학(MIT)의 연구원이었던 론 리베스트[Ron Rivest], 아디 샤미르[Adi Shamir], 레너드 애들먼[Leonard Adleman]의 이름 첫 글자를 하나씩 따서 RSA 알고리즘이라고 부른다. 그러나 1997년에 영국 정부통신본부(GCHQ)는 같은 방법을 영국 수학자 클리퍼드 콕스[Clifford Cocks]와 그의 동료들이 1973년에 먼저 고안했지만 공개하지 않았다고 발표했다. 이것은 소수가 군대에서나 인터넷 보안에 얼마나 중요한지를 잘 나타낸다.

RSA 암호를 해독할 수 없는 것은 아니다. 하지만 이 암호를 풀기 위해 원래의 소수를 찾아내는 데는 아주 긴 시간이 필요하다. 그 이유 중 하나는 리만이 길들이려고 했던 소수의 임의성 때문이다. 그들이 사용한 방법의 안정성을 홍보하기 위해 리베스트, 샤미르, 애들먼은 1977년 8월에 발간된 《사이언티픽 아메리카》지에 129비트로 이루어진 숫자(RSA-128)를 공개하고 이 숫자가 어떤 소수를 곱해서 만들어졌는지를 알아내는 사람에게 100달러의 상금을 주겠다고 했다.

결국 답을 찾아낸 사람이 있었지만 그 답은 1994년이 되어서야 나왔다. 답을 찾아낸 팀은 전 세계 600명의 지원자들의 여유 컴퓨터 시간을 이용하여 여덟 달 동안 작업했다. 두 개의 소수로 분리하는 데 성공한 가장 큰 RSA 수는 768비트로 이루어진 RSA-768이다. 이것은 2009년에 풀렸다. PK 암호로 가장 널리 사용되고 있는 소수는 1024비트로 이루어진 수이다.

현재는 컴퓨터의 성능이 점점 빨라지면서('컴퓨터는 계속 빨라질 수 있을까?' 참조) RSA 암호를 풀어내는 능력도 향상되고 있다. 이는 점점 더 많은 RSA 수의 사용이 불가능해져 인터넷을 안전하게 유지하기 위해서는 더 큰 소수가 필요하다는 것을 의미한다.

 소수가 가지고 있는 규칙성에 대한 지식 없이 어떻게 점점 더 큰 소수를 공급할 수 있을까? 소수 수열에서 다음번 소수가 무엇인지 어떻게 알 수 있을까? 소수라는 것을 확인하기 위해서는 이 큰 수가 1과 자신 외의 다른 수로는 나누어지지 않는다는 것을 증명해야 한다. 다행히도 수학자들이 소수인지 아닌지를 빠르게 판별할 수 있는 시험 방법을 개발했다. 이런 시험들 대부분은 리만의 가설이 사실이라는 것을 바탕으로 하고 있다.

 따라서 리만의 가설이 사실이라는 가정은 인터넷 거래를 안전하게 유지하는 소수가 제 기능을 할 수 있게 하고 있다.

 RSA 수들을 푸는 데 오랜 시간이 걸리는 것은 소수들 사이에 어떤 규칙도 발견되지 않았기 때문이다. 일부 수학자들은 리만 가설은 소수의 이런 혼돈스러운 성격의 비밀을 밝혀내는 것이므로 성공적으로 증명되면 RSA 코드를 빠르게 풀 수 있는 방법도 알아낼 수 있을 것이라 생각하고 있다. 그들이 옳다면 현재 사용하고 있는 모든 인터넷 보안 기반이 위협받게 될 것이다. 따라서 전 세계 수학과에서 진행되고 있는 추상적으로 보이는 연구에 관심을 가져야 할 것이다.

 일부 수학자들은 소수에 의존하지 않는 다른 암호화 방법을 연구하고 있다. 그러나 지금까지 우리 신용카드의 정보를 범죄자들의 손으로부터 지키는 것은 소년 시절의 오일러를 사로잡았던 소수이다. 리만의 가설을 푸는 것, 즉 특이해 보이는 소수들의 규칙성을 찾아내는 것은 이 모든 것을 바꾸는 일이다.

리만 가설

죽기 전에 이루어야 할 목표들을 나열한 '버킷 리스트'는 최근에 인기 있는 유행어가 되었다. 2007년에는 모건 프리먼$^{Morgan Freeman}$과 잭 니컬슨$^{Jack Nicholson}$이 주연한 같은 이름의 영화가 개봉되기도 했다. 많은 수학자들의 버킷 리스트 맨 위에는 소수 안에 숨겨진 규칙을 찾아내는 리만 가설의 증명이 자리 잡고 있다. 클레이 수학연구소가 2000년에 이것을 증명하는 데 100만 달러의 상금을 내걸기 한참 전인 20세기 초에 영국 수학자 G. H. 하디$^{G. H. Hardy}$는 친구에게 보낸 엽서 뒤에 다음과 같은 새해 다짐을 기록해놓았다.

1. 리만 가설 증명하기
2. 중요한 크리켓 경기에서 뛰어난 실력 발휘하기

독일 수학자 다비드 힐베르트(David Hilbert, 1862~1943). 20세기가 시작되던 때 그는 수학에서 답을 찾지 못한 23개의 문제를 출판했다. 그중 여덟 번째 문제는 아직도 풀지 못하고 있는 리만 가설을 증명하는 문제였다.

3. 신이 존재하지 않는다는 것 증명하기
4. 에베레스트 산에 오른 첫 번째 사람이 되기
5. 소련, 영국, 독일의 첫 번째 대통령으로 선언되기
6. 무솔리니 암살하기

하디는 리만 가설을 증명하기 위해 열심히 노력했지만 성공하지는 못했다. 리만 가설을 증명하면 독일 수학자 다비드 힐베르트$^{David Hilbert}$가 1900년에 수학자들에게 부여한 23가지 문제 중 하나를 해결하는 것이다. 힐베르트는 다음과 같이 말했다.

"만약 내가 1000년 동안 잠을 자고 일어난다면 가장 먼저 물어보고 싶은 것이 리만 가설이 증명되었느냐는 것이다."

힐베르트는 1943년에 사망했다. 그가 만약 오늘 다시 살아 돌아온다면 그의 질문에 대한 답을 듣고 실망할 것이다. 1959년에 처음으로 제안된 리만의 가설은 수학에서 가장 증명하기 어려운 문제로 남아 있다. 이탈리아의 현대 수학자 엔리코 봄비에리$^{Enrico Bombieri}$는 이 문제를 '순수 수학의 중심 문제'라고 했다. 물론 리만의 가설이 옳지 않다는 것을 증명하는 것, 즉 소수에 숨겨진 규칙이 존재하지 않는다는 것을 증명하는 것도 똑같이 중요하다. 그것은 온라인 보안과 소수에 의존하는 다른 암호화된 거래의 안전을 보장할 것이다.

12

컴퓨터는 계속 빨라질 수 있을까?

$2$005년 4월 어느 날 아침, 영국 엔지니어 데이비드 클라크$^{David\ Clark}$는 마룻바닥을 뜯어내고 있었다. 집수리를 위한 것이 아니었다. 수집가였던 클라크는 행운을 가져다줄지도 모르는 특별한 물건을 찾고 있었다. 큰 재산은 아니라 해도 적어도 딸의 결혼 자금은 될 수 있을 오래된 무역 잡지인《엘렉트로닉스》였다. 기술 웹사이트에서 본 기사를 통해 클라크는 그날 아침 1965년에 발간된 이 잡지 38권 중 여덟 번째 출판본이 1만 달러를 벌게 해줄 수 있다는 것을 알았다. 그래서 오전 일을 하는 대신 집 마룻바닥 아래 보관되어 있는 비밀 문서 보관소를 뒤지기 시작한 것이다.

처음 열어본 뭉치 속에서는 발견할 수 없었다. 그러나 두 번째 뭉치를 열었을 때 깨끗한 상태로 맨 위에 놓인 잡지를 보았다. 일주일 후 컴퓨터 회사인 인텔에 잡지를 넘겨주고 1만 달러의 상금을 받았다. 그 사이 38권의 여덟 번째 출판본이 일리노이 대학 도서관에서 아무도 모르게 사라지는 사건이 발생했다.

그렇다면 40년 전에 발간된 이 오래된 잡지를 이렇게 열심히 찾는 것은 무엇 때문

1968년에 인텔의 공동 설립자인 고든 무어. 그는 1957년 쇼클리 반도체 실험실을 떠나 최초의 실리콘 컴퓨터 칩을 만든 페어차일드 반도체 회사를 설립한 '여덟 명의 배반자들' 중 한 사람이었다.

일까? 인텔이 원했던 것은 이 회사의 설립자인 전자공학 엔지니어 고든 무어 Gordon Moore가 작성한 '전자공학이 아니라 물리과학을 공부한 새로운 세대의 전자공학 엔지니어들'이라는 제목의 기사였다. 이 기사에는 무어가 별생각 없이 예측했던 컴퓨터 분야의 중요한 원리가 포함되어 있었다. 현재는 무어의 법칙이라 불리는 그의 예측은 컴퓨터 칩 안에 포함된 소자의 수가 2년마다 두 배로 증가할 것이라는 내용이었다. 《엘렉트로닉스》에 무어가 기고한 글에는 적어도 10년 동안 소자의 수가 매년 두 배로 증가할 것이라고 되어 있다. 하지만 10년 후 전기 및 전자 공학연구소 회의에서 컴퓨터 칩 집적도의 발전에 대해 이야기하면서 무어는 그런 발전 속도를 계속 유지한다는 것은 가능하지 않으리라는 생각에 자신의 '법칙'을 200년에 두 배 증가하는 것으로 수정했다. 당시 그는 컴퓨터의 속도와 메모리의 크기를 결정하는 칩 안에 들어가는 소자의 수가 '회로와 장치의 성능'의 한계에 도달하여 1980년대부터 증가를 멈출 것이라고 예상했다.

그러나 무어의 예상과는 달리 칩의 집적도는 계속 증가하고 있다. 엔지니어들은 전기 소자의 크기를 줄이고 소자들을 더 조밀하게 배열하고 있다. 무어의 법칙이 발표된 이후 컴퓨터 칩에 넣을 수 있는 소자의 수는 1965년의 100개 이하에서 2055년의 10억 개로 엄청나게 증가했다. 무어의 법칙에는 한계가 없는 것처럼 보인다.

50년 동안 컴퓨터는 전체 방 크기의 기계에서 시작하여 휴대전화에 넣을 수 있을 만큼 작아졌다. 1969년에 닐 암스트롱 Neil Armstrong과 버즈 올드린 Buzz Aldrin을 달에 갈 수 있도록 한 유도 시스템의 계산 능력이 현대 전기 토스터에 들어 있는 칩의 계산 능력에 미치지 못했다는 것은 믿어지지 않는다. 이런 사실은 다음과 같은 생각을 하게 한

컴퓨터는 계속 빨라질 수 있을까?

1940년대에 펜실베이니아 대학에서 만든 컴퓨터 에니악(ENIAC)은 9×15m 넓이의 방을 가득 채웠다. 이것은 날아가는 무기의 궤적을 계산해내는 거대한 계산기였다. 이 계산기는 손으로 하면 12시간이 걸릴 계산을 1분 안에 할 수 있었다.

다. 토스터와 같은 계산 능력을 가진 컴퓨터를 이용해 달까지 날아갈 수 있었다면 왜 우리는 좀 더 강력한 컴퓨터가 필요할까?

휴대전화, 태블릿, 전자시계, MP3 플레이어, 세탁기, 자동차는 모두 소형 내장 컴퓨터를 가지고 있다. 이처럼 큰 자료 처리 능력을 필요로 하는 것은 예술과 과학에서 우리가 추구하는 것을 충족시키기 위해서일 것이다. 영화의 정교한 특수 효과에서부터 인공위성을 이용한 지도 만들기와 의약품 설계에 이르기까지 우리가 추구하는 것은 매우 다양하다. 어쩌면 더 강력한 컴퓨터를 원하는 것은 돈과 시간의 절약과 같은 단순한 이유 때문인지도 모른다.

그 이유가 무엇이든 우리가 계속 강력한 컴퓨터를 원하는 한, 무어의 법칙이 예상한 대로 집적도가 계속 높아져야 한다. 2012년 4월 인텔은 크기가 22나노미터(2200만분의 1mm)이고 먼지 진드기나 세균 또는 우리의 염색체 크기에서 작동하는 '아이비 브리지' 칩을 공개했다. 이 회사는 마침표 크기의 공간에 스위치 역할과 전기신호의 증폭작용을 하는 소자인 트랜지스터를 600만 개나 심을 수 있다고 소개했다. 회로와 소자의 성능은 무어의 예상을 뛰어넘고 있다. 그러나 칩의 크기를 크게 하지 않으면 실리콘 기술을 이용해서는 칩에 심을 수 있는 트랜지스터의 수에 한계가 있을

158

수밖에 없다. 그 한계는 물질의 기본 구성단위인 원자이다. 만약 무어의 법칙을 그대로 따른다면 앞으로는 가장 빠른 컴퓨터가 나노 크기의 트랜지스터로 이루어진 칩으로 작동할 것이다. 개개의 원자로 이루어진 전기 소자가 과학적 판타지처럼 들린다면 그것은 아직 컴퓨터 관련 기술이 어디까지 와 있는지를 잘 모르고 있음을 보여준다. 그 기술은 이미 존재한다. 10년 동안의 실험을 거친 후인 2012년에 미국과 오스트레일리아 과학자들이 실리콘 조각 위에 인(P) 원자 하나가 놓여 있는 한 원자로 이루어진 트랜지스터를 공개했다.

최초의 애플 컴퓨터(Apple I)는 스티브 워즈니악(Steve Wozniak)과 스티브 잡스 (Steve Jobs) 그리고 론 웨인(Ron Wayne)이 1976년에 만든 기본적인 회로 기판이었다. 사용자들은 여기에 자신의 디스플레이와 키보드를 연결하여 사용했기 때문에 말 그대로 개인용 컴퓨터였다.

소형 트랜지스터

무어의 법칙에 의하면, 이 원자 크기의 트랜지스터는 예정보다 몇 년 앞선 것이다. 그러나 여기에는 문제가 있다. 칩 엔지니어들이 더 작은 트랜지스터를 만들어 더 조밀하게 배열하면 할수록 이들이 함께 일하도록 하기는 더 힘들어진다. 집적도가 어느 이상 되면 수백만 개의 소자에 에너지를 공급하여 작동하는 집적회로가 과열과 오작동을 피하기 위해 작동을 중지할 수도 있다. 컴퓨터과학자들이 '검은 실리콘'이라고 부르는 이런 문제로 인해 인텔의 아이비 브리지 정도의 크기에서는 칩에 포함된 소자의 약 5분의 1 정도를 정지시켜야 하고 8나노미터(800만분의 1mm) 크기라면 약 2분의 1 정도 작동을 중지시켜야 할 것이라고 말한다.

2011년 검은 실리콘에 대한 논문에서 마이크로소프트, 오스틴에 있는 텍사스 대학, 워싱턴 대학, 그리고 위스콘신 대학 매디슨 캠퍼스의 연구자들은 5년 이내에 산업체들이 무어의 법칙이 끝났음을 뜻하는 벽에 부딪히게 될 것이라고 예상했다. 현재 존재하는 칩 기술을 이용하여 성능과 효율을 개선하는 일은 컴퓨터 제조자들이 할 일이다.

우리는 지금 한 시대의 끝에 도달하고 있는 것처럼 보인다. 그러나 원자 크기의 컴퓨터공학에서 전통적인 방법을 사용해야 할 필요는 없다. 컴퓨터를 만드는 다른 방법도 있다. 이제 원자 크기의 컴퓨터의 새롭고 더 흥미 있는 시대의 시작이 될 것이다. 양자법칙이 적용되는 원자 크기에서는 모든 것이 큰 세계에서와는 다르게 행동하기 때문에 정말 흥미로운 일이 시작될 수도 있다. 양자법칙이 적용되는 세상에서는 입자가 동시에 두 장소에 있을 수 있고, 동시에 다르게 행동할 수 있는 것과 같은 이상한 일들이 일어난다. 양자 비트를 바탕으로 하는 양자 컴퓨터는 우리가 현재 사용하고 있는 컴퓨터와는 크게 다를 것이다. 이 새로운 컴퓨터가 어떻게 이상한지를 이해하기 위해서는 지난 세기 중반 이후 칩에 정보를 어떻게 저장했는지를 이해해야 한다.

표준 실리콘 칩에서는 자료나 정보의 한 '비트'는 0이나 1의 두 가지 값만 가질 수 있다. 컴퓨터가 이진법으로 작동한다고 말하는 것은 이 때문이다. 하나의 비트가 가지고 있는 자료 값은 작은 스위치인 트랜지스터의 구조에 의해 결정된다. 그러나 양자 시스템에서는 입자가 동시에 두 가지 상태에 있을 수 있다. 따라서 하나의 비트(큐비트라고 부르는)는 0, 1 그리고 01 값을 가질 수 있다. 01은 큐비트가 0과 1의 값을 동시에 모두 가지는 것을 나타낸다. 하지만 더 많은 비트가 있을 때 어떤 일이 일어나는지를 모르면 이것이 무슨 도움이 되는지 알 수 없다. 예를 들면 정상적인 데이터 시스템에서 하나의 구조에 세 개의 이진법 정보(예를 들면 110)를 저장할 수 있다면 양자 체계에서는 세 개의 비트에 0과 1을 조합하여 만든 여덟 가지 정보를 저장할 수 있다.

이론에 의하면, 양자 컴퓨터는 더 많은 정보를 저장할 뿐만 아니라 그것을 동시에 계산할 수 있어 아주 빠른 컴퓨터를 만드는 것이 가능하다. 그것만으로 양자 컴퓨터가 충분히 인상적이지 않다면 이것은 어떨까? 한 이론 설명에 의하면, 양자 컴퓨터는 동시에 여러 우주('또 다른 우주가 존재할까?' 참조)에서 계산을 수행할 수 있을 정도로 빠르다.

양자 컴퓨터는 이상하면서도 놀라운 면을 가지고 있지만 많은 사람들이 그 가

1과 0으로 이루어진 이진수들은 온-오프 상태나 예-아니요를 나타낸다. 최초의 전자 컴퓨터는 20세기에 와서야 발명되었지만 이진수는 영국 수학자 유진 폴 커티스(Eugene Paul Curtis)가 고대 중국 문헌에서 이진수의 원리를 발견한 17세기부터 사용되었다.

능성을 의심하고 있다. 실험을 통해 원리적으로는 양자 컴퓨터가 가능하다는 것을 보여주었지만 아직 소수의 큐비트 이상에서 작동하는 양자 컴퓨터를 만들어내지는 못하고 있다. 양자 컴퓨터 성능의 열쇠는 동시에 다중 계산을 수행하는 것이므로 개개의 입자로 이루어진 큐비트가 연결되어야 한다. 양자물리학자들이 사용하는 용어로는 '얽힘' 상태에 있어야 한다. 양자물리학의 또 다른 이상한 면으로 인해 양자 입자들은 두 입자가 서로 접촉하지 않고도 한 입자의 행동이 다른 입자에 영향을 줄 수 있는 얽힘 상태에 있을 수 있다. 양자물리학을 받아들이지 않았던 아인슈타인은 이

를 '원격 유령 작용'이라고 불렀다. 그러나 불행하게도 여러 큐비트의 얽힘은 처음 생각했던 것보다 훨씬 복잡하다는 것을 알게 되었다. 세 개나 네 개의 큐비트를 다루는 시스템을 만드는 것도 어려운데 수백, 수천 또는 수백만 개의 큐비트를 다루는 시스템을 만드는 것은 말할 것도 없다. 또 다른 문제는 큐비트가 '미끄럽다'는 것이다. 큐비트가 동시에 두 가지 값을 갖는 것을 허용하는 이상한 중첩 상태에 있을 수 있는 것은 1초보다도 훨씬 짧은 시간 동안만 가능하다. 아마 양자 비트의 수명은 수백만분의 1초 정도밖에 되지 않을지도 모른다.

컴퓨터와 생명 물질

물리학적으로 해결해야 할 많은 문제들 때문에 양자 컴퓨터는 무어의 법칙이 더 이상 적용되지 않을 때 빠르게 실리콘이 떠나고 생긴 빈자리를 메울 수 없을지도 모른다. 그러나 양자 컴퓨터가 가능하게 되기 전까지는 화학과 생물학이 컴퓨터의 성능을 향상시키는 열쇠를 쥐고 있을 가능성이 있다. 아주 작은 컴퓨터 소자를 만들어내는 흥미로운 방법으로 생명 물질인 DNA를 이용하는 방법이 있다. 다른 분자들과 마찬가지로 DNA 사슬도 자료 비트의 바탕으로 사용할 수 있다. DNA 분자는 자체 코드를 가지고 있다. 유전정보에서는 이것이 DNA 사슬의 염기 서열과 관련이 있다. 그러나 DNA 컴퓨터에서는 이 코드가 이진법에서의 1과 0를 나타내는 비슷한 기능을 할 수 있다.

캘리포니아 컴퓨터 과학자 레너드 애들먼^{Leonard Adleman}은 어려운 문제를 푸는 데 생명 분자를 이용할 수 있다는 것을 보여주었다. 그는 지정된 도시들을 모두 방문하되 같은 도시를 두 번 방문하지 않으면서 목적지에 도달하는 최선의 경로를 찾아내는 여행하는 판매원 문제의 답을 찾아내는 데 DNA가 가득 들어 있는 시험관을 이용했다('놀라운 발견: 생물학적 컴퓨터가 어려운 문제를 해결할 수 있을까?' 참조).

흑연은(좌측)은 연필심과 같은 형태의 탄소이다. 늘인 흑연(가운데)은 화학적으로 처리된 원자 크기만큼 얇은 그래핀(우측)이 된다. 그래핀에서는 빛의 속도로 전기가 흐른다. 따라서 그래핀은 실리콘을 대신해 컴퓨터에 사용될 것으로 기대하고 있다.

DNA 컴퓨터가 올바른 답을 찾아내는 것이 가능하다면 문제를 해결하는 속도도 실리콘에 도전할 수 있을 만큼 빠를까? 2011년에 또 다른 캘리포니아 과학자 에릭 윈프리Erik Winfree와 그의 연구팀은 인간의 뇌 안에 들어 있는 신경세포 망을 본떠 만든 정보처리 요소를 가지고 있기 때문에 신경 네트워크라고 알려진 컴퓨터 소자를 만들었다. 그들은 DNA를 이용한 네트워크를 만든 뒤 자신들이 만들어 섞어놓은 새로운 DNA 사슬의 패턴을 인식하도록 했다. DNA에 붙어 있는 새롭게 첨가한 사슬은 네트워크 안에서 입력 신호로 작용하고 이로 인해 촉발된 일련의 화학반응이 시작되도록 하여 색깔 변화로 나타나는 출력 신호를 만들어냈다. 그들이 추가한 새로운 사슬들에는 실험하는 과학자들이 간단한 질문에 반응하는 방법을 나타내는 코드가 포함되어 있었다. 따라서 답들의 특정한 결합 방법, 즉 사슬의 패턴을 인식하여 네트워크가 질문한 과학자를 '추정'할 수 있었다. 여분의 사슬을 추가하여 윈프리는 그의 생물 컴퓨터에 "어떤 과학자가 다음 답을 주었는가?"와 같은 질문을 할 수 있었다. 컴퓨터는 패턴을 인식하여 매번 정확한 해답을 내놓았다. 하지만 답을 찾아내기까지 여덟 시간이 걸렸다.

느린 속도 때문에 DNA 컴퓨터는 정보처리 속도보다는 생물체와의 호환성이 훨씬

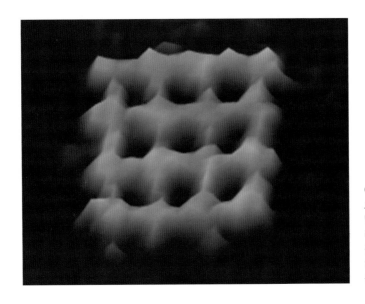

이 와플처럼 보이는 구조는 신호를 전달하는 데 전기 대신 빛을 사용하는 DNA로 만든 논리회로이다. DNA 컴퓨터의 장점 중 하나는 자체 합성을 통해 대량으로 만들어질 수 있다는 것이다.

더 중요한 의학 분야에서 사용될 것으로 보인다. 예를 들면 DNA로 만든 소자가 암세포를 찾아 파괴할 수 있도록 프로그램할 수 있을 것이다. 따라서 생물 컴퓨터는 컴퓨터에 대한 우리의 개념을 재고하게 할 수 있을 것이다.

그렇다면 보통 물질을 이용하여 좀 더 전통적인 방법으로 컴퓨터를 만들 수는 없을까? 실리콘은 쉽게 구할 수 있어 값이 싸면서도 전자 소자에 필요한 적당한 정도의 전류를 흐르게 할 수 있어 컴퓨터 소자를 만드는 표준물질이 되었다. 실리콘에 약간의 불순물을 섞으면 전기전도도를 변화시킬 수 있다. 실리콘 외의 다른 물질들 중에도 이런 성질을 가지고 있는 것이 있지만 대개 값이 비싸다. 그래핀은 실리콘을 대체할 후보 중 가장 먼저 언급되는 물질이다. 연필심에 사용되는 흑연에서 한 층만을 떼어 놓은 것과 같은 구조를 가진 얇은 그래핀은 강하면서도 유연한 그물 구조를 가진 물질로 전기가 잘 전달된다. 그러나 전기전도도가 너무 좋다는 문제점이 있다. 실리콘을 이용하면 전류를 흐르거나 흐르지 않게 할 수 있지만 그래핀으로는 불가능하다. 탄소로 이루어진 얇은 판인 그래핀은 전자가 아무 방해를 받지 않고 표면을 통해 이동하도록 한다. 따라서 과학자들은 그래핀의 구조를 바꾸어 반도체의 성질을 가지도록 함으로써 트랜지스터에 사용할 방법을 찾고 있다.

무어의 법칙은 2015년에 50년이나 된 낡은 법칙이 되었다. 자체 달성 목표에 지나지 않았던 이 법칙은 달성할 목표를 제시하여 컴퓨터공학자들이 계속 더 작은 소자를 만들고, 칩 안에 더 많은 소자를 심도록 유도해왔다. 무어 자신도 그의 '법칙'이 운 좋은 추정에 지나지 않는다는 것을 인정했지만 그는 기술 발전의 경향과 그것의 연장선을 읽었다.

이 추측을 '무어의 법칙'이라고 처음 부른 사람은 무어의 친구였던 공학자 카버 미드Carver Mead였다. 법칙이었든, 아니면 추측이나 예언이었든 그것은 단순히 미래를 예측한 것이 아니라 미래를 만들어왔다.

컴퓨터 산업은 앞으로도 계속 도전할 것이다. 우리가 미래 컴퓨터가 어때야 하는지에 대한 새로운 개념을 확립했을 때 새로운 예언이 컴퓨터의 새 시대를 발전시키는데 필요한 목표를 구체적으로 제시해줄 것이다.

생물학적 컴퓨터는 어려운 문제를 해결할 수 있을까?

"……분자 컴퓨터의 잠재력은 상당히 인상적이다. 분명하지 않은 것은 그렇게 많은 수의 값싼 분자들의 작용이 실재 컴퓨터 문제를 해결하는 데 생산적으로 사용될 수 있느냐 하는 것이다. ……그럼에도 불구하고 본질적으로 복잡한 문제로 인해 (……) 현존하는 전자 컴퓨터가 매우 비효율적이라는 (……) 가까운 장래에는 분자 컴퓨터가 전자 컴퓨터와 경쟁할 수 있을지도 모른다."

1994년 11월 11일 《사이언스》에 발표된
레너드 애들먼(Leonard Adleman)의 논문
〈분자 컴퓨터를 이용한 복합적인 문제의 해법〉에서

미국 컴퓨터 과학자 레너드 애들먼은 1994년 컴퓨터 알고리듬과 같은 방법으로 문제의 해답을 찾아내는 생화학적 실험이 가능함을 보여주었다. 그는 한 도시를 두 번 이상 방문하지 않고 일곱 개 도시를 모두 방문하는 최선의 경로를 찾는 문제인 여행하는 판매원 문제의 해답을 찾는 데 DNA를 이용했다. 각 도시는 특별한 유전정보를 포함하고 있는 DNA의 일부분을 이용하여 나타냈다. 두 도시 사이의 도로는 한 끝은 한 도시를 나타내는 유전정보와 일치하고 다른 끝은 다른 도시를 나타내는 유전정보와 일치하는 또 다른 DNA 조각으로 나타냈다. DNA 조각들은 자연스럽게 유전정보가 일치하는 다른 조각과 연결되었다. 따라서 모든 조각들을 섞어놓으면 도시들과 도로들이 연결되어 '여행 경로'가 만들어졌다. 그런 다음 분자 기술을 이용하여 일곱 개의 도시 모두를 포함하고 있지 않은 DNA 연결을 걸러냈다. 이것은 일곱 도시 모두를 방문하지 않은 판매원을 제외시키는 것과 같았다.

애들먼의 일곱 도시 방문 문제는 쉬운 문제이다. 그러나 이 문제에 더 많은 도시를 추가하면 슈퍼컴퓨터를 이용해야 풀 수 있는 문제가 될 것이다.

13

우리는 언제 로봇 집사를 가질 수 있을까?

아리스토텔레스는 2500년 전에 그의 유명한 저서 《정치학》에서 "만약 모든 기계가 사람에게 복종하거나 사람의 뜻을 기다리는 것과 같은 일을 할 수 있다면 (……) 사람들은 하인을 원하지 않을 것이고 노예도 필요 없을 것이다"라고 말했다. 대장장이의 신이었던 헤파이스토스를 위해 일했으며 시인 호메로스의 《일리아드》에 등장하는 헤파이스토스의 걸어 다니는 접시 트라이포드를 생각하고 그러한 지적인 도구가 존재한다면 하인과 노예 제도가 폐지되어 인간이 평등해질 것이라고 한 것이다. 로봇이 인간을 평등하게 만들 것이라는 생각은 높은 이상이다. 현재 우리가 일반적으로 받아들이는 '로봇'의 핵심 목표는 자동화를 통해 우리를 일상적인 작업에서 해방시켜주고 일의 효율을 증대시키는 것이다.

로봇이라는 말은 작가 카렐 차페크^{Karel Čapek}가 1920년 발표한 희곡 〈로섬의 보편적인 로봇들(R.U.R.)〉에서 처음 사용했다. 그는 로봇이라는 말을 노예 상태를 의미하는 체코어에서 따왔다. 레오나르도 다빈치는 자동화된 기계장치를 구상한 역사적 인물 중 한 사람이다. 그러나 진정한 의미의 로봇은 컴퓨터가 등장한 1940년대 이후부터 사용되기 시작했다. 1961년에 미국의 제너럴 모터스가 처음으로 자동차를 조립하는 산업용 로봇 유니메이트를 도입했다. 이후 제조업은 예전과 크게 달라졌다.

그러나 60년이 지난 지금도 가정용 로봇에 대해서는 아직 공상과학에나 등장하는 이야기처럼 생각하는 사람들이 많다. 그 이유 중 하나는 이미 우리 주변 곳곳에서 많은 로봇이 일하고 있다는 것을 잘 모르기 때문이다. 공장 로봇은 사람들의 시야 밖에 있고, 소젖을 짜는 농업용 로봇도 마찬가지다. 우리는 운전자 없는 기차에 대해 별다른 생각을 갖지 않으며 이메일 정리를 도와주는 가상 조수들을 알아차리기 어렵다. 따라서 문제는 로봇 집사가 가능하냐가 아니라, 우리가 원하는 것이 정확히 무엇이냐 하는 것이다.

일할 준비가 되어 있다

로봇 집사가 무얼 하기를 원하는가? 그리고 그런 일을 하려면 무엇이 필요한가? 사람의 눈을 끌거나 배달을 원한다면 그런 일을 하는 로봇은 이미 얼마든지 있다. 온라인 상점에서 물건을 주문해본 적이 있다면 키바^{Kiva}라는 로봇을 거쳐 배달되었을 가능성이 있다. 밝은 오렌지색의 작은 로봇들은 물건이나 물건이 들어 있는 선반 전체를 포장 작업을 하는 사람에게 날라다 준다. 또 커다란 창고 정리를 도와주기도 한다. 모든 것이 중앙 컴퓨터에 의해 통제되는 이 로봇들은 가장 인기 있는 물품들을 포장하는 곳 가까이로 이동시킨다. 로봇이 이런 일을 할 수 있도록 하기 위해서는 문, 엘리베이터, 가구 등과 같은 기반 설비가 갖추어져 있어야 한다. 미래에는 주택을 설계할 때 로봇이 작업할 수 있는 환경을 염두에 두고 설계하는 것은 당연한 일일 것이다.

현재 우리의 주택 구조에서 불편 없이 일할 수 있는 로봇을 만드는 것은 또 다른 문제다. 혼다가 개발한 아시모^{ASIMO}는 이러한 개념에 맞는 로봇이다. 혼다는 2000년

선진국에서 대부분의 자동차와 트럭은 로봇에 의해 만들어진다. 로봇은 반복 작업을 아주 정밀하게 할 수 있도록 프로그램되어 있어 제조업에서 널리 사용된다. 생산 라인이 계속적으로 잘 흘러갈 수 있도록 속도를 조절하고 종합할 수 있다.

에 최초로 걸어 다니는 인간형 로봇을 선보였다. 키 130cm에 몸무게 48kg인 아시모 2012은 한 시간에 9km까지 이동할 수 있고, 원을 따라 뛸 수 있으며, 평탄하지 않은 표면에서도 걸을 수 있다. 그런가 하면 높이 뛸 수도 있고 계단을 오를 수도 있다.

여러 개의 손가락을 가진 아시모의 손은 병에서 음료수를 따를 수도 있고, 마개를 비틀어 딸 수 있으며 망가뜨리지 않고 종이컵을 다룰 수도 있다. 이 솜씨 좋은 손은 손바닥과 손가락에 있는 로봇의 정보처리 장치에 피드백을 주어 손가락 하나하나를 따로 제어할 수 있게 하는 접촉 센서와 힘 센서를 이용하여 작동한다. 시각과 촉각

1986년 혼다 엔지니어들은 걸어 다니는 로봇 제작을 시작했다. 그 결과가 세계에서 가장 발전된 인간 로봇인 아시모(ASIMO)다. 최근에 생산된 아시모는 카트를 밀 수 있고, 음료를 따라 쟁반에 받쳐 건네줄 수 있다.

센서를 기반으로 한 물체 인식 기술은 아시모가 일을 하거나 사인 언어를 사용할 수 있도록 한다. 로봇의 손이 종이, 쿠션, 전선과 같이 모양이나 크기가 다른 물체를 다룰 수 있는지는 좀 더 지켜보아야 하겠지만 이것은 공업용 로봇에 사용되는 탄력이 없는 조인트 팔이나 손과는 전혀 다르다. 모든 종류의 물체를 자유롭게 다룰 수 있는 로봇 손을 만드는 것은 창조적인 사고를 통해 이루어질 수 있다.

코넬 대학과 시카고 대학의 연구자들은 모래를 채운 풍선과 같은 모양의 간단하면서도 모든 형태의 물체를 들어 올릴 수 있는 일반적인 그립을 연구하고 있다. 풍선을 물체 위에 올려놓고 진공 장치를 가동하면 풍선의 공기가 빠져나가 풍선이 물체의 모양으로 변하면서 물체를 단단히 잡게 된다. 물체를 내려놓으려면 풍선에 공기가 들어가게 하거나, 공기압축기로 공기를 불어넣어 물체를 빠르게 발사시킬 수 있다. 이것은 호두, 볼트, 볼과 다트를 정확하게 구별하여 상자에 넣는 시험과 농구공을

골에 던져 넣는 시험에서 놀라운 능력을 발휘했다.

감각과 센서

우리는 빛, 소리, 압력, 온도, 이동, 냄새와 같은 주위의 거의 모든 것을 감지할 수 있는 기술을 개발했다. 이런 센서들 중 일부는 로봇 집사가 자신이 어디에 있는지를 알 수 있도록 하는 데 사용된다. 실제로 일부 정밀한 기술은 이미 우리 거실에 와 있다. 마이크로소프트의 엑스박스 게임의 콘솔에 사용되는 키넥트는 카메라와 전체 방을 스캔하여 3차원 영상을 만들어내는 소프트웨어를 결합해 물체와 움직이는 사람을 구별한다. 이것은 정밀한 이동 센서를 제공한 로봇 연구자들과 로봇에 열광하는 사람들 덕분에 가능했다. 미국의 아이로봇과 같은 회사는 원격제어를 통해 원격회의를 가능하게 해주는 아바^{Ava}와 같은 로봇을 만들었다. 아바는 여러 가지 이유로 매우 흥미롭다. 그중 하나는 아이로봇의 동반자가 인터넷 거인인 구글이라는 점이다. 이는 지도 만들기, 목소리, 대화, 영상 그리고 얼굴 인식 기능 전문가들을 로봇 제작에 동원할 수 있다는 것을 뜻한다. 실제로 그들이 개발하고 있는 앱 중 하나는 멀리 떨어진 사용자가 아바에게 집 안에 있는 사람을 찾아내 전화를 받으라고 말하게 할 수 있다.

그러나 센서 기술은 아직도 어려운 문제다. 예를 들면 오늘날 시중에서 판매되는 컴퓨터에서도 대화 인식 프로그램은 자주 사용되고 있어 로봇 집사가 말로 하는 지시를 알아듣는 것은 어려운 일이 아닐 것이라고 생각할지 모른다. 그러나 현재의 대화 인식 기술은 아직 완전하지 못하다. 2011년 이후 사용되기 시작한 말로 지시하여 음악, 파일, 약속 스케줄이나 웹사이트를 찾아주는 앱 시리^{Siri}는 애플 아이폰의 자랑거리였다. 그러나 시리는 악센트나 주변의 잡음 때문에 어려움을 겪고 있으며 같은 의미를 가진 다른 단어를 사용한 명령을 이해하는 데도 어려움이 있다. 혼동을 피하기 위해서는 로봇 집사가 사람들이 대화할 때처럼 말하는 사람의 자세, 손동작, 얼굴 표정 그리고 시선을 살피는 것이 도움이 될 것이다.

대화 인식과 마찬가지로 우리는 여러 해 동안 얼굴 인식과 얼굴 표정 인식도 실험해오고 있다. 로봇이 얼굴을 보고 사람의 의도를 알아차리도록 훈련할 수 있을 것이라는 증거가 일부 발견되었지만 현재까지의 결과는 반반이다. 일본 쓰쿠바 대학의 연구자들은 두개골 근육이 만들어내는 전기신호를 측정하는 무선 머리띠를 사용하고 있다. 이 머리띠는 97%의 정확도로 미소와 찡그림을 알아차릴 수 있다. 이를 이용하여 연구팀은 사람이 공을 건네주기를 바라는지 던져주기를 바라는지를 로봇이 알아차리게 할 수 있었다.

개발 중에 있는 센서 망은 매우 인상적이지만 이 센서 망이 수집한 모든 정보를 로봇이 종합해 그것을 바탕으로 의사 결정을 하도록 하는 문제는 아직 해결하지 못하고 있다. 그런 일을 할 수 있도록 하기 위해서는 또 다른 형태의 지능이 필요할 것이다.

인공지능 로봇

1950년에 영국 수학자 겸 과학자 앨런 튜링 Alan Turing 은 기계도 생각할 수 있을까가 궁금해졌다. 그는 이 생각을 "흉내 내는 게임을 잘할 수 있는 컴퓨터를 만들 수 있을까?"와 같은 좀 더 구체적인 질문으로 바꾸어보았다. 이 질문은 서로를 볼 수 없는 상태에서 대화만으로 상대가 사람인지 기계인지를 알아내는 튜링 테스트의 기초가 되었다. 그리고 1966년에 행해졌던 튜링 테스트에서 사람과 기계를 구별하는 것이 가능하지 않다는 답을 얻었다. 독일 과학자 요제프 바이첸바움 Joseph Weizenbaum 이 개발한 프로그램 엘리자 ELIZA 는 사람이 타이핑하여 입력한 단어를 분석하여 규칙을 적용할 수 있는 키워드를 찾아내 대답을 만들어냈다. 키워드가 발견되지 않으면 엘리자는

로보컵(RoboCub)의 목표는 2050년까지 세계 챔피언을 이길 수 있는 인간 로봇팀을 경기에 참가시키는 것이다. 현재는 로봇 연구자들이 공을 차고, 컨트롤하고, 동료들에게 신호를 보내고, 볼을 떨어뜨리지 않도록 하는 자동화 능력을 겨루는 연례 대회를 개최하고 있다.

앞에 했던 것의 반복과 함께 시간을 벌기 위해 준비해놓은 답들을 이용하여 답했다. 이것으로 엘리자는 많은 사람들에게 사람이라고 믿게 할 수 있었다. 그러나 튜링 테스트의 문제는 사람은 속기 쉽다는 것이다. 대화에서 그럴듯한 답을 하는 데는 지능이 필요하지 않다. 사람 행동을 적당히 흉내 내는 것으로 충분하다.

매년 뢰브너상을 주기 위해 정기적으로 실시하는 대화 프로그램 대회에서 튜링 테스트를 해오고 있다. 목표는 대부분의 심사원들이 프로그램을 '사람'이라고 믿도록 하는 것이다. 어떤 프로그램도 완전히 사람과 구별할 수 없는 첫 프로그램에 주는 최고상을 아직 수상하지 못했지만 매년 몇몇 프로그램들이 일부 심사원들을 속이고

'가장 사람과 같은 대화'를 한 프로그램에 주는 동상을 획득했다.

대화 로봇은 '약한' 인공지능의 예이다. 인공지능은 기계가 지능을 가지고 있는 것처럼 보이지만 사람의 지능과는 같지 않은 것을 말한다. 복잡하고 세심한 프로그램을 통해 많은 인간 행동을 따라 할 수 있어 지능을 가진 것으로 오인할 수 있다. 그러나 그것은 '강한' 인공지능은 아니다. 강한 인공지능은 기계가 의식이나 자기 인식 그리고 진정한 의미의 지능에서 사람 뇌의 특징을 흉내 낼 수 있는 것을 말한다.

지능이라는 말은 어려운 말이다. 우리는 지능이라는 말이 정확하게 무엇을 뜻하는지 그리고 그것이 어떻게 작동하는지 알지 못하고 있다('의식이란 무엇인가?' 참조). 그러나 이것이 인공지능 개발을 멈추게 하지는 못한다. 일부는 '인공 신경 네트워크' 안에 말 그대로 뇌세포 하나하나를 만들어 넣고 지능이 나타나는지 보려 하고 있다.

신경 네트워크는 다른 신경세포에 의한 반복적인 자극이 두 신경세포 사이의 연결을 강화하고 그런 자극이 없으면 연결이 약해지는 우리 뇌가 학습하는 방법을 흉내 내려 하고 있다. 샌디에이고에 있는 캘리포니아 대학의 연구자들이 920개의 인공 신경을 이용해 영어 동사의 과거 시제를 정확히 활용할 수 있도록 훈련했던 것은 유명한 예다. 영어에는 많은 불규칙동사가 있으므로 이것은 쉬운 일이 아니었다. 'go'의 과거를 'went'가 아니라 'goed'로 하는 것과 같은 실수를 하기도 했지만 그것은 어린이들이 하는 실수와 비슷한 것이었다. 사람처럼 기계가 학습할 수 있을 것

2002년에 처음 선보인 룸바 로봇 진공청소기는 2017년 2천만 대 이상 판매되었다. 이것은 소비자들이 쉽게 구매할 수 있도록 가격을 낮추기 위해 비싼 센서나 복잡한 프로그램을 사용하지 않았다.

이라는 생각은 로봇 개발의 특징 중 하나로, 로봇 집사에게 매우 매력적인 것이 될 것이다.

뛰어난 능력을 발휘하는 무언가를 얻는 것은 좋은 일이지만 하나가 모든 것을 만족시키기란 쉬운 일이 아니다. 자체 시행착오나 사람의 훈련을 통해 어떤 일을 하는 방법을 배울 수 있는 로봇은 주인이 필요로 하는 일을 찾아 할 수 있고 시간이 갈수록 더 많은 새로운 기술을 습득할 수 있을 것이다.

인공지능에는 여러 가지 접근 방법이 있고 이들 중 하나 또는 이들의 조합이 사람과 비슷한 지능을 가지게 하는 것은 시간문제일 뿐이다. 그런 일이 일어나면 우리는 생각하는 기계를 얼마나 믿어야 하는지와 같은 공상과학 소설가들이 수십 년 동안 제기해온 윤리적인 문제를 다뤄야 할 것이다. 《R.U.R》에서 카렐 차페크는 반란을 일으켜 주인을 죽이는 로봇을 만난다. 그런 일을 방지하기 위한 가장 잘 알려진 방법은 작가 아이작 아시모프^{Isaac Asimov}가 1942년에 발표한 소설 《런어라운드》에서 제시한 '로봇의 세 가지 법칙'이다.

1. 로봇은 사람을 해치지 않으며, 사람이 위험에 처하는 것을 방관하지 않는다.
2. 로봇은 사람의 명령에 반드시 복종해야 한다.
3. 로봇은 첫 번째 법칙과 두 번째 법칙에 위반되지 않을 때 자신을 보호할 수 있다.

이 법칙은 매우 훌륭한 해결 방법인 것 같지만 《런어라운드》는 아시모프의 세 가지 법칙이 그렇게 완전하지 않다는 것을 보여주었다. 이야기 속에서 위험이 얼마나 긴급한 상황인지 강조하는 것을 실수한 채 과학자는 인공지능 로봇에게 생명을 구하는 임무를 맡긴다. 자신을 보호할 필요성과 주인의 명령에 복종해야 하는 의무 사이에 끼여 로봇은 어정쩡하게 원을 따라 돌기만 한다. 이것은 로봇 프로그램의 복잡성을 생각하지 않았을 때 빠질 수 있는 함정을 잘 보여준다. 예를 들면 차 심부름을 하는 로봇 집사가 주인에게 찻잔을 건네줄 때 언제 컵을 놓을지를 어떻게 결정할 수 있을까? 만약 주인이 컵을 올바로 잡고 있지 않았다면 로봇 집사는 접시를 떨어뜨릴까 아니면 더 단단히 잡을까? 그리고 주인이 지시했던 것을 잊어버렸을 때 로봇 집사는 언제 차를 건네주는 일을 포기하는 결정을 내릴 수 있을까? 우리가 얼마나 로봇을 믿을 수 있겠느냐고 묻는 것은 매우 자연스러운 일이지만 우리의 특별한 신뢰가 없으면 로봇의 인식 능력은 만들어지기 어렵다.

미래는 현재다

인식 문제 이외에도 개인 로봇이 실용화되기 전에 풀어야 할 많은 문제들이 남아 있다. 그중 하나가 동력이다. 많은 산업 로봇이나 상업용 로봇은 영구적으로 전원에 연결되어 있거나 충전을 위해 주기적으로 충전소를 방문해야 한다. 또 다른 문제는 가격이다. 시제품을 만드는 것과 많은 사람들이 적절하다고 생각하는 가격의 로봇을 대량으로 생산해 상업적으로 경쟁력을 가지게 하는 것은 별개의 문제다. 밀폐된 구조를 가진 하나의 환경에서 한 가지 일을 하도록 설계된 로봇(대부분의 로봇의 경우)에 적용되는 최적화된 생산 시설에서 다양한 일을 하는 로봇 집사를 만들면 가격은 더 비싸질 것이다.

바람직해 보이는 것은 호메로스가 2000년 전에 《일리아드》에서 헤파이스토스를 위해 생각해냈던 것과 유사한, 작고 특수화된 로봇 도우미를 두는 것이다. 자동화된 잔디깎이부터 운전자 없는 자동차에 이르기까지 많은 것이 이미 존재하고 있고 일부는 우리 가정에까지 들어와 있다. 예를 들면 아이로봇이 만든 룸바 로봇 진공청소기는 2003년부터 사용되고 있다. 이 납작하고 둥근 로봇은 특별히 효과적이지도 않고 같은 곳을 여러 번 닦지만 장애물을 피해갈 수도 있으며 주인이 먼지 주머니를 비우는 일 외에 아무것도 하지 않아도 바닥의 모든 곳을 닦아준다.

실제로 작은 로봇팀이 다양한 환경에 적응 가능하다는 것을 보여주었다. 무리 로봇 공학Swarm robotics은 흰개미와 같이 무리를 이루는 곤충들에게서 볼 수 있는 자연적인 '무리 지능'을 바탕으로 하고 있다. 이런 접근 방법은 수많은 로봇으로 이루어져 있어 한 로봇이 어떤 일을 실패하더라도 다른 많은 로봇이 그 일을 할 수 있는 자체 중복 기능을 가지고 있어 매력적이다. 이 방법은 중앙 컴퓨터를 가지고 있지 않아 하나의 오류로 인해 전체 시스템이 붕괴되는 것과 같은 위험을 줄일 수 있다. 그리고 이것은 크기를 쉽게 조절할 수 있다. 일을 더 빨리 처리하고 싶으면 더 많은 로봇을 추가하면 된다. 무리 로봇공학은 청소 작업, 농경, 환경 감시, 탐사, 탐색과 구조 등의 분야에서 유용성을 입증할 수 있을 것이다.

벨기에 브뤼셀 리브르 대학의 인공지능연구소의 IRIDA 책임자인 마르코 도리고Marco Dorigo가 개발한 두 개의 로봇 시스템이 그 가능성을 보여주고 있다. 그의 에스봇들s-bots은 어린이 인형을 찾아내 여러 로봇들이 함께 옷을 잡고 로봇들이 연결하여 만든 자체 체인을 이용하여 안전한 곳으로 끌어내 구할 수 있다. 도리고의 또 다른 로봇들인 스워마노이드Swarmanoid는 발 역할을 하는 풋-봇, 손 역할을 하는 핸드-봇, 날아다니는 '하늘 위의 눈' 역할을 하는 아이-봇의 세 가지 형태의 작은 로봇들로 이루어져 있다. 이 로봇들은 공동 작업을 통해 선반 위의 책을 찾아 가져올 수 있다. 유럽 대학들이 공동으로 개발하고 있는 심브리온도 있다. 스워마노이드와 마찬가지로 심브리온도 등뼈, 활동적인 바퀴 그리고 정찰 임무를 수행하는 세 가지 로봇으로 구성되어 있지만 공통으로 연결할 수 있는 인터페이스와 다중 연결점을 가지고 있어 각 로봇들은 하나 이상의 로봇과 연결할 수 있다. 이 로봇들은 다양한 방법으로 결합하여 온갖 문제들을 해결할 수 있는 여러 가지 형태를 만들 수 있다. 각 로봇의 역할은 결합 방법에 따라 달라지며, 각각의 로봇이 단독으로 임무를 수행할 수도 있고 전체적으로 수행할 수도 있다. 2500년이 지난 지금 호메로스와 아리스토텔레스의 꿈이 실제로 실현되고 있는 것이다.

무리 로봇공학은 아직 걸음마 단계에 있지만 언젠가는 전 세계의 많은 가정이 적어도 하나 이상의 가정용 로봇을 보유하게 될 것으로 보인다. 과거 국제로봇공학연합은 2012~2015년에 1560만 대의 개인용 로봇이 판매될 것으로 예상했었다. 한국에서는 2013년까지 모든 유치원에 로봇 교사 보조원을 둘 계획을 세웠었으며 2007년 추산으로 세계 로봇의 40%를 생산한 일본에서는 2025년까지 노인을 돌보는 자동화된 로봇을 개발한다고 발표했었다.

무리 로봇공학은 하나의 로봇이 아니라 많은 작은 로봇으로 이루어진 팀이 함께 다양한 일을 할 수 있도록 하는 것을 생각하고 있다. 튼튼하고 적응력 좋은 이런 로봇은 로봇공학의 미래가 될 것이다.

실제 로봇과 비교했을 때 일반인들의
로봇에 대한 인식은 어떤가?

오늘날 사람들은 로봇에 대해 매우 현실적인 생각을 가지고 있지만 그들이 품은 기대치와는 큰 차이가 있다. 로봇이 실제보다 훨씬 현명할 것이라고 생각하는 사람들이 많다. 아마 과학자들이 지나친 기대를 가지게 했기 때문일 것이다. 특히 인공지능에서 그렇다. 과학자들은 지능적인 로봇을 만들기 위한 일부 기술이 얼마나 어려운지를 설명하는 데 실패했다. 하지만 수많은 도전이 이루어지고 있으며 인공지능은 그중 하나일 뿐이다. 로봇을 부드럽고 유연하게 만들어 사람과 부딪치더라도 다치지 않게 만들기 위한 노력도 하고 있다. 우리는 사람의 손과 마찬가지로 많은 자유도를 가지고 접근할 수 있는 로봇 손을 만들었지만 이들은 아직 너무 무겁다. 로봇이 컵을 집어들게 할 수는 있지만 사람에게 안전하게 건네주는 문제를 해결하지는 못했다. 가장 많은 센서를 가지고 있는 오늘날의 로봇도 가장 간단한 곤충의 감각기능을 따라가지 못한다. 동물들은 수백만 개의 센서가 박혀 있는 피부라는

놀라운 조직을 가지고 있다. 우리는 로봇의 특정한 문제들을 해결하기 시작했을 뿐이다.

사람은 눈을 감고도 컵을 들어 올릴 수 있다. 심지어 전혀 본 적 없는 컵도 들어 올릴 수 있다. 하지만 로봇은 그런 일을 할 수 없다. 로봇은 알지 못하는 것을 안전하게 다룰 수 있는 감각 능력과 인지 능력을 가지고 있지 않다. 로봇공학이 당면하고 있는 중요한 문제들의 목록은 매우 길다. 그것은 총체적인 문제다. 정말로 정밀한 로봇을 만들기 위해서는 많은 일을 해내야 한다. 대단한 집게손이나 대단한 센서들 그리고 대단한 인공지능만으로는 안 된다. 우리는 이 모든 것을 완전하게 결합한 것이 필요하다. 한 부분의 결함이 로봇을 심각하게 손상시킬 것이다.

앨런 윈필드(Alan Winfield),
영국 서부 대학, 브리스틀, 전자공학과 교수

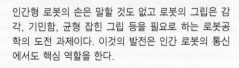
인간형 로봇의 손은 말할 것도 없고 로봇의 그립은 감각, 기민함, 균형 잡힌 그립 등을 필요로 하는 로봇공학의 도전 과제이다. 이것의 발전은 인간 로봇의 통신에서도 핵심 역할을 한다.

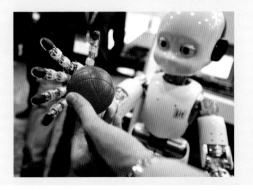

180

14

우리는 어떻게 세균을 이길 수 있을까?

코를 흘린 다음에 깨끗이 닦아내지 않는 어린아이들의 나쁜 습관도 좋은 일을 만들어낼 수 있다. 어른이 되어서도 같은 습관을 가지고 있던 사람이 노벨상을 수상했다.

1928년 9월 어느 날 아침 알렉산더 플레밍^{Alexander Fleming}은 서퍽에서의 여름휴가를 끝내고 런던 성모병원 지하에 있는 자신의 실험실로 돌아왔다. 그다지 깔끔한 사람이 아니었던 그가 휴가를 떠날 때 그대로 두고 떠난 배양 접시 중 열린 채로 있던 한 배양접시에서는 곰팡이가 자라고 있었다. 그리고 이 곰팡이가 세균에게 이상한 일을 하고 있었다. **페니실리움** 곰팡이 부근에는 **스타필로코쿠스** 균체가 죽어 있거나 아예 없었다. 하지만 곰팡이에서 먼 곳의 세균에게는 아무 일도 없었다. 플레밍은 곰팡이에서 나온 어떤 화학물질이 800배나 희석시킨 상태에서도 세균의 성장을 막고 있는 것이 아닌가 생각했다. 그는 이와 비슷한 것을 몇 년 전에도 본 적이 있었다. 감기로 고생하고 있던 그는 자신의 콧물을 받아 배양접시에 배양하면서 콧물 부근에 있는 세균의 성장이 방해를 받거나 파괴된다는 사실을 밝혀내 세균 효소인 라이소자임을 발견했다. 그는 페니실리움 곰팡이에도 같은 방법으로 접근했다. 조수의 도움을 받아 플레밍은 '곰팡이 즙'에서 추출한 살균 화학물질의 혼합물을 시험하고 이를 페니실린이라고 불렀다.

플레밍의 페니실린 발견은 세균 감염으로 인한 질병 치료 방법을 완전히 바꾸어놓은 의학 역사에 길이 남을 기념비적 사건이다. 1940년대에 옥스퍼드 대학의 두 과학자 하워드 플로리Howard Florey와 언스트 체인Ernst Chain은 성공적으로 페니실린을 정제해내고 쥐와 사람에게서 세균을 죽이는 능력이 있다는 것을 증명했다. 플레밍과 플로리 그리고 체인이 1945년 노벨 생리의학상을 공동으로 수상하게 한 페니실린의 발견은 역사상 가장 위대한 발견 중 하나로 기억되고 있다. 이 발견은 20세기 중엽에 매독, 디프테리아, 괴저병, 폐렴, 장티푸스, 뇌막염, 결핵(TB)을 포함한 많은 치명적인 질병의 치료에 사용되는 의약품 생산 산업 분야를 탄생시켰다. 또한 외과적 수술, 장기 이식, 항암 치료에서의 혁명적인 발전을 위한 길을 닦았다.

항생제를 현대 의학의 기

미국 결핵 예방 캠페인 포스터 c.1936~1941. 이 포스터는 결핵을 예방하기 위해 적당한 식사를 하고 충분한 수면을 취하며 햇빛에 충분히 노출할 것을 권하고 있다.

적이라 부르는 것은 절대 과장이 아니다. 항생제는 수많은 생명을 살렸고, 인간의 평균수명을 8년이나 늘렸다. 하지만 나쁜 소식도 들려오고 있다. 그것은 항생제의 기적이 오래지 않아 끝날지도 모른다는 것이다. 세균이 반격을 시작했고, 현재로서는 세균들이 사람과의 싸움에서 이기고 있는 것처럼 보인다.

유럽연합에서만도 매년 2만 5000명이 약제 내성균에 의한 감염으로 목숨을 잃고 있다. 세계에서 가장 좋은 병원들에서 감염되는 감염 질병의 많은 부분이 메티실린에 내성이 있는 황색포도상구균(MRSA)이나 **클로스트리듐 디피실**과 같은 내성균의 감염에 의한 것이다. 매년 44만 건의 새로운 다중 약제 내성 결핵이 발생해 적어도 15만 명의 목숨을 앗아가고 있다. 설상가상으로 64개국에서 고도 약제 내성을 가진 결핵균의 변종이 보고되었다. 전반적인 약제에 내성을 가진 변종 가능성도 보이고 있다. 더 염려스러운 점은 현존하는 어떤 항생제로도 치료할 수 없는 결핵균이나

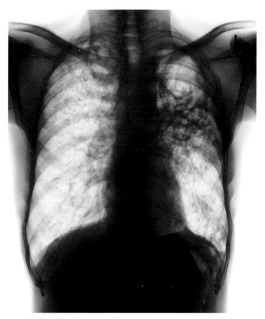

결핵을 앓고 있는 남성 환자의 가슴 X-선 컬러 사진. 마이코박테륨 투베르쿨로시스(Mycobacterium tuberculosis) 균에 의해 발생한 이 질병은 기침이나 콧물을 통해 전염되며 폐에 들이마시면 죽은 조직이나 세균으로 이루어진 결절을 만든다.

다른 세균의 변종이 이미 나타나고 있을지 모른다는 것이다. 우리를 공포에 떨게 하는 것은 질병과 죽음에 의한 직접적인 효과가 아니라 내성균이 의학에 주는 연쇄효과다. 환자는 더 오랫동안 감염된 상태에 있게 되고, 이는 치료를 위한 사회적 비용을 엄청나게 증가시킬 것이다. 그리고 첨단 치료방법이 실패하면 점점 더 비싼 새로운 방법을 동원해야 한다. 그러한 비용은 건강 관련 복지 비용으로 어려움을 겪고 있는 국가에 큰 부담을 주게 될 것이다. 그리고 항

생제가 외과 수술을 비롯한 여러 분야에서 큰 발전을 이끌었던 것과 반대로 내성균으로 인해 세균으로부터 보호받을 수 없게 되어 의료계 전반에 파국적인 결과를 가져올 수도 있다.

내성은 하찮은 것이 아니다

항생제에 내성을 가지고 있는 세균은 항생제에 끄떡없다. 하지만 항생제 내성이 갑자기 나타난 것은 아니다. 항생제 내성은 우리가 항생제를 처음 사용할 때부터 이야기되었다. 플레밍도 초기 실험에서 너무 적은 양의 항생제를 사용하거나 너무 짧은 기간 동안 사용하면 세균이 항생제에 내성을 가지게 된다고 경고했다. 항생제와 항생제 내성은 하나를 만들면 다른 하나가 만들어지는 식으로 함께 발전해온 것이다.

정확한 이유가 아직 밝혀지지 않았지만 세균은 자체적으로 항생제를 만든다('전문가 노트: 왜 항생제가 존재할까?' 참조). 따라서 새로운 항생제가 발견될 때 아직 내성이 작동하지 않았다 할지라도 이미 어딘가에는 그 항생제에 대한 내성이 존재하고 있다. 미생물학자들은 우리가 사용하는 모든 항생제에 대한 내성을 가지게 하는 유전자들의 집합을 나타내는 '레지스톰resistome'에 관심을 가지고 있다. 이 유전자 집합은 토양에서 발견되는 **스트렙토미세스** 균과 같이 우리 주변의 해가 없는 세균에서 많

영국 성모병원에 있는 실험실의 알렉산더 플레밍. 플레밍은 1929년에 최초의 항생제 페니실린을 발견하여 노벨상을 받았다.

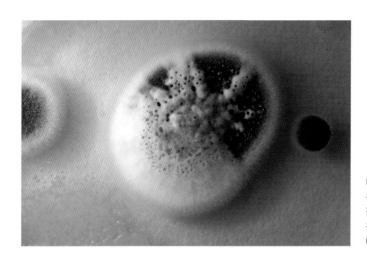

배양접시의 한천 위에서 자라
는 페니실리움 크리소게눔 곰
팡이. 이 곰팡이는 표면에 작
은 방울처럼 보이는 페니실린
G 항생제를 만든다.

이 발견된다. 대부분의 항생제는 이런 세균을 이용하여 만든다. 약물에 내성을 가지고 있는 형태의 세균이 만들어지기 위해서는 해가 없는 토양 박테리아가 가지고 있는 내성 유전자가 병원균으로 전달되기만 하면 된다.

세균은 어떻게 내성을 가지게 될까? 이는 세균의 유전자가 바뀌는 돌연변이에 의해 가능하다. 세포가 분열할 때는 항상 작은 규모의 돌연변이가 일어난다. 이런 돌연변이들이 내성을 가지게 되는 변화를 만들어낸다. 스트렙토마이신을 예로 들어보자. 이 항생제는 단백질 합성에 관여하는 리보솜이라고 부르는 세포 기관과 결합하여 작용한다. 스트렙토마이신이 결합하는 세포 부분은 하나의 유전자에 의해 만들어진다. 따라서 하나의 돌연변이가 항생제가 목표로 하는 세포 기관을 변화시켜 항생제 작용을 무력화시킬 수 있다. 무작위적인 돌연변이는 진화의 일부다. 그리고 세균이 내성을 가지게 되는 것은 자연선택이 우리에게 불리하게 작용하는 예다. 새로운 항생제 내성을 가지게 된 돌연변이 세균은 항생제에 의해 다른 세균이 모두 죽은 뒤 '적자생존'의 법칙에 따라 생존해서 번성하게 된다. 항생제 사용을 통해 우리는 세균의 내성을 진화시키고 있는 것이다.

그러나 세균이 내성을 가지게 되는 주된 방법은 돌연변이에 의해서가 아니라 항생제에 저항성을 가지고 있는 유전자의 획득을 통해서다. 재생산을 통해 유전자가 전해지는(유전자가 '수직적'으로 전달되는) 것이 아니라 생명체들 사이에서 일어나는 유전자의 수평 이동을 유전자 교환이라고 한다. 세균은 플라스미드라고 알려진 작은 원형의 DNA 분자를 이용하여 적극적으로 유전자를 교환하거나 박테리오파지 바이러스를 통해 유전자를 교환한다. 이런 중재자를 통해 세균은 주변의 다른 세균으로부터 내성 유전자를 포함한 많은 유전자를 얻을 수 있다.

나쁜 버릇

내성은 자연적인 현상일지 모르지만 그것을 빠르게 전파시키는 것은 우리다. 예를 들면 우리는 필요 없는 경우에도 항생제를 사용해왔다. 항생제 혁명은 많은 사람들에게 깊은 인상을 주어 항생제를 만병통치약처럼 여기게 되었다. 여러 나라에서 행한 여론조사에서도 환자들은 질병과 관계없이 항생제 처방을 바라는 것으로 나타났다. 부분적으로 이것은 의사, 과학자 그리고 건강 관련 종사자들이 항생제가 정확히 무엇이고 항생제가 듣는 질병(세균 감염으로 인한 질병)과 그렇지 않은 질병(바이러스, 기생충 그리고 세균 감염이 아닌 모든 질병)을 정확히 알려주지 못했기 때문이다. 또 일반인들의 오해와 더불어 많은 의사들도 적절한 진단 대신 항생제를 처방한 책임을 져야 한다. 의사들은 '만일에 대비하여' 또는 약물 처방의 인위적 목표를 달성하기 위해, 때로는 환자들을 기쁘게 하기 위해 꼭 필요하지 않은 항생제를 처방해왔다.

알렉산더 플레밍은 페니실린을 사용할 필요가 없는 경우에는 사용하지 말라고 여러 번 경고했다. 또 질병을 일으키는 세균이 완전히 제거되도록 올바른 양을 올바른 기간 동안 사용해야 한다고 했다. 페니실린뿐만 아니라 모든 항생제의 사용 시 이 마지막 두 가지는 매우 중요하다. 항생제를 올바로 사용하지 않아 감염성 병균을 모두 죽이지 않으면 살아 있는 세균이 내성을 획득한 뒤 전파해 이 항생제 내성 세균에 전염된 사람들이 그 대가를 치르게 된다.

항생제 내성을 가진 세균이 퍼지는 또 다른 이유는 세계화 때문이다. 빠르고 값싼 여행은 사람들이 지구 전역을 빠르게 이동할 수 있다는 것을 뜻한다. 이는 사람을 통해 도시, 지역 그리고 다른 나라들로 전염성 세균들이 전파되는 데 매우 유리한 조건이 된다. 세균들은 새로운 지역에 도착해 사람들을 전염시키고 현지 세균들과 내성 유전자를 교환한다.

세계화에 따른 내성균의 전파는 어느 정도 감수할 수밖에 없다. 하지만 사람들이 저지르는 어처구니없는 실수는 용납하기 힘들다. 1940년대 이후 농부들은 가축들의 질병을 치료하거나 예방하기 위해서뿐만 아니라 '성장 촉진제'로 동물 사료에 항생제를 섞어왔다. 미국에서 판매되는 항생제의 80% 정도가 농장에서 이용되고 있으며, 비밀리에 사용한 항생제는 항생제 내성균을 대량으로 길러내고, 일부는 사람에게까지 전달된다. 그나마 다행스러운 점은 이 문제를 바로잡기 위한 노력을 시작했다는 것이다. 유럽연합은 2006년에 동물 사료에 항생제 사용을 금지했고, 미국은 2012년에 새로운 규제를 시작했다. 항생제를 현명하게 사용하기 위한 노력을 시작한 것이다. 그럼에도 또 다른 나쁜 소식이 들려온다. 새로운 항생제를 공급하는 공급원이 고갈되어 가고 있다. 이것은 이미 오래 전에 시작된 일이다.

고갈되어 가는 항생제 공급원

우크라이나 과학자 셀먼 왁스먼Selman Waksman은 항생제 발견의 역사에 뚜렷한 발자취를 남긴 사람이다. **스트렙토미세스**와 같은 토양 세균이 서로 경쟁하는 가운데 만들어낸 화학물질을 끈질기게 시험하여 현재 사용되고 있는 대부분의 항생제를 발견했으며 그의 연구팀이 시험한 20가지 물질에는 페니실린 이후 처음으로 발견된 항생제로 결핵 치료에 처음 사용된 스트렙토마이신이 포함되어 있었다. 왁스먼은 1940년대와 1950년대의 항생제 발견 황금 시대의 기반이 된 이 약물의 발견으로 1952년 노벨 생리의학상을 수상했다.

우리에게는 불행한 일이지만 이 황금시대는 빠르게 빛을 잃었다. 지난 50년 동안 단지 소수의 새로운 항생제만이 개발되어 우리에게는 내성을 가진 세균과 싸울 새로운 무기가 많이 남아 있지 않다. 새로운 항생제 공급원은 고갈되어가고 있고, 새로운 항생제를 개발하게 할 강력한 경제적 유인책은 찾아보기 힘들게 되었다. 항생제 공급원이 고갈되어 가고 있는 이유 중

1940~1950년대의 '황금시대'에 많은 항생제를 발견한 셀먼 왁스먼. 왁스먼은 최초의 결핵 치료제인 스트렙토마이신을 발견하여 1952년 노벨상을 수상했다.

하나는 새로운 항생제의 발견이 매우 힘들기 때문이다. 황금시대에는 사람들이 해변이나 강의 퇴적물 그리고 화산 크레이터와 같은 여러 환경에서 세균을 찾아냈다. 그당시 수많은 새로운 항생제를 발견했기 때문에 일부 과학자들은 우리가 발견할 수있는 모든 것을 발견한 것이 아닌가 생각하기도 한다.

현재 많은 제약 회사들이 항생제 개발 프로그램을 중단했다. 이제 항생제는 장기간이익을 가져다주지 않기 때문에 항생제 개발 중단은 회사의 재정에 도움이 된다. 내성은 항생제의 효과가 오래 지속되지 않는다는 것을 뜻한다. 시장에 진입하고 2년 안에 항생제는 효력을 상실하게 된다. 아주 효과적인 새로운 항생제라 해도 다른 항생제가 듣지 않을 때 응급용으로 사용하기 위해 보관해두는 정도이다. 따라서 제약 회사들이 판매할 수 있는 항생제의 양은 제한적이다. 그리고 항생제가 처방되더라도

환자는 항생제를 짧은 기간 동안만 복용한다. 더구나 대부분의 항생제 가격은 싼 편이고 항생제 발견의 특허 기간도 매우 짧다. 의약품 개발은 많은 자원을 필요로 하고, 약품이 시장에 나오기까지는 적어도 10년이 걸린다. 의학의 발전을 위해서는 제약 산업에 많은 투자가 있어야 하지만 현재 상황에서는 새로운 항생제 개발에 투자한다는 것은 위험 부담이 너무 크다. 특히 장기간 복용하여 회사에 많은 경제적 이익을 되돌려주는 심장 질환과 같은 만성 질환 약품과 비교하면 더욱 그렇다.

새로운 의약품

새로운 항생제 개발은 오래지 않아 중단될지 모른다. 하지만 그것이 새로운 항생제가 개발되지 않을 것이라는 의미는 아니다. 우리는 지금까지 '낮은 곳에 달린 과일'만 수확해왔다. 우리가 발견한 모든 항생제는 가장 흔하게 발견되는 세균이나 실험실 조건에서 나타난 특정 세균의 변종이 만든 1차 항생제였다. DNA 염기 서열 규명으로 우리는 이제 얼마나 더 많은 새로운 것이 있는지를 밝혀낼 수 있는 강력한 무기를 가지게 되었다.

게놈 연구에 의하면, **스트렙토미세스 코엘리컬러**는 20가지 항미생물 물질을 만들 가능성이 있지만 실험실 조건에서는 네 가지만 만들었다. 다른 물질을 만드는 화학적 경로가 환경에서는 작동하지만 작동 스위치를 모르는 우리는 실험실에서 작동시킬 수 없다. 현재 알려진 **스트렙토미세스** 변종에서 이 '침묵하는 경로'를 활성화하기 위한 연구가 진행되고 있다. 전 세계의 실험실 냉장고 안에는 50종 이상의 세균이 보관되어 있다. 이것은 엄청난 수의 새로운 항생제의 가능성을 보여준다.

대학 연구팀에서 나와 새로 설립한 작은 회사들이 전망 좋은 신약을 발견한다면 제약 회사는 초기 연구와 개발 투자 없이 그것을 사들여 경쟁력 있는 항생제를 만들 수 있을 것이다. 또한 임상 시험 조건을 완화하고 새로운 항생제의 특허 기간을 연장

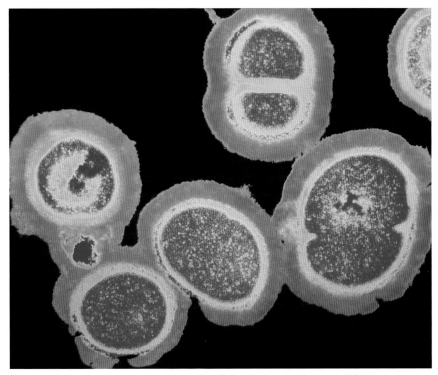

MRSA(메티실린-내성황색포도상구균)의 분열. MRSA는 병원에 흔하며 상처를 가진 환자를 감염시킨다. 염려스러운 점은 MRSA 계통의 균들은 대부분의 항생제에 내성을 가지고 있다는 것이다.

해 제약 회사가 적은 경비로 항생제 개발을 쉽게 할 수 있도록 대정부 로비도 진행되고 있다.

오래된 항생제를 다시 활성화하는 방법을 찾아내 재사용할 수 있도록 하는 것도 가능할 것이다. 캐나다 온타리오에 있는 맥마스터 대학의 게리 라이트$^{Gerry\ Wright}$ 연구팀은 내성으로 인해 오랫동안 방치되었던 항생제인 미노사이클린^{minocycline}과 항생제가 아닌 다른 화학물질의 여러 가지 조합을 시험해 전에는 전혀 세균 감염 치료에 사용되지 않던 69가지 물질이 미노사이클린이 효과를 되찾도록 도와준다는 것을 발견했다. 그들이 시험한 물질 중 하나는 설사를 그치게 하는 데 사용하는 약물인 로페라미드^{loperamide}로, 이것은 미노사이클린이 사람, 특히 면역력이 약한 사람에게서 다양한 질병을 일으키는 슈도모나스 에루지노사$^{Pseudomonas\ aeruginosa}$(녹농균) 균의 성장을 억제

191

시키는 것을 도왔다. 또한 이 물질은 흔한 세균으로 변종 중 일부가 식품 독성을 야기하고 다른 질병을 유발하는 에세리키아 콜리^{Escherichia coli} 균을 약하게 만들어 항생제가 작용할 수 있도록 했다.

우리 몸과 특정 세균 사이의 중요한 관계에 대해 연구하고 있는 연구원들도 있다 ('핵심 아이디어: 좋은 세균' 참조). 여전히 이상하고 놀라운 장소에서 새로운 항생제를 찾고 있는 학자들도 있다. 그 결과 악어, 바퀴벌레의 뇌, 팬더의 혈액과 같은 곳에서 항생제 가능 물질을 찾아낸 것이 뉴스에 크게 보도되지만 실용성 여부는 알려지지 않고 있다. 좀 더 현실적인 방법은 공생 관계를 찾아보는 것이다. 세균은 다른 세균으로부터의 감염을 방지해주는 것과 같이 식물이나 동물 숙주와 상부상조하면서 살아갈 수 있도록 공동으로 진화했다.

이런 것들은 황금시대에 탐사하지 않은 깊은 바다('해저에는 무엇이 있을까?' 참조)와 같은 환경에서 발견될 수도 있다. 깊은 바다에서는 해면동물, 청자고둥, 산호와 같은 원시적인 해양 동물 안에 세균이 살고 있다. 육지에서도 식물이 감염되는 것을 방지해주는 토양 세균이 있다. 이런 관계는 수천만 년 동안 형성되었기 때문에 우리가 발견하지 못한 새로운 생화학적 경로를 진화시켰을 가능성이 있다. 그리고 그들은 항생제를 정기적으로 교체하거나 다중 약물 요법처럼 여러 가지 항생제를 다른 방법으로 조합하여 사용하는 등의 더 영리한 방법으로 사용하고 있는지도 모른다. 이것은 우리가 시도해보아야 할 것들이다. 한 가지 항생제에 내성을 가지고 있는 세균은 다른 항생제에는 내성이 없을 것이다. 동시에 모든 항생제에 내성을 가진다는 것은 가능성이 아주 낮다.

그러나 우리는 절대로 세균을 '이길' 수 없을 것이다. 지구 상에 가장 먼저 나타난 생명체인 세균은 우리가 지구 상에 나타나기 약 30억 년 전부터 살았고, 인류가 사라진 후에도 오랫동안 살 것이다. 인간과 세균 사이의 경쟁은 장기적으로 보면 절대 이길 수 없는 무기 경쟁이지만 우리가 가지고 있는 가장 좋은 무기인 항생제를 좀 더 현명하게 사용한다면 세균에 맞서는 데 큰 어려움이 없을 것이다.

전문가 노트

항생제는 왜 존재할까?

우리는 항생제를 세균 감염과 싸우는 의약품의 관점에서 생각하는 경향이 있다. 때문에 항생제에 대한 전통적인 생각은 물이나 산소 또는 양분과 같은 자원을 놓고 벌이는 경쟁에서 세균이 이기도록 도와주는 화학무기라는 것이다. 토양 세균 사이에는 많은 경쟁이 있다. 1g의 토양에는 약 1조의 미생물이 들어 있다. 그러나 이 미생물들이 원하는 것이 단지 다른 미생물을 죽이는 것이라면 미생물들은 왜 그렇게 많은 종류의 항생제를 만들어낼까? 스트렙토미세스 균은 다양한 구조와 기전을 가진 평균 열두 가지 항생제를 만들어낸다. 좀 더 강력한 것이 더 효과적일 텐데 그렇게 많은 종류의 항생제를 만들어내는 이유는 무엇일까? 이 세균들이 다중 약물 요법을 사용하거나(이 경우에는 우리보다 더 영리하다) 이 세균이 만든 여러 항생제들이 우리가 모르는 다른 역할을 하기 때문이 아닐까?

항생제에 대한 또 다른 생각은 항생제가 세균이 서로 통신하는 데 사용되는 화학 신호라는 것이다. 병원에서 우리는 항생제를 높은 농도로 사용한다. 그러나 자연환경에서 세균이 생산하는 훨씬 낮은 농도의 항생제는 세균 안에서 단백질 생산과 유전자 발현에 미묘한 영향을 준다. 따라서 항생제는 실제로 다른 세균, 특히 관련 있는 세균에게 보내는 신호 분자라고 할 수 있다.

내 생각에는 항생제가 내성을 가지고 있지 않은 세균을 공격하는 화학무기와 관련 있는 세균에게 특정한 방법으로 행동하라고 전해주는 신호 분자의 두 가지 역할을 모두 하는 것 같다. 심지어는 항생제가 다른 미생물을 죽이는 항생물질을 만들라는 신호를 전해주기도 한다.

매슈 허칭스(Matthew Hutchings) 선임 강사,
영국 이스트 앵글리아 대학

좋은 세균

세균하면 우리는 즉시 질병을 떠올린다. 그러나 실제로는 우리를 도와주는 세균들이 많다. 수조 개의 세균이 우리 장에서 소화나 면역을 도와주며 공생하고 있다. 좋은 세균들에 대해 더 많이 아는 것은 항생제 내성과 싸우는 전쟁에서 새로운 전선을 열 수 있을 것이다.

불행하게도 대부분의 항생제 요법은 나쁜 세균과 함께 좋은 세균도 파괴한다. 스페인의 발렌시아 대학의 한 연구는 항생제 치료를 받은 후에 좋은 세균이 다시 원래 상태를 회복하는 데는 약 4주가 걸리고, 어떤 좋은 세균은 다시 나타나지 않는다는 것을 발견했다. 균형을 회복하는 한 가지 방법은 항생제의 활동을 증가시키는 프로바이오틱스를 이용하는 것이다. 현재 프로바이오틱스 시장은 크게 형성되어 있다. 하지만 건강하다면 장내 세균에 아무 문제가 없어 프로바이오틱스 음료나 요구르트를 복용할 필요가 없다. 그러나 항생제 치료를 받고 있다면, 특히 특정 세균에 작용하는 것이 아닌 범용 항생제 치료를 받고 있는 경우에는 프로바이오틱스가 항생제로 인해 손실된 장내 좋은 세균 수를 증가시키는 데 도움이 될 것이다. 비정통적인 방법이긴 하지만 배설물을 이식하는 방법도 있다. 비위 상할지도 모르지만

이것은 매우 효과적이다. 배설물의 약 60%는 장내 세균으로 이루어져 있다. 따라서 건강한 사람의 좋은 세균을 환자에게 이식하여 악성 감염 세균과 싸우게 할 수 있다. 배설물 이식은 수백 명의 환자 치료에 이용되었으며 90% 이상이 회복되었다. 실제로 2012년에 행한 한 시도는 매우 성공적이어서 중간에 치료가 끝났다. 클로스트리듐 디피실리균에 감염된 16명의 환자 중 15명이 완치되었는데 항생제로 치료한 환자가 7명, 나머지는 후에 배설물 이식 방법을 사용하여 치료했다. 그리고 배설물 이식은 항생제보다 3~4배 더 효과적이라는 것이 발견되었다.

15

우리는 암을
정복할 수 있을까?

이 질문에 대답하는 것은 쉬운 일이 아니다. 우리는 모두 언젠가는 죽을 것이고, 암으로 죽을 가능성이 높다. 오래전부터 존재 했던 암은 절대 근절되지 않을 것이다. 화석 증거에 의하면, 심지어 공룡

도 암을 가지고 있었으며 암에 대한 가장 오래된 기록은 치료 방법이 알려져 있지 않은 가슴에 난 종양을 기록한 기원전 3000년경의 이집트 파피루스까지 거슬러 올라간다. 2017년에는 전 세계적으로 880만 명이 암으로 목숨을 잃었다. 2017년 전 세계 암 발병률은 21.0%, 사망률은 14.4%를 차지한다. 암은 곧 심장 질환을 제치고 사망률 1위를 차지

기원전 3000년경 고대 이집트에서 기록된 에드윈 스미스 파피루스 문서는 치료가 불가능한 가슴에 난 종양이라고 하여 처음으로 암에 대해 언급했다.

할 수도 있다.

　암의 공포가 널리 퍼진 것은 우리 모두 암에 걸릴 가능성을 가지고 있다는 사실 때문이다. 거의 모든 세포는 암세포로 변할 수 있다. 암이 발생하면 세포 내 기관들이 갑자기 제 기능을 하지 못한다. 예를 들면 일부 세포는 호르몬을 비정상적으로 계속 생산하고, 이는 많은 양의 스테로이드 분비로 이어진다. 또 저혈당을 일으키거나 혈액 속으로 칼슘을 배출해 심장이나 신경계에 독이 될 수도 있다. 이러한 악성 세포는 통제할 수 없을 정도로 증식하기 때문에 주변 조직으로 퍼져나가 기관에 압력을 가하고 몸의 기능을 저하시킨다.

　암에 대해 간단히 설명하는 것은 매우 어렵다. 암은 단일 질병이 아니라 원인이나 효과가 조금씩 다른 수백 가지 다른 질병을 가리키는 모호한 말이다. 유방암 하나만 해도 적어도 열 가지 종류로 구분할 수 있다. 암의 원인 역시 하나가 아니다. 암은 부모로부터 물려받은 유전적 요인, 살아가면서 생긴 유전자의 변형, 그리고 생활 습관

영국 케임브리지에 있는 케임브리지 암 연구소의 과학자들.

이나 환경의 위험 인자들이 결합하여 생긴다. 위험 요인들에는 흡연, 비만, 음식물, 술, 신체 활동의 정도, 화학물질, 세균, 바이러스, 햇빛의 과다 노출 등 여러 가지가 포함된다. 이런 개인적 요인들 외에도 연령, 성별, 사는 장소에 따라서도 영향을 받는다. 원인이 무엇이든 그 결과는 세포의 유전물질(DNA)이 변해 세포 기관이 정상적으로 작동하지 않게 되고, 세포가 증식하도록 하는 유전자를 활성화시키거나 지나친 성장을 제어하는 유전자 기능을 정지시키는 것이다. 그리고 유전자 수선 기능도 정지되어 유전자의 오류가 수정되지 않아 손상이 축적된다. 우리가 오래 살면 살수록 변이를 일으킬 요인들에 노출될 가능성이 커지고 세포의 손상을 치료하는 능력은 감소한다. 암이 나이 많은 사람들에게서 많이 발생하는 것은 이 때문이다('우리는 영원히 살 수 있을까?' 참조). 특정한 암에 잘 걸릴 수 있는 유전적 소양을 가지고 태어난 불행한 사람들도 있지만, 암은 한 가지 변이에 의해 발생하는 경우가 매우 드물다. 종양이 자라려면 여러 가지 변이가 축적되어야 하고, 암이 다른 기관으로 전이되기 위해서는 더 많은 변이의 축적이 필요하다.

돌연변이

이 모든 변이를 찾아내는 것은 매우 어려운 일이다. 따라서 암 유전학자들은 '드림팀'을 꾸리기로 결정했다. 암 게놈 프로젝트에서 함께 일하는 이 드림팀은 모든 인간 유전자의 1%가 넘는 유전자가 변이되면 암을 일으킬 가능성이 있다는 것을 발견했다. BRAF라고 알려진 한 변이는 모든 암의 7%에서 발견되었다. 그리고 BRCA 유전자의 변이는 유방암과 난소암, 전립선암의 위험을 크게 증가시킨다.

드림팀은 국제암협회와 함께 50가지 다른 암을 앓고 있는 환자 2만 5000명의 전체 게놈의 염기 서열(DNA 유전정보)을 밝혀냈다. 영국 케임브리지 부근에 있는 웰컴 트러스트 생어 연구소의 과학자들이 2009년에 두 환자로부터 폐암과 피부암의

DNA 염기 서열을 알아내 발표한 것은 좋은 출발이었다. 그들은 암 조직에서 발견된 변이의 90%를 목록에 수록했는데 피부암 세포에서는 3만 3000개 이상, 폐암 세포에서는 2만 3000개 이상의 변이가 발견되었다. 흡연의 영향은 명확했다. 대부분의 폐암 변이는 담배 연기 안에 포함된 화학물질에 의해 발생했다. 15번의 흡연이 하나의 변이를 발생시킨 셈이다.

현재는 유전자 연구를 통해 밝혀진 정보들이 홍수를 이루고 있다. 그리고 이런 정보들은 암에서 변이가 중요한 역할을 한다는 것을 알려주고 있다. 우리는 암세포 생존에 필수적인 변이를 찾아내야 한다. 암세포의 성장을 '촉진'시키는 변이와 단지 '존재'하기만 할 뿐 영향을 주지 않는 변이의 구별도 필요하다. 100명의 유방암 환자 연구에서 40가지 다른 암세포 성장 촉진 변이가 발견되었고, 이 변이들의 73가지 다른 조합이 발견되었다. 그리고 모든 환자들은 한 가지에서 여섯 가지의 변이를 가지고 있었다. 그러나 한 특정한 변이는 28명의 환자에서만 발견되었다. 이것은 문제의 복잡성을 잘 나타낸다. 어떤 환자에게서는 암을 유발하는 변이가 다른 환자에게서는 발견되지 않는다. BRAF와 BRCA 변이는 좀 더 일반적인 암 유발 변이지만 이 변이들도 피부암이나 유방암 환자 모두에게서 발견되는 것은 아니다. 이런 사실은 약물 치료에서 중요하다. 특정한 변이를 목표로 하는 약물은 그런 변이를 가지고 있지 않은 사람들에게는 효과가 없다. 허셉틴이라는 상품명으로 판매되고 있는 트라스트주맙은 가장 좋은 암 치료제 중 하나지만 HER2 변이를 가지고 있지 않은 환자에게는 좋은 치료 효과를 보여주지 못한다. 마찬가지로 이레사라는 상품명으로 판매되고 있는 게피티니브는 다양한 종류의 암 치료제로 사용되지만 EGFR 변이를 가지고 있는 환자에게만 효과가 있다.

변이를 찾아내는 것뿐만 아니라 그런 변이를 목표로 하는 방법도 알아내야 한다. 그리고 각 환자에게 맞는 약물로 암을 치료할 수 있는 효과적인 방법을 찾아내는 것도 중요하다.

진화

찰스 다윈^{Charles Darwin}이 다른 종들 사이의 관계를 생각한 것은 1837년의 일이었다. 다윈은 종이 위에 많은 가지를 가진 나무를 그렸다. 이 나뭇가지의 끝 점들은 다른 종들을 나타냈고 나뭇가지는 이들 사이의 관계를 보여주었다. 1859년에 출판된 《종의 기원》에 실린 이 그림 '계통수'는 그의 진화론을 나타내는 대표적인 상징이 되었다.

2010년에 다윈과 같은 이름을 가진 런던 연구소의 찰스 스완턴^{Charles Swanton}은 한 특정 환자의 암세포의 기원을 핵심 촉진 변이까지 추적했다. 그는 시간이 흐름에 따라 변이가 어떻게 변해가는지를 보여주는 지도를 만들고 있다. 그것은 계통수와 비슷한 모양을 하고 있다.

암을 치료하기 어려운 것은 두 가지 이유 때문이다. 하나는 암세포가 우리가 사용하는 모든 약물에 내성을 갖기 때문이고, 다른 하나는 암세포가 유전자를 계속 바꾸기 때문이다. 암세포는 절대 오랫동안 같은 형태로 있지 않고 끊임없이 진화한다. 최근에 알게 된 것 가운데 가장 중요한 것은 같은 종양 안에서도 한 암세포의 유전자가 다른 암세포의 유전자와 다를 수 있다는 것이다. 2012년에 스완턴의 연구팀은 한 환자의 신장 종양에서 발견된 변이의 3분의 2가 서로 다르다는 것을 발견했다. 그리고 그들이 다른 기관으로 전이된 암세포를 조사했을 때도 변이가 달랐다. 따라서 우리가 종양 안의 특정 목표를 공격하는 약물을 개발한다 해도 암세포가 다른 기관으로 전이되었을

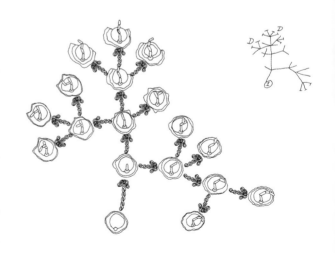

배양접시에서 자라고 있는 유방암 세포

때는 이 약물이 효과가 없을 수도 있다. 이런 문제를 해결하는 열쇠가 계통수 다이어그램 안에 있을지도 모른다.

스완턴은 '가지'에서 발견되는 변이들에 비해 나무의 '기둥'에서 발견되는 공통적인 변이를 찾아내고 목표로 삼는 것의 중요성이 간과되어왔다고 말했다. 그리고 우리는 철저하게 치료해야 한다. 모든 암세포를 파괴하지 못하고 일부 암세포만 죽이면 남아 있는 암세포들이 더 강하게 성장하여 암이 재발할 것이다.

무엇이 종양을 전이시킬까? 암은 종류에 따라 전이되는 기관과 전이되는 방법이 다르다. 폐와 간은 보통 첫 번째로 암이 전이되는 기관이다. 항구도시가 전함의 공격을 받기 쉬운 것처럼 이 기관들로 흐르는 많은 혈액의 흐름이 이들 기관을 전선 한가운데 놓이도록 한다. 그리고 대부분의 이동 암세포들은 신체의 다른 부분에서 오래 살지 못하기 때문에 성공적으로 영역을 구축하지 못하지만, 일단 영역 구축에 성공하면 큰 문제가 된다. 모든 전이 암세포는 영역을 구축하기 위한 영양 공급 통로가 필요함에 따라 침략자들처럼 주변에서 영양분을 약탈한다. 일단 암세포가 정착하면 주변 세포에서 필요한 것을 공급받을 수 있는 혈관 성장 촉진 화학물질을 만들어낸다. 과학자들은 혈관 성장에 관여하는 요소들을 공격하면 암세포가 낯선 곳에서 필요한 것을 공급받지 못해 약물의 공격에 취약해질 것으로 생각하고 있다.

우리는 암에 대해 무엇을 할 수 있을까?

암을 치료하려고 시도해온 역사는 매우 길다. 고대 이집트인들은 암을 치료하기 위해 소각법, 칼을 이용한 절제, 소금이나 비소를 섭취하는 방법 등을 사용했다. 고대 수메르인, 중국인, 인도인, 페르시아인 그리고 유대인들은 차, 과일 주스, 무화과, 삶은 양배추와 같은 식물을 암 치료에 사용했다. 암 덩어리의 모양이 게^{crab}와 비슷하다고 하여 암^{cancer}이라는 이름을 붙인 의학의 아버지 히포크라테스가 활동하던 기원전 4세기경의 그리스인들은 수술적인 치료 방법을 발전시켰다. 오늘날에도 수술은 가장 직접적이고 가장 좋은 암 치료 방법 중 하나다. 그러나 수술적 치료의 성공은 조기

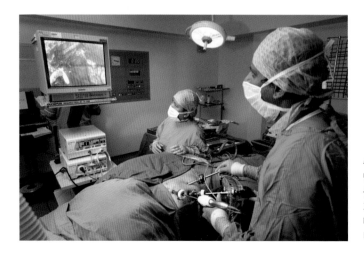

수술은 가장 효과적인 암 치료 방법이지만 다른 조직에 손상을 입히지 않으면서 종양만 제거하는 것은 쉬운 일이 아니다. 특히 뇌의 경우에는 더욱 더 그렇다.

진단 여부에 달려 있다. 성공적인 수술 치료 열쇠는 암세포를 남겨두지 않으면서 꼭 필요하지 않은 부분은 절제하지 않는 것이다. 이런 목표를 달성하기 위해 과학자들은 종양의 경계를 정확하게 알아내기 위한 놀라울 정도로 정밀한 영상 기술과 감지 장치를 개발하고 있다. 미래에 개발 가능한 기술 한 가지는 '지능적인 칼'이다. 일반적인 수술에서는 출혈을 방지하기 위해 혈관을 막는 데 가열된 칼날을 이용한다. 이때 칼날에 의해 만들어지는 연기 속 화학물질을 분석하여 잘리고 있는 조직이 암 조직인지 건강한 정상 조직인지를 결정하는 것도 가능할 것이다.

수술이 암 치료의 기본으로 자리 잡고 있지만 또 다른 핵심 치료 방법은 방사선이다. 암방사선을 이용하여 암세포를 죽이는 방사선 치료는 열 명 중 네 명의 암 환자를 치료하는 데 사용된다. 문제는 방사선이 정상 세포에도 해롭다는 것이다. 따라서 암세포를 파괴하는 것과 환자에게 해를 끼치는 것 사이에는 좁은 간격이 있을 뿐이다. 진보된 기술에서는 의사가 방사선 빔의 모양을 종양의 모양과 가능한 한 일치하도록 하고, 고해상도 영상 기술을 이용해 암세포 덩어리를 공격하거나 여러 개의 가는 방사선 빔을 이용하여 저격수와 같은 정확도로 종양을 파괴하도록 한다.

일부 과학자들은 암세포를 더 잘 인식하여 공격할 수 있도록 우리 몸의 자연적인 방어 기전 강화법을 찾고 있다. 암세포를 찾아내 묶어 파괴하는 T세포라고 부르는 면역 세포를 활성화하는 것도 한 방법이다. 다른 과학자들은 암세포와 직접 결합하는 항체에 부착된 방사성물질을 이용하여 암세포를 찾아내는 '유도 미사일'을 개발하고 있다. 그러나 불행하게도 대부분의 환자들은 이러한 면역요법에 반응하지 않는다. 열 명 중 한 명 이상의 성공률을 보이는 경우는 매우 드물며 많은 부작용이 따른다.

그러나 세포분열을 촉진하여 종양의 성장을 돕는 것으로 알려진 여성호르몬 에스트로겐을 목표로 하는 유방암 치료제 타목시펜과 같은 약물요법은 큰 성공을 거두고 있다. 이런 약물들은 효과적으로 암세포를 죽일 뿐만 아니라 특정한 형태의 유방암을 진단받은 여성에게서 암 재발 예방 효과도 가지고 있다. 이런 여성들이 5년 동안 매일 타목시펜을 복용하면 암으로 죽을 가능성을 3분의 1로 줄일 수 있다. 그리고 그 효과는 복용을 중지한 후에도 계속된다. 진단받은 후 10년 동안 복용하면 위험을 더 줄일 수 있다.

현재 유전학 연구의 결과로 더욱 구체적인 변이와 변이의 효과를 목표로 하는 새로운 약물이 개발되고 있다. 예를 들면 BRAF 변이의 발견은 BRAF 변이 억제 약물의 가능성을 높이고 있다. 이런 약물은 세포의 증식을 돕는 효소로 작용하는 단백질을 공격하여 악성 흑색종, 직장암, 난소암, 갑상선암의 성장을 정지시킬 수 있을 것이다. 하지만 결과는 반반이다. 일부 BRAF 변이 억제제는 치료 시작 후 몇 주 안에는 종양을 축소시켰지만 몇 달 후에는 암세포가 더 강한 내성을 가지고 다시 나타났다.

아마도 미래 암 치료는 약물 전달에 달려 있을 것이다. 독소루비신과 같은 항암제 형태의 나노 입자는 약물을 종양이 있는 부분에 직접 전달한다. 이 방법은 약물을 파괴해버릴지도 모르는 우리 몸의 면역 체계 안으로 약물이 침투하는 것을 돕는다. 또한 독소루비신이 심각한 부작용을 초래할 수도 있는 심장을 피해가게 할 수도 있다. 나노 기술의 놀라운 점은 주문 제작이 가능하다는 것이다. 하버드 대학의 일부 과학자들은 DNA를 이용하여 암세포 표면에 있는 분자와 같이 특별한 '열쇠'를 만났을 때만 내용물을 방출하는 약물로 채워진 '밀폐된 상자'를 만들었다. 두 개 또는 그 이상의 열쇠를 이용하면 발사하기 전에 두 개의 열쇠를 이용하여 확인해야 하는 핵미사일처럼 안전성을 더 높일 수 있을 것이다.

이런 많은 기술들이 시험 초기 단계에 있지만 몇 가지 요법은 매우 희망적이다. 우리는 절대 암을 근절시킬 수 없겠지만 부담을 줄이는 것은 가능할 것이다. 전 세계에서 발생하는 암의 6분의 1은 자궁경부암, 간암, 위암을 발생시키는 유두종 바이러스나 B와 C형 간염 바이러스 그리고 **헬리코박터 파일로리**와 같은 세균의 감염으로 인한 것이다. 많은 암이 값싼 예방주사나 기본적인 검사를 통해 예방할 수 있다. 특히 전 세계 암 사망의 70%를 차지하고 있는 가난한 나라에서는 예방 활동이 더욱 필요하다. 모든 암환자의 3분의 1에서 2분의1에 해당하는 240명에서 370만 명의 암환자는 금연, 적당한 음주, 건강한 식생활, 적당한 운동, 지나친 햇빛 노출 자제 등을 통해 암을 예방할 수 있다. 암을 정복하기 위한 과학적 연구는 많은 것을 이루어냈다. 그러나 암과의 싸움에서 가장 중요한 것은 건강한 생활습관을 유지하는 것과 암을 조기에 발견하여 적절하게 치료하는 것이다.

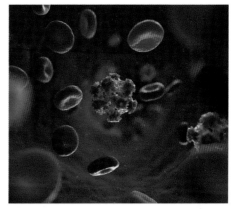

혈류 속에 들어 있는 인간 유두종 바이러스의 그림. 매년 25만 명이 목숨을 잃는 자궁경부암의 대부분은 HPV 감염에 의해 발생한다.

카디프 대학의 웰시 약학대학원의 연구원들은 나노 크기의 전달 메커니즘을 이용해 정확한 암세포 공격 방법을 연구하고 있다.

암 연구가 직면한 가장 큰 도전은 무엇인가?

우리는 지난 50년 동안 암을 이해하고 치료하는 데 많은 진전을 이루었다. 지난 40년 동안 영국에서는 암 발생 후 장기 생존율이 두 배로 증가했다. 그러나 일부 형태의 암에서는 진전이 느려 아직 갈 길이 멀다.

우리가 암의 유전자에 대해 더 많은 것을 알게 되면서 때로는 암에 대한 모든 것이 더 복잡해 보인다고 느껴질 때도 있다. 엄청나게 많은 유전자 염기 서열 중에서 어떻게 중요한 변이와 관련된 염기 서열을 가려낼 수 있을까? 그리고 DNA의 일부가 아닌 유전적 요소 중 유전자 활동의 제어를 돕는 다른 형태의 정보는 어떤 역할을 할까? 이 엄청난 양의 자료와 지식을 효과적인 환자의 치료로 연결시키는 것은 앞으로 해결해야 할 과제이다.

이에 대한 연구를 계속하는 것과 함께 우리는 좀 더 현명하게 생각하고 우리가 이미 가지고 있는 것으로 더 많은 일을 할 필요가 있다. 대부분의 암 치료는 단독으로 이루어지지 않고 여러 가지 치료법을 조합하여 이루어진다. 이미 존재하는 치료법이나 사용하지 않는 약물의 새로운 조합을 시험하는 것은 특히 희귀 암 치료에 큰 도움이 될 수 있다. 또 약물요법, 방사선요법, 수술과 같은 최신 치료법을 적극적으로 사용하는 것도 큰 도움이 될 것이다. 좀 더 효과적인 금연 조치, 공중 보건을 담당하는 사람들이 암 경고 징후에 대해 더 많은 경각심을 가지는 등의 행동이 세상을 바꿀 것이다. 그러나 암을 이해하기 위한 노력은 가장 중요한 도전 과제로 남아 있다.

우리는 암을 실험실의 접시 안에서 자라는 개개의 악성 세포가 아니라 우리 안에서 계속 진화하고 있는 생명체로 보아야 한다. DNA를 불안정하게 만들어 변이가 쉽게 일어날 수 있도록 하는 것은 무엇이며, 암세포는 약물요법이나 방사선요법과 같은 압력에 어떻게 적응할까? 왜 암은 다른 장기로 전이되며 왜 어떤 장기에서는 잘 자라지만 다른 장기에서는 그렇지 않을까? 어떻게 암세포는 주변의 건강한 세포, 즉 미세 환경을 파괴하며, 면역 체계에 침투할까? 암이 우리 몸에 이야기하는 언어를 배우는 것은 미래 치료에 대한 단서를 제공할 것이다.

암에 대해서는 아직 알려지지 않은 것이 많다. 그럼에도 좋은 소식은 알려지지 않은 것들이 많다는 것을 알게 되었다는 것이다.

캣 아니(Kat Arney),
영국(영국 암연구협회) 과학 정보 매니저, 암 연구가

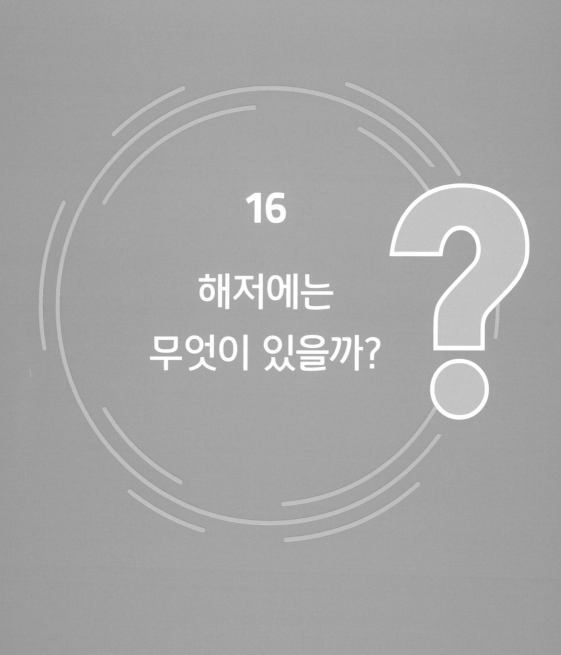

16

해저에는
무엇이 있을까?

만 약 지구가 커다란 비치볼이라면 바다는 겨우 표면을 적시고 있을 것이다. 바다에서 가장 깊은 지점인 필리핀 동쪽의 마리아나 해구에 있는 챌린저의 깊이는 11km이다. 11km는 그다지 먼 거리처럼 느껴지지 않을 것이다. 이는 슈퍼마켓을 왕복하는 거리이고, 오후에 시골길을 가볍게 산책하는 거리이다. 그러나 바다 밑으로 11km를 내려가는 것은 슈퍼마켓에 다녀오는 것이나 산책하는 것처럼 간단한 일이 아니다.

사람의 몸이 수중 환경에 적당하지 않다는 것이 그 이유 중 하나다. 단지 몇 미터까지만 잠수하는 잠수부에게 어떤 일이 일어나는지 생각해보자.

잠수부가 차가운 물에 도달하자마자 심장은 저단 기어로 바꾸고 맥박이 갑자기 줄어들어 혈액이 피부에서 생명 유지에 필요한 기관으로 몰려간다. 수면 아래 5m에서는 아직 숨을 참고 있는 동안에 뇌가 자발적으로 작동을 정지해 일시적 의식 상실이 일어날 수도 있다. 몸에 가해지는 엄청난 수압으로 인해 허파와 비장은 축소된다. 20m로 내려가면 압력이 더욱 높아져 젖은 옷 안에 남아 부력을 유지하던 공기가 빠져나가 부력이 작아지면서 더 빠른 속도로 아래로 내려가게 된다. 고도로 훈련받은 잠수부는 잠수 장비 없이 100m 아래까지 도달하기도 한다. 그러나 모든 잠수 장비를 착용하고도 1km까지 잠수하는 것은 불가능하다.

이런 여러 가지 어려움과 위험을 감안할 때 보이지 않은 11km를 내려가는 일이 쉽지 않다는 것을 알 수 있다. 사람을 챌린저 해연까지 내려보내는 것은 실제로 대단한 도전이다. 이렇게 깊은 곳까지 도달하기 위해서는 1제곱센티미터의 넓이에 1.2톤의 무게가 누르는 것과 같은 크기의 압력인 1100기압까지 견딜 수 있는 밀폐된 잠수정이 있어야 한다. 두 사람이 탄 금속심해 생물 탐사용 잠수정 **트리에스테**가 1960년에 이 깊이에 도달했고 그 뒤 또 다른 잠수정이 도전했다. 바로 영화 〈타이타닉〉과 〈아바타〉로 유명한 영화감독 제임스 캐머런^{James Cameron}이 2012년에 단독

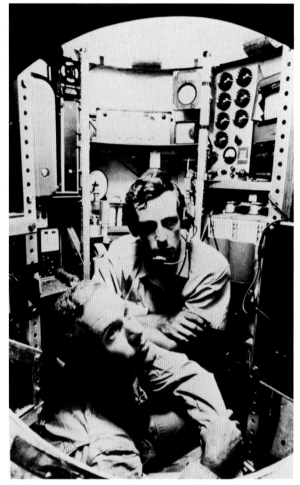

최초로 마리아나 해구 바닥까지 내려갔던 돈 월시와 자크 피카르가 심해 탐사선 안에 끼여 앉아 있다. 두 사람은 아홉 시간의 잠수 동안 주기적으로 위와 전화를 하면서 대부분을 앉아 있었다. 해구 바닥에 머문 시간은 20분밖에 안 됐다.

으로 챌린저 해연에 도달한 사람이었다. 달을 방문했던 사람들보다 더 적은 수의 사람들만 챌린저 해연에 도달했고, 달과는 달리 누구도 이 해연에 직접 발을 딛지는 못했다.

깊은 바다 대부분은 아직 탐험되지 않은 채 남아 있다. 그러나 우리가 원하면 도달

할 수 있는 거리에 있다. 2000년에 실시된 해양 생물 조사에 참가한 과학자들은 바다의 5%만 조사되었다고 추정했다. 10년 동안 진행된 해양 생물 조사에서 2만 종의 새로운 생명체가 발견되었다. 그런데 해저에서 지금까지 발견된 것들은 우리 상상 밖에 놓여 있는 세상의 아주 작은 일부분에 지나지 않는다. 지난 수십 년 동안 과학자들은 깊은 바다 아래 무엇이 있을지에 큰 관심을 가지기 시작했다. 사람들은 최근까지도 차갑고, 어둡고, 물의 무게로 인한 큰 압력이 작용하는 해저의 극한 환경에서 살아갈 수 있는 생명체는 많지 않을 것으로 믿었다. 그러나 사람이 깊은 바다에 도달하는 데 겪는 어려움이 포유류가 깊은 바다에 도달하는 것을 방해하는 것과는 달리 해저 생명체들은 해저를 편안하게 느끼고 있을지도 모른다.

1960년에 챌린저 해연에 머물던 30분밖에 안 되는 짧은 시간 동안 미 해군 중위 돈 월시^{Don Walsh}와 스위스 과학자 자크 피카르^{Jacques Piccard}는 삐걱거리는 수중 생물 탐사선의 아크릴 창문을 통해 해파리와 그들이 조류라고 생각했던 것들을 관찰했다. 놀라서 달아나던 물고기는 우리와 마찬가지로 골격을 가지고 있었다. 그것은 놀라운 발견이었다. 무척추동물인 해파리는 흐늘거리는 몸을 가지고 있어 해저의 높은 압력을 잘 견딜 수 있지만 단단한 뼈를 가진 동물들은 그렇지 않다. 생명체들이 많이 살지 않는 수면 아래 3km에 살고 있는 심해 아귀는 이 문제를 해결하기 위해 연한 골격을 진화시켰으며, 얕은 곳에 살고 있는 물고기들이 부력을 얻기 위해 사용하는 부레는 없었다. 심해의 높은 압력에서는 공기주머니가 견디지 못할 것이다.

이가 떨리는 추위… 그리고 연기가 나는 더위

우리의 단단한 뼈가 깊은 바다를 더 자세히 탐사하는 것을 불가능하게 하므로 해저 생물을 조사하고 싶은 사람들은 원격 조정이 가능한 무인 잠수정(ROVs)을 대신 내려보낸다. 그러나 **트리에스테**만큼 깊은 곳까지 뛰어들 수 있는 잠수정은 많지 않다. 수심 5km 정도의 얕은 물에서는 유인 잠수정을 사용하는 것이 더 효과적이다. 미국 해군의 **앨빈** 연구 잠수정은 지난 50년 동안 5000회 가까이 잠수하면서 약 1만 4000명의 사람들을 해저로 데려갔다. 1970년대 말에 **앨빈**은 과학자들을 끓는 검은 액체를 뿜어내는 수중 굴뚝인 '검은 흡연자'라고 알려진 열수 배출구로 데려 갔다('놀라운 발견: 해저 온천이 생명체를 지탱하고 있다' 참조). 육지에서와 마찬가지로 해저에서도 지각 아래에서 화산활동이 이루어지고 있다. 열수 배출구는 해저에서 균열 사이로 흘러나온 황화물이 바닷물에 포함되어 있던 광물질과 섞여 만들어졌다. 배출구를 통해 나오는 검은 액체는 용융된 암석에 의해 가열되어 화산에 가까울 정

풍선 전문가이며 물리학자였던 자크 피카르의 아버지 오귀스트 피카르가 발명한 심해 탐사선은 심해 탐사를 위해 설계된 연구 설비였다. 해양 바닥까지 내려가는 임무인 '넥톤' 프로젝트 이전에는 잠수정 트리에스테가 나폴리 만과 샌디에이고 연안에서 잠수했다.

도로 뜨겁다.

검은 흡연자의 열과 화학 조성은 생명체의 서식처로서는 적당해 보이지 않지만 **앨빈**에 승선했던 연구자들과 다른 배출구 탐사 잠수정이 얻은 자료는 검은 흡연자가 생명체들의 온상이라는 것을 보여주었다.

과학자들은 조금씩 열수 배출구에 있는 독특한 생태계의 그림을 맞추어가고 있다. 영국 과학자 팀이 최근에 발견한, 우리가 알고 있는 가장 깊고 가장 뜨거운 열수 배출구는 카리브 해의 케이맨 해저 분지에 있는 것으로 수심 5km에 위치해 있다. 같은 팀이 2010년 1월에는 ROV를 타고 이스트 스코티아 리지에 있는 서던 오션 배출구를 탐사하고 이전에는 찾지 못했던 새로운 종들을 발견해 보고했다. 여기에는 아네모네, 불가사리, 반죽처럼 보이는 문어가 포함되어 있었다. 배출구가 있는 곳에는 어느 곳이나 게, 벌레, 홍합, 새우들로 이루어진 밀도가 높은 공동체가 형성되어 있다.

우리는 열수 배출구 주변의 생명체들을 통해 극한적인 환경에서도 진화가 일어난다는 것을 배우고 있다. 배출구에 서식하는 생명체와 수백만 년 동안 주변 환경에 적응한 생명체들에게는 깊은 바다에 사는 것이 우리가 생각하는 것처럼 도전이 아닐는지도 모른다. 예를 들면 많은 심해 생명체들은 소량의 빛을 다루는 독창적인 방법을 발전시켰다. 200m 이하에서는 햇빛이 겨우 비추고, 1km 아래로 내려가면 더 이상 빛이 침투할 수 없어 온통 캄캄한 세상이 된다. 그런데 빛이 없으면 몇 가지 문제가 생긴다.

첫 번째는 에너지를 얻는 것이 어려워진다. 육지에서 살아가는 모든 종들은 태양에서 에너지를 얻는다. 다른 동물을 먹어 에너지를 얻는 육식동물들도 빛에 의존하여 살아가기는 마찬가지다. 먹이 사슬에서 몇 단계만 건너가면 육식동물의 먹이가 되는 초식동물이 있고 초식동물은 식물을 먹고 산다. 먹이사슬 맨 아래 있는 식물은 생태계의 모든 것이 작동하게 하는 책임을 지고 있다. 식물은 햇빛에서 얻은 에너지를 이용해 이산화탄소와 물로부터 당을 만드는 광합성을 한다. 식물이 생존하고 성장할 수 있는 것은 이 때문이다. 광합성은 육지 식물만 하는 것이 아니다. 빛을 이용하는 청색 조류와 녹색 조류는 해양 생태계에 널리 분포하고 있다. 따라서 빛이 없는 심해의 먹이사슬 바닥에 있는 생명체는 생존을 위한 다른 방법을 가지고 있어야 한다. 이런 생물들은 다른 화학적 책략을 가지고 있을 것이다.

두 번째 문제는 시각의 문제다. 햇빛이 없으면 포식자가 어떻게 먹잇감을 찾을 수 있고, 먹잇감은 어떻게 포식자를 피해 달아날 수 있을까?

첫 번째 문제의 답을 알아내는 데는 일부 진전이 있었다. 과학자들은 열수 배출구 부근에 있는 생명체들이 빛을 이용하지 않는다는 것을 제외하면 광합성과 비슷한 작용을 하는 미생물에 의존하여 살아간다는 것을 발견했다. 이 미생물들은 광합성 대신 화학물질을 직접 당으로 변환시키는 화학

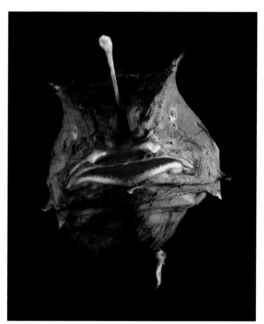

심해 아귀는 연한 골격을 가지고 있어 심해의 높은 압력에서도 유연하게 움직일 수 있다. 빛을 내는 세균으로 가득 찬 이마의 '램프'는 먹잇감을 유혹하는 데 이용된다.

합성을 한다. 배출구 환경에 있는 풍부한 화학물질은 미생물이 번성할 수 있는 완전한 에너지원을 제공한다. 배출구 주변의 해저 지반 위에는 수십억의 미생물들이 눈처럼 보이는 두꺼운 층을 이루고 있다. 배출구의 다른 모든 생명체들은 이 화학합성으로 만들어진 물질에 의존하여 살아간다. 미생물은 새우에게 먹히고, 새우는 다시 물고기에게 먹히며, 물고기는 다른 물고기나 좀 더 이국적인 형태의 생명체에게 먹힌다. 과학자들이 배출구 공동체의 구성과 생물학에 대해 더 많은 것을 배우고 있지만 확실한 것은 배출구가 해양 바닥에 살고 있는 종들의 생명 라인을 제공한다는 것이다. 화산대를 따라 전 세계 해저에 분포해 있는 배출구들은 황폐했을 해저에 생명

해저에는 무엇이 있을까?

과 활동을 위한 오아시스가 되고 있다. 이런 오아시스들이 없었다면 깊은 해저는 포식자들이 정기적으로 먹이를 공급받는 대신 눈치 없는 물고기들이 지나갈 때까지 며칠씩 기다리거나 바다 위에서 떨어지는 썩은 물고기를 기다려야 하는 조용한 장소가 되었을 것이다.

화학물질에서 에너지를 얻을 뿐만 아니라 일부 심해 종들은 화학물질을 이용해 빛을 만들어내 두 번째 문제도 해결한다. 루시페린이라고 알려진 분자를 연료로 하는 생명 발광은 생명체가 만들어내는 빛이다. 고대 문명의 위대한 철학자도 생명 발광 현상에 대해 언급했다. 아리스토텔레스는 앨빈의 승무원들보다 2000년 전에 생명 발광에 의한 '차가운 빛'을 알고 있었다. 생명 발광을 하는 종들은 바다 위에서 아래까지 존재한다. 생명 발광은 포식자들이 먹잇감을 찾아내도록 도와주고 먹잇감이 되는 동물이 포식자를 피하는 것을 돕는다. 연한 골격을 가진 아귀는 눈 사이에 유연하게 매달려 흔들거리는 빛을 만들어내는 세균으로 가득 찬 '램프'를 가지고 있는 생명 발광 동물이다. 이 램프의 기능은 먹잇감을 유혹하는 것이다. 아귀가 바닥에 움직이지 않고 있으면 운 없는 바다 생물이 아귀의 램프를 보고 먹이를 발견했다고 생각하겠지만 다음 순간 아귀의 공격을 받고 먹이가 된다. 이와 비슷하게 쿠키커터 상어도 생명 발광을 통해 입 주위에 작은 물고기를 유혹하는 것으로 보이는 먹잇감의 그림자 모양을 만든다. 그런가 하면 스스로 빛을 만들 수 없는 종들은 다른 생명체들이 내는 빛을 모으는 방법으로 진화했다. 이상한 모양의 배럴아이 피시는 위뿐만 아니라 옆이나 아래에서도 빛이 들어올 수 있게 투명한 머리를 가지고 있다. 최근까지 과학자들은 이 물고기의 눈이 앞만 보도록 고정되어 있다고 생각했지만 2008년 캘리포니아 몬터레이 베이 해양연구소 과학자들은 이들의 눈이 위에서 접근하는 먹잇감도 볼 수 있도록 회전할 수 있다는 것을 알아냈다.

해양의 기적

대양 해저 중에는 아직 탐사되지 않은 부분이 많이 남아 있지만 과학자들은 심해에서 이미 놀라운 것들을 발견했다. 그렇지만 바다 밑에 무엇이 있느냐고 묻는 것은 소파 뒤에 무엇이 떨어져 있느냐고 묻는 것과 같다. 직접 들여다보기 전에는 알 수 없기 때문이다. 그렇다면 바다를 들여다보는 수고를 하는 것은 가치 있는 일일까? 어떤 이들에게는 이것이 인간의 열정과 관계되는 일이다. 돈 월시와 자크 피카르는 신비한 물고기를 보기 위해 바다 바닥까지 내려갔던 것이 아니다. 제임스 캐머런 역시 돈이나 다른 어떤 강력한 동기에 의해 바다까지 내려갔던 것이 아니다. 2012년 12월에 캐머런은 미국 지구물리학연맹 회의에서 사람들에게 자기 자신을 '과학의 조력자'라고 소개했다. 8년 동안 자신만을 위한 잠수정을 만든 그는 고해상도 카메라를

캘리포니아 연안에서 원격으로 작동하는 탐사선이 녹화한 비디오에 찍힌, 머리의 투명한 부분 안에서 눈을 돌리고 있는 배럴아이 피시. 이 눈은 앞은 물론 위쪽도 볼 수 있다.

영화감독 제임스 캐머런은 바다에서 가장 깊은 곳까지 내려갔던 세 사람 중 하나다. 2012년 3월 25일 캐머런은 그의 **디프시 챌린저** 잠수정을 타고 내려가기 전에 돈 월시와 쪽지를 주고받았다.

가지고 월시와 피카르가 실패했던 해저 영상을 촬영하기 위해 챌린저 해연으로 내려갔다. 그리고 후에 과학적 조사가 이루어진 진흙 표본을 가지고 돌아왔다.

심해 잠수정의 건조와 운영에 드는 비용이 엄청나기 때문에 이 일은 강력한 동기가 없으면 할 수 없는 일이다. 탐사는 항상 군인들의 부러움을 사는 오징어가 사라지는 비밀을 밝혀내기 위해, 또는 즉시 가치 있는 의약품을 생산하는 미생물을 찾아내기 위해 진행된다. 얕은 바다를 잠수하는 동안 캐머런은 이미 알츠하이머병의 치료제로 사용되고 있던 실로이노시톨을 찾아냈다. 이 물질은 코코야자에서 발견되었지만 일부 심해 갑각류도 만들어낸다는 것이 밝혀졌다. 실제로 일부 과학자들은 갑각류나 새로운 종의 해양 세균에서 가능성 있는 약품을 발견하는 것이 실험실에서 화학물질을 만들어내는 것보다 낫다고 생각하고 있다. 생물들이 자연적으로 만들어낸 화학물질은 수백만 년의 진화 과정을 거쳐 생물학적으로 활성을 가지게 되었기 때문에 우리 몸 안의 화학물질과 더 잘 반응할 가능성이 있고, 질병을 전염시키는 생물 안에서는 질병과 효과적으로 싸울 것이기 때문이다.

산호초는 바다 밑의 아주 작은 일부만 덮고 있지만 자연에 존재하는 가장 풍부한 의약품의 새로운 보고이다. 산호초는 세계 해양 생물의 4분의 1이나 되는 많은 생명

바다 해면동물에서 채취한 화합물이 항생제 내성을 가지게 된 슈퍼세균과 싸울 가능성이 있다. 그러나 실험실에서 이 화합물을 합성하는 것이 해면동물에서 직접 채취하는 것보다 싸다

체들의 보금자리이며, 세계 의화학자들을 수십 년 동안 바쁘게 만들기에 충분한 자연적으로 만들어진 많은 새로운 화합물을 쌓아놓고 있는 귀중한 보물 창고이다. 최근에 발견된 산호초에 사는 해면동물이 만들어낸 화합물은 항생제 내성과 싸우는 전쟁터에 강력한 새로운 무기가 될 것으로 증명되었다('우리는 어떻게 세균을 이길 수 있을까?' 참조). 사우스캐롤라이나에 있는 홀링스 해양연구소의 화학자 피터 모엘러[Peter Moeller]와 그의 연구팀은 질병에 시달리는 산호초를 조사하다가 죽음과 부식의 한가운데서 번성하고 있는 것처럼 보이는 해면동물을 발견했다. 이 해면동물은 세균에 대항하는 화학물질인 아젤리페린[ageliferin]을 만들어내 세균을 공격할 수 있었기 때문에

번성할 수 있었다는 것을 알아냈다. 이 화학물질은 내성을 가진 세균과 싸울 능력을 상실한 항생제의 효과를 강화하는 데 사용되고 있다.

3km 이상 깊은 바다는 산호가 살아가기에는 지나치게 가혹하다. 그러나 과학자들은 검은 흡연자가 있는 곳을 포함해 이보다 깊은 곳에서 의약품 생산에 사용될 가능성이 있는 화학물질을 찾고 있다. 심해의 극한 환경에서 생존하기 위해 생명체들은 특수한 능력을 갖도록 진화했다. 우리는 앞에서 심해에 사는 놀랍고 이상한 생명체들의 예로 투명한 머리를 가진 배럴아이 피시를 살펴보았다. 그리고 그러한 새로움은 새로운 의약품을 찾는 노력에 큰 보상을 해줄 것이다. 그러나 이 극한 환경에 대해 알아야 하는 또 다른 이유가 있다.

과학자들은 '극한 미생물'이라고 알려진 생명체에 관심을 가지고 있다. 극한 미생물은 말 그대로 아주 높은 온도, 압력, 빛, 열수 배출구에 있는 특수한 광물과 같은 극한 환경을 좋아하는 생명체를 말한다. 이런 생명체에 관심을 가져야 하는 이유는 무엇일까? 지구 상에서 가장 열악한 환경에 생존할 수 있는 생명체가 존재한다는 사실은 넓은 우주 어디에도 생명체가 존재할 수 있다는 것을 의미하기 때문이다('우리는 우주에서 유일한 존재일까?' 참조). **앨빈**과 다른 심해 잠수정들은 최근 생명체가 생존할 수 있는 한계를 이해하기 위해 열수 배출구의 미생물을 연구하는 NASA의 재정 지원을 받는 과학자들을 해저로 실어 나르느라 바빴다. 이상하게 보이겠지만 심해의 가장 어두운 동굴은 먼 우주와 매우 비슷한 환경을 제공하고 있기 때문이다.

우리가 만든 기후변화가
심해 생물에게 영향을 줄까?

나는 깊은 바다가 일종의 완충 지역 역할을
한다고 생각한다. 얕은 물에 사는 동물은 기후
변화의 영향을 일찍 받을 것이다. 그러나 스발
바드에서 떨어진 곳에 있는 북대서양에서 행
한 실험에서는 심해의 온도 상승이 관측되었
다. 온도 상승은 10년 동안 몇 분의 1도 정도
로 작았지만 그것이 100년 이상 축적되면 심
해 생물에게 충격을 줄 것이다. 문제는 심해에
서 살아 있는 동물을 수집하는 것이 거의 불가
능하기 때문에 기후변화의 효과를 조사하기 어
렵다는 것이다. 그러나 해양 생물 조사와 같은
최근의 프로젝트는 심해 생명체에 대한 우리
의 지식을 크게 증가시켰다. 그리고 좁은 지역
에서 발견한 새로운 종들의 수는 우리의 예상
을 뛰어넘는 것이었다. 이런 지식은 매우 중요
하다. 특히 심해 광산처럼 사람이 심해에 주는
충격에 대해 연구할 때 더욱 중요하다. 심해에
는 아주 많은 동물들이 있고 우리는 심해에 사
는 동물들이 무엇을 먹는지, 어떻게 심해에 적
응했는지, 또는 먹이사슬에서 어떤 역할을 하
는지와 같은 것들에 대해 거의 아무것도 모르
고 있다. 심해 생물들도 지구에서의 역할이 있
다. 우리가 심해를 개발하기 시작했을 때 무슨
일이 일어날지에 대해서는 아무도 모르고 있다.
아마 심해 생물의 많은 종이 사라질 것이다.

앙겔리카 브란트(Angelika Brandt),
심해 생물학자, 독일 함부르크 대학

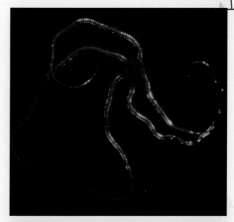

생명 발광을 하는 생명체들은 루시페린이라는 분자를
이용하여 빛을 만들어낸다. 루시페린은 산소와 결합하
여 산화루시페린이 되면서 빛을 낸다. 전 세계에 존재
하는 해파리의 반 이상은 생명 발광을 한다.

해저 온천이 생명체를 지탱하고 있다

1977년 2월과 3월에 우리는 심해 잠수정 앨빈을 이용하여 갈라파고스 단층 지대의 수심 2.5km 지역을 24회 잠수했다. (……) 이 잠수는 이 지역을 직접 눈으로 관찰하고, 작은 규모의 물리적 측정을 할 수 있도록 했으며, 해저 열수 배출구에서 나오는 액체 샘플과 이와 관련된 침전물 샘플을 채취할 수 있도록 했다. (……) 이번 탐사를 통해 우리는 단층 지역의 열수 배출구에 살고 있는 특별한 생명체 집단을 발견했다.

1979년 3월 16일 《사이언스 저널》에 발표된 논문 〈갈라파고스 단층의 해저 열수 온천〉에서

단층을 따라 만들어진 해저열수 배출구의 굴뚝 같은 구조물이 '초임계' 상태의 액체 기둥을 내뿜고 있다. 물이라고 할 수도 없고 수증기라고 할 수도 없는 아주 뜨거운 이 액체는 해저에 사는 생명체들에게 양분을 제공하는 많은 양의 광물을 포함하고 있다.

17

블랙홀 바닥에는 무엇이 있을까?

태양이 죽어가고 있다. 태양은 수소 연료를 헬륨으로 바꿀 때 나오는 에너지를 이용하여 빛을 포함한 여러 형태의 전자기파 복사선과 전하를 띤 입자들을 방출하고 있다. 외부로부터 연료를 공급받을 수 없는 태양은 계속 빛나기 위해 많은 연료를 소모하며 먼 미래에 있을 태양계의 죽음을 향해 조금씩 다가가고 있다. 지금부터 약 10억 년 안에 수소의 대부분을 소모한 태양은 나머지 연료를 더 빠른 속도로 소모할 것이다. 그때쯤이면 왕성해진 수소에 대한 식욕이 태양의 밝기를 10% 정도 더 밝게 만들 것이고 그것은 지구에 치명적인 결과를 가져올 것이다. 지구의 온도가 크게 올라 표면이 불타고 물이 증발해 육지와 바다에 사는 모든 생명체들이 사라질 것이다. 생명체가 사라져 황폐해진 지구는 40억 년쯤 후에 태양이 부풀어나 적색거성이 되면 더 큰 충격을 받을 것이다. 태양 가까이 있는 수성과 금성은 결국 태양의 불덩이 속으로 사라질 것이고, 태양이 원래 크기의 250배까지 부풀면 지구도 태양 속으로 사라질 것이다. 그때가 되면 태양의 핵은 수축하여 핵의 온도가 헬륨이 탄소와 산소로 전환될 수 있는 온도까지 상승할 것이다. 하지만 헬륨을 연소하는 단계는 수소를 연소하는 단계처럼 안정적이지 않아 태양은 격렬하게 진동할 것이다. 그리고 이러한 죽음의 떨림은 태양 외곽에 있던 물질을 공간으로 분출하여 태양계를 암흑세계로 만들 것이다. 그때가 되면 태양계 중심에는 처음엔 밝게 빛나지만 시간이 갈수록 점점 어두워지는 작은 백색왜성만 남게 될 것이다.

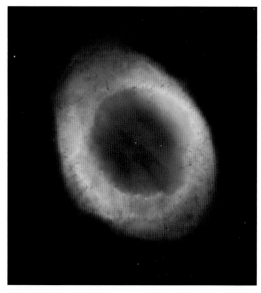

거문고자리의 가락지성운(M57). 태양과 같은 별이 죽으면서 공간으로 방출된 물질로 만들어졌다. 이 성운의 가운데에는 지구 크기의 작은 백색왜성이 남아 있다.

태양의 운명이 우리에게는 큰 사건이겠지만 우주적인 크기에서 보면 태양계에서 일어나는 일들은 기록을 남기기도 어려운 사소한 일일 것이다. 태양보다 더 큰 별들의 죽음은 우주에서 가장 특이한 천체인 블랙홀을 만들어낸다. 이 경우에도 별이 적색거성 단계를 거치지만 헬륨을 연소하는 단계를 넘어 별의 각 층에서 탄소, 네온, 산소, 실리콘의 핵융합반응이 일어나 단면이 양파 껍질처럼 보일 것이다. 무거운 철로 이루어진 핵이 중심에 자리 잡으면 별의 종말이 다가온다. 자체 무게를 지탱할 수 없게 되면 별의 핵은 붕괴하면서 초신성 폭발을 일으킨다. 우주에서 가장 강력한 현상 중 하나인 초신성 폭발은 잠시 동안 은하를 이루는 수십억 개의 다른 별들을 합친 것보다 더 밝게 빛난다.

초신성 폭발 후에 남는 것이 블랙홀이다. 블랙홀은 과학의 역사에서 가장 성공적인 이론 중 하나인 알베르트 아인슈타인Albert Einstein의 일반상대성이론으로 가장 잘 설명할 수 있다. 1915년에 서른여섯 살이었던 아인슈타인은 물리학의 대부라 할 수 있는 아이작 뉴턴Isaac Newton의 이론이 틀렸다고 주장했다. 뉴턴의 중력 이론에서는 질량이

황소자리의 게성운(M1). 이 성운은 거대한 별이 죽어 가는 과정에서 있었던 초신성 폭발의 잔해다. 더 큰 초신성은 중심에 블랙홀을 숨기고 있다.

큰 물체는 빛을 휘게 할 수 있다고 했다. 아인슈타인도 큰 질량이 빛을 휘게 한다는데 동의했지만 뉴턴의 이론에서 예측한 것보다 두 배 더 많이 휜다는 결과를 내놓았다. 이 논란을 해결할 수 있는 것은 태양뿐이었다. 태양계에서 가장 질량이 큰 물체인 태양은 측정이 가능할 정도로 빛을 휘게 한다. 이는 태양이 하늘을 지나갈 때 태양 가까이 보이는 별들의 위치가 평소보다 조금 달라져 보인다는 것을 뜻한다. 태양의 중력이 별에서 지구로 오는 빛을 휘게 만들기 때문이다. 그러나 일반적인 경우에는 태양이 너무 밝아 태양 주변의 별을 볼 수 없기 때문에 이 효과를 관측할 수 없다. 따라서 달이 태양의 밝은 빛을 모두 가리는 개기일식 때만 태양 가까이 보이는 별들을 관측하여 아인슈타인의 예측을 확인할 수 있다. 이를 위해 1919년 일식이 일어나는 동안 찍은 사진이 태양 옆을 지나온 별빛이 얼마나 휘어졌는지를 알아보는 데 사용되었다. 이 일식 관측을 통해 아인슈타인의 정당성이 입증되면서 200년 동안 지속

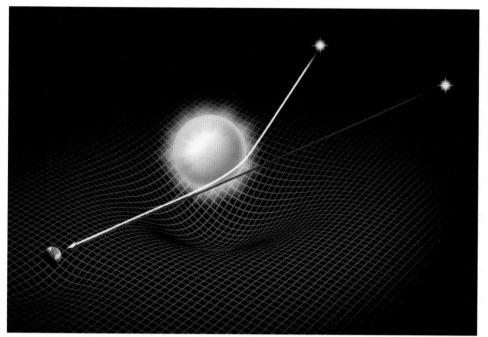

태양은 주변의 공간을 휘게 하여 먼 별에서 오는 빛이 태양 옆을 지나올 때 약간 다른 경로를 거쳐 오도록 한다. 1919년에 있었던 개기일식 관측은 태양 부근에서 별빛이 휘는 정도가 알베르트 아인슈타인이 예측한 것과 같다는 것을 보여주었다.

된 뉴턴의 시대가 종말을 맞게 되었다('놀라운 발견: 일식이 일반상대성이론을 증명하다' 참조).

두 위대한 과학자 사이의 결정적 차이는 중력을 어떻게 보는가 하는 것이었다. 뉴턴역학에서는 태양의 중력이 빛을 잡아당겨 빛의 경로를 휘게 한다고 설명했다. 그러나 아인슈타인의 생각은 이보다 훨씬 급진적이었다. 그는 휘는 것은 빛이 아니라 공간 자체라고 설명했다. 아인슈타인의 일반상대성이론에서는 우리 우주가 공간의 3차원과 시간 차원이 결합하여 시공간이라는 4차원으로 이루어져 있다고 설명한다. 이 이론에 의하면, 평평한 시공간은 태양과 같은 질량이 큰 물체로 인해 휘어진다. 이것은 팽팽히 잡아당겨 평평하게 만든 타폴린 천의 한가운데 볼링공을 놓았을 때 깊은 구덩이가 생기는 것과 마찬가지다. 그러므로 별에서 온 빛이 태양에 의해 휘어

블랙홀 바닥에는 무엇이 있을까?

지는 것은 별빛이 태양으로 생긴 시공간의 구덩이 가장자리를 따라 진행했기 때문이라는 것이다. 행성이 별을 도는 것도 별이 행성을 잡아당기기 때문이 아니라 별이 시공간에 깊은 구덩이를 만들고 행성은 이 구덩이 주변을 도는 것이다.

큰 별의 철로 된 핵이 붕괴하면서 만들어진 중성자성의 밀도가 커짐에 따라 근처 시공간의 구덩이도 점점 깊어진다. 결국 이 구덩이의 옆면이 가파르게 되어, 다시 말해 시공간의 곡률이 아주 커져 구덩이에서 탈출하기 위한 속도가 빛의 속도를 넘어서게 된다. 앞서 발표된 아인슈타인의 특수상대성이론은 빛의 속도보다 빠른 속도로의 여행이 가능하지 않다는 것을 보여주었다. 따라서 이 시점에서는 빛 입자인 포톤마저도 붕괴하는 별의 중력을 영원히 벗어날 수 없게 된다. 이런 천체를 블랙홀이라고 부르는 것은 빛도 빠져나올 수 없어 아무것도 보이지 않기 때문이다. 그렇다면 블랙홀에 영원히 갇힌 물질들에는 어떤 일이 일어날까?

무한히 작고 무한히 밀도가 높은

일반상대성이론에 의하면 철로 이루어진 핵의 질량이 일정한 한계를 넘으면 모든 질량이 무한히 작은 한 점에 집중될 때까지 붕괴를 계속한다. 이 점을 특이점이라고 한다. 블랙홀로 떨어진 물질은 모두 부서져 특이점에 보태질 것이다. 특이점은 무한히 작은 부피를 가지고 있기 때문에 밀도는 무한히 크다. 무한히 작고 무한히 크다는 것이 무엇을 의미하는지 알 수 없다면 그것은 매우 자연스러운 일이다. 대부분의 사람들이 그런 의문을 품기 때문에 그렇게 생각하지 않는 것이 오히려 이상하다. 과학 방정식에서 무한대의 효과를 알아보기 위해서는 계산기를 이용하여 어떤 수를 0으로 나누어보면 된다. 계산기는 에러 메시지를 보여줄 것이다. 그 때문에 연구자들 중에는 블랙홀 바닥에서 일어나는 일을 설명하는 데 특이점은 완전한 해답이 되지 못한다고 생각하는 사람들이 많다. 만약 좀 더 완전한 이론이 무한대를 제거할 수 있게

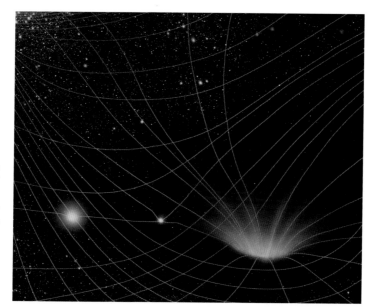

더 많은 질량을 가지고 있는 물체는 시공간을 더 많이 휘게 한다. 작은 초신성 폭발 후 남겨진 중성자성(중간)은 태양(좌)보다 약간 깊은 구덩이를 만든다. 반면 블랙홀(우)은 주변의 시공간을 크게 휘게 하여 심지어는 빛도 탈출할 수 없게 만든다.

되면 블랙홀을 기술하는 방정식에서 특이점이 사라질 것이다. 많은 연구자들이 아인슈타인의 일반상대성이론과 또 다른 20세기 물리학의 주춧돌인 양자물리학을 결합하면 그런 이론을 만들어낼 수 있을 것이라 생각하고 있다.

그러나 불행하게도 두 이론은 서로 반대편에 있어 두 이론을 결합하는 것은 말처럼 쉽지 않다. 양자역학은 원자의 세계를 다루는 반면 일반상대성이론은 커다란 규모에서 우주의 모양을 이야기한다.

상반된 성격에도 불구하고 두 이론을 결합하면 커다란 규모의 공간과 물질이 원자 크기 이하로 줄어들어 만들어지는 블랙홀 바닥에서 일어나는 일들을 설명할 수 있을 것이다. 이 두 이론이 결합하면 무한대가 사라져 우주에서 가장 신비한 천체인 블랙홀의 비밀을 풀 수 있게 될 것이다. 상대성이론과 양자이론이 통합되어 만들어진 새로운 이론은 우주에서 일어나고 있는 모든 현상을 설명할 수 있는 강력한 이론이 될 것이다. 이런 이론은 아주 작은 아원자입자들부터 거대한 은하단에 이르기까지 모든 것을 설명하는 전능 이론이다. 이와 같은 이론이 왜 그렇게 매력적인지는 쉽게 이해할 수 있다. 그리고 두 이론의 결합이 희망 사항만은 아니다. 물리학에서 두 개의 다른 이론의 통합은 이전에도 있었다.

과거의 성공에서 힘을 얻은 현대 물리학자들은 지금 블랙홀에 대한 제대로 된 이해를 방해하고 있는 무한대를 제거하는 방법을 찾고 있다.

빛과 중력의 결합

서로 다른 두 이론의 성공적인 통합이 19세기에 있었다. 스코틀랜드의 물리학자 제임스 클러크 맥스웰^{James Clerk Maxwell}은 전기와 자기가 서로 밀접한 관계를 가지고 있다는 것을 알아냈다. 1965년에 출판한 역사적인 책에서 맥스웰은 전기와 자기가 '같은 것의 다른 성질'이라고 하여 하나로 통합시켰다. 이를 현대적 용어로 바꾸어 말하면 전기장과 자기장은 전자기장으로 알려진 한 가지 대상의 다른 면이라고 할 수 있

다. 맥스웰은 전기장과 자기장 그리고 전하와 전류 사이의 상호작용을 기술하는 네 개의 방정식을 제안했다. 이 방정식들은 현재 맥스웰 방정식이라고 알려져 있다. 그리고 일식이 아인슈타인의 일반상대성이론이 옳다는 증거를 제공하던 해인 1919년 독일 수학자 테오도어 칼루차^{Theodor Kaluza}는 또 다른 통합을 이루어낼 수 있을지에 대해 생각하기 시작했다.

아인슈타인은 3차원 공간과 시간 차원이 결합하여 만들어진 시공간이 휘어지는 것을 이용하여 중력을 성공적으로 설명했다. 칼루차는 공간에 또 다른 차원을 도입하면 맥스웰의 전자기

독일 수학자 테오도어 칼루차(1885~1945). 칼루차는 다섯 번째 차원을 도입하여 아인슈타인의 일반상대성이론과 전자기학 이론을 통합시켰다. 오늘날 끈이론에서는 블랙홀 안에서 무슨 일이 일어나는지를 설명하기 위해 11차원을 이용하고 있다.

학 방정식들과 아인슈타인의 일반상대성이론의 중력을 통합시킬 수 있을 것이라고 생각했다. 그는 수학적 계산을 통해 4차원으로 된 공간과 시간 차원을 합한 5차원 시공간에서는 상대성이론과 전자기학 이론이 하나의 방정식으로 통합될 수 있다는 것을 발견하고 1921년 그 결과를 출판했다.

　칼루차의 방정식은 우아하고 아름다웠지만 큰 문제가 있었다. 만약 우주 공간이 실제로 네 번째 차원을 가지고 있다면 왜 우리는 3차원만 볼 수 있을까? 이에 대한 답이 나오는 데는 5년이 더 걸렸다. 그 대답은 스웨덴의 물리학자 오스카르 클라인$^{Oskar\ Klein}$이 찾아냈다. 서른두 살이었던 클라인은 네 번째 차원은 실제로 존재하지만 아주 작게 말려 있어서 관측할 수 없다고 설명했다. 나뭇가지 위를 기어가고 있는 개미를 상상해보자. 멀리서 보면 나뭇가지는 2차원으로 보인다. 그러나 가까이 다가가 개미의 시각에서 보면 나뭇가지 둘레에 또 다른 차원이 있는 것을 볼 수 있고 이 새로운 차원에 접근하는 것이 가능해질 것이다. 클라인은 만약 칼루차가 제안한 네 번째 차원이 아주 작게 말려 있으면 우리는 그것을 알아차릴 수 없을 것이라고 제안했다. 관측이 되지 않기 위해서는 네 번째 차원은 양자물리학에서 물리적 의미를 가질 수 있는 가장 작은 크기인 플랑크 길이라고 알려진 1.6×10^{-35}m, 즉 0.000000000000000

0000000000000000000016m의 크기로 말려 있어야 한다고 주장했다.

두 사람의 통합 노력을 기리기 위해 이런 통합 이론을 칼루차-클라인 이론이라고 부른다. 적어도 이론적으로는 칼루차와 클라인은 일반상대성이론과는 아무 관계가 없어 보이는 전자기학 이론을 모두를 어렵게 만드는 무한대 없이 통합할 수 있었다. 이것이 바로 물리학자들이 일반상대성이론과 양자역학을 통합하기 위해 하고자 하는 일이다. 그러나 이후 칼루차-클라인 이론은 사람들의 관심에서 멀어졌다. 이 이론이 도입한 여분의 차원을 실험을 통해 확인할 수 있는 방법이 없었기 때문이다. 물리학자들은 양자역학과 일반상대성이론을 통합하는 방법을 계속 찾고 있지만 무한대가 계속 방정식 안으로 끼어드는 문제에 부딪히곤 했다. 그런데 1980년대에 칼루차와 클라인의 아이디어가 다시 부활했고, 통합을 위한 노력에 희망이 보이기 시작했다. 초끈이론이라고 불리는 새로운 이론은 다양한 형태의 여분의 차원을 이용하여 두 이론을 결합해 블랙홀 바닥에서 일어나고 있는 일들을 설명하려 하고 있다.

진동하는 끈

초끈이론의 '끈'은 자연을 구성하는 가장 작은 기본 단위가 다중 차원에서 진동하고 있는 끈이라는 가정으로부터 왔다. 악기의 줄이 다른 방법으로 진동하여 여러 가지 소리를 만들어내는 것과 같이 이 초끈의 다른 진동이 우리 주변의 모든 것을 이루는 여러 가지 아원자입자를 만들어낸다는 것이다. 초끈이론에서 '초'라는 말은 이 이론이 초대칭 이론과 결합되어 있다는 것을 나타낸다. 초대칭 이론은 끈이 진동할 수 있는 차원을 10차원(9차원 공간과 시간차원)으로 제한한다.

우리가 여분의 여섯 차원을 경험하지 못하는 것은 칼루차-클라인 이론에서와 마찬가지로 이 차원들이 우리가 볼 수 없을 정도로 작게 말려 있기 때문이라고 설명했다. 그러나 초대칭 이론이 허용하는 차원의 최대 수는 10개가 아니라 11개다. 그렇다면

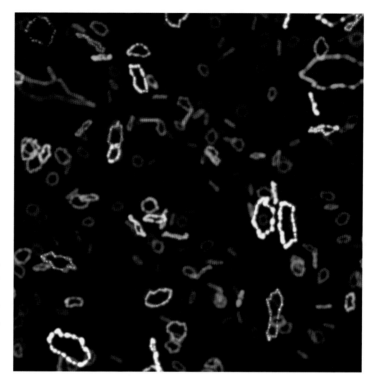

10차원에서의 진동을 통해 자연의 기본 구성 물질을 만들어내는 작은 끈. 끈이론을 이용하여 일반상대성이론과 양자역학을 통합하면 한 세기 동안 물리학자들을 괴롭혀온 무한대가 사라진다.

왜 끈은 10차원에서만 진동하도록 허용될까? 이 비밀은 10차원의 공간과 시간 차원에서 진동하는 1차원 끈은 11번째 차원을 둘러싸고 있는 2차원 막을 형성한다는 것을 알게 되어 해소되었다. 따라서 초끈이론은 11차원 M이론으로 확장되었다('전문가 노트: 왜 11차원인가?' 참조). M이론의 11차원을 이용하여 양자역학을 일반상대성이론에 적용하려던 물리학자들은 놀라운 것을 발견했다. 방정식 안에서 무한대가 사라졌던 것이다.

그러나 여기에도 문제가 있다. 여분의 일곱 차원을 작게 말아놓는 방법은 엄청나게 많다. 그리고 각 방법은 다른 아원자입자들을 만들어낸다. 우리는 어떤 구성이 우리 우주에서 발견되는 아원자입자들을 만들어내는지 아직 모른다. 우리가 이미 알고 있는 물체의 존재를 예측할 수 있는 M이론이 만들어질 때까지는 여분의 차원이 실제로 존재하는지에 대한 의문이 사라지지 않을 것이다. 관측할 수 없는 여분의 차원을 도입하는 M이론은 양자물리학이 일반상대성이론과 호환성을 가지도록 할 수는 있겠지만 그것이 우리가 살고 있는 우주에 대한 정확한 기술인지는 아직 알 수 없다. M이론을 비판하는 사람들은 M이론이 사실이라면 자연은 수많은 가능성 중에서 왜 특정한 M이론 구성을 선택하게 되었느냐고 묻는다. 이에 대한 대답은 우리의 우주가 유일한 우주가 아니라는 것이다. 무한히 많은 우주가 존재한다면 어딘가에는 모든 다른 가능한 구성이 존재하게 된다. 그렇다면 아원자입자들과 힘들이 은하, 별, 행성 그리고 우리가 존재할 수 있도록 구성된 우주에 우리가 살고 있는 것이 놀라운 일이 아니다('또 다른 우주가 존재할까?' 참조).

이러한 문제들에도 불구하고 M이론은 현대 물리학의 가장 인기 있는 연구 주제 중 하나이며 전 세계에서 수천 명의 연구자들이 이를 연구하고 있다.

이 이론의 매력은 분명하다. 물리학자들을 1세기 동안 괴롭혀온 무한대를 제거할 수 있는 방법을 제공하기 때문이다. 만약 이 이론이 서로 멀리 있어 보이는 양자역학과 일반상대성이론을 통합하는 데 성공한다면 특이점은 역사책으로 사라질 것이다. 하지만 그보다 더 중요한 것은 이런 통합이 우주의 기본적인 작동 원리를 설명하는 전능 이론을 제공할 수 있을 것이다. 그렇게 되면 우리는 블랙홀 바닥에서 어떤 일이 일어나고 있을까 하는 질문의 답을 갖게 될 것이다.

왜 11차원인가?

아원자입자는 '스핀'이라고 부르는 고유한 성질을 가지고 있다. 스핀은 입자들을 두 종류로 분류할 수 있도록 한다. 정수배(0, 1, 2……)의 스핀을 가지고 있는 입자들을 보존이라 부르고 2분의 1의 홀수배(1/2, 3/2……) 스핀을 가지고 있는 입자들을 페르미온이라고 부른다. 원자를 구성하는 전자나 쿼크(둘 다 스핀이 1/2이다)는 페르미온이고 포톤(스핀이 1)과 그래비톤(스핀이 2)은 보존이다. 그래비톤은 중력에 관여하는 입자로 이론적으로 그 존재가 예측되었지만 실제로는 아직 발견되지 않은 질량이 0인 입자이다. 이론적으로 질량을 가지고 있지 않은 소립자의 스핀은 2를 넘을 수 없다고 믿고 있다.

페르미온과 보존의 성질이 다르다는 것은 이들을 기술하기 위해서는 다른 방정식을 사용해야 한다는 것을 뜻한다. 그러나 '초대칭 이론'을 사용하면 방정식을 그대로 두고 보존과 페르미온을 서로 바꿀 수 있다. 1970년대에 처음 제안된 초대칭 이론은 존재할 수 있는 차원의 수를 11개(공간 10, 시간 1)로 제한한다. 그렇지 않으면 칼루차-클라인 이론에서와 같이 여분의 차원을 작게 말아버린 후에 스핀이 2보다 큰 질량이 없는 입자가 존재해야 한다.

M이론은 2차원 물체(멤브레인)가 그러한 11차원 세상에서 운동하는 것을 기술한다. 만약 하나의 차원이 원이라면 이 멤브레인은 그것을 둘러쌀 수 있다. 만약 원의 반지름이 충분히 작다면 그것은 10차원 시공간에서 움직이고 있는 1차원 물체(끈)처럼 보일 것이다. 이것이 초끈이론의 설명이다. M이론은 양자역학과 일반상대성이론을 같은 틀 안에 묶을 수 있다. 그리고 언젠가는 모든 이론을 포함할 수 있는 통합 이론을 가능하게 할 것이다. 특히 블랙홀 중심에서 무슨 일이 일어나고 있는지를 설명할 수 있을 것이다.

마이클 더프(Michael Duff FRS), 압두스 살람(Abdus Salam),
런던 임페리얼 칼리지

233

일식이 일반상대성이론을 증명하다

아프리카 서부 해안에서 조금 떨어진 곳에 있는 작은 섬 프린시페에는 19일 동안 계속 비가 내리고 있었다. 영국 천문학자 아서 에딩턴 Arthur Eddington은 크게 실망했다. 1919년 개기일식이 시작되고 있었다. 달이 태양을 완전히 가리는 개기일식은 420초 동안 진행될 예정이었다. 그러나 아무것도 볼 수 없는 구름 속에서 벌써 410초가 지나가버렸다.

태양 주위에 보이는 별들을 찍을 기회가 사라진 것처럼 보이는 순간 구름이 걷혀 에딩턴은 아인슈타인의 일반상대성이론의 예측을 증명해준 한 장의 사진을 찍을 수 있었다.

에딩턴이 이 탐사 여행을 하게 된 배경에는 최근에 끝난 제1차 세계대전이 있었다. 독일 출신의 아인슈타인은 1915년에 일반상대성이론을 발표했다. 이 소식은 두 나라 사이의

마찰에도 불구하고 영국에 전해졌다. 퀘이커교도로 평화주의자였던 에딩턴은 천문학자 프랭크 다이슨 Frank Dyson의 편지 덕분에 징집을 면할 수 있었으며 양심적 병역 거부자로서의 처벌도 받지 않았다. 다이슨은 해군 장관에게 보낸 편지에서 영국은 가장 훌륭한 천문학자 중 한 사람을 전쟁터에서 잃을 수 없다고 주장했다. 대신 에딩턴은 태양의 중력이 빛을 얼마나 휘게 하는지에 대한 아인슈타인의 예측을 시험하기 위한 1919년 프린시페 탐사 여행을 책임지게 되었다.

그의 사진은 오늘날 과학에서 가장 잘 시험된 이론 중 하나로 평가받는 일반상대성이론의 정당성을 증명했다. 무엇보다도 이 이론은 거대한 별이 일생의 마지막에 폭발하면서 블랙홀이 만들어진다는 것을 밝혀낼 수 있었다.

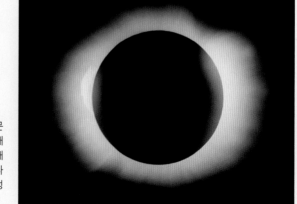

작은 섬 프린시페에서 1919년에 영국 천문학자 아서 에딩턴이 찍은 이 사진은 달이 태양 앞을 지나가는 것을 보여주고 있다. 이 개기일식 사진 관측을 통해 에딩턴은 아인슈타인이 제안한 새로운 중력 이론인 일반상대성이론을 증명할 수 있었다.

18

우리는 영원히
살 수 있을까?

2013년 1월 8일 브룩 그린버그$^{Brooke\ Greenberg}$는 스무 살이 되었다. 하지만 그녀를 위한 요란한 생일 파티도 없었고 성년식도 없었다. 왜냐하면 모든 면에서 브룩은 아직 어린 아기였기 때문이다. 은유적인 표현이 아니라 말 그대로 그녀는 태어난 이후 거의 나이를 먹지 않았다. 미국 볼티모어에 있는 시나이 병원에서 태어난 브룩은 어렸을 때 원인을 알 수 없는 여러 가지 질병으로 고통을 받은 후 기적적으로 회복되었다. 그녀는 일곱 번의 천공성 위궤양을 앓았고, 뚜렷한 뇌 손상을 남기지 않은 한 번의 뇌졸증을 겪었으며, 네 살 때는 뇌종양이 발생해 14일 동안 혼수상태에 있기도 했다. 그녀의 부모는 그녀가 죽을 것이라고 생각했다. 하지만 그녀는 깨어났고 종양은 신비하게 사라졌다. 브룩은 태어나고 20년이 지난 후에도 스무 살이 아니라 20개월 된 아기처럼 보인다. 그녀의 뇌는 어린이 이후 거의 변하지 않았고 그녀의 이는 아직 아기의 이다. 단지 그녀의 머리카락과 손톱만 정상적으로 자라고 있는 것처럼 보인다. 과학자들은 몸의 여러 부분이 조화롭게 발전하지 못하는 '조직화되지 않은 발육' 때문일 것이라고 생각하지만 우리는 아직 그 이유를 모르

에콰도르에 있는 갈라파고스 제도의 자이언트 핀타 거북 론섬 조지. 이 거북은 1971년에 처음 사람과 만났고 2012년 6월에 죽었는데 이때 나이는 100살로 추정된다.

고 있다.

브룩의 경우와는 반대로 성장 정지, 지방과 머리카락의 손실, 주름진 피부, 관절의 경직, 고관절 탈구, 뇌졸중의 증가, 심장 질환, 당뇨병이나 암과 같은 가속적인 노화 효과가 나타나는 조로증이나 베르너 신드롬과 같은 질병을 앓는 사람들도 있다. 이런 질병들은 매우 희귀하다. 조로증은 800만 명 중 한 명꼴로 나타나고, 베르너 증후군은 1000만 명 중 한 명꼴로 나타나며, 브룩과 비슷한 증상을 가지고 있는 사람은 전 세계에 몇 명뿐이다. 우리는 이런 질병을 치료할 수 없다. 그러나 우리가 이런 질병들을 통해 배울 수 있는 것은 노화가 정해져 있는 것이 아니라 상당히 유연하다는 것이다.

동물 세계에서 얻은 증거는 이런 생각이 잘못된 것이 아님을 확인해주고 있다. 하루살이는 단지 하루를 사는 것으로 잘 알려져 있다. 그러나 유명한 갈라파고스의 거북이인 론섬 조지는 150년을 살았고, 바다거북은은 200년을 사는 것으로 알려져 있다. 하지만 가장 오래 산 사람은 122년 164일을 살았다. 그렇다면 이처럼 수명이 다른 이유는 무엇일까?

지친 유전자

1930년대에 미국의 두 저명한 유전학자 바버라 매클린톡[Barbara McClintock]과 허먼 J. 멀러[Hermann J. Muller]는 유전정보를 가지고 있는 DNA 분자가 꼬여서 만들어진 염색체 끝 부분에 안정한 상태를 유지시키는 특별한 부분을 발견했다. 종종 구두끈 끝이 풀어지지 않도록 플라스틱으로 말아놓은 것에 비유되는 텔로미어(말단 소체)라고 부르는 이 부분은 세포가 분열할 때 DNA 사슬 전체가 복제되도록 하는 역할을 한다.

50년 후에 오스트레일리아 출신으로 미국에서 활동했던 엘리자베스 블랙번[Elizabeth Blackburn]과 캐나다 출신으로 미국에서 활동했던 잭 W. 조스택[Jack W. Szostak]이 효모와 사람의 세포에서 텔로미어가 짧아진 것이 조기 노화 현상을 일으킨다는 놀라운 사실을 발견했다. 이 발견으로 그들은 2009년 노벨 생리의학상을 수상했다.

쥐와 다른 동물을 이용한 후속 연구는 더 긴 텔로미어를 갖도록 유전적으로 수정하면 더 오래 산다는 것을 보여주었다. 따라서 많은 과학자들이 노화는 적어도 부분적으로는 미리 프로그램되어 세포 안에서 가고 있는 시계에 의한 것이라고 믿게 되었다. 세포가 분열할 때마다 텔로미어의 끝을 잃기 때문에 세포분열을 많이 하면 할수록 텔로미어가 점점 더 짧아져 결국에는 세포가 더 이상 분열할 수 없게 된다. 그러나 줄기세포나 암세포와 같은 일부 세포는 영원히 세포분열을 할 수 있다. 이런 차이는 텔로미어를 수선해 세포가 분열할 때 텔로미어가 짧아지는 것을 방지하는 텔로머라제라고 부르는 효소 때문이다. 많은 세포는 텔로머라제를 가지고 있지 않다. 이것은 왜 세포가 일정한 수 이상 세포분열을 할 수 없는지를 설명해준다. 신생아의 세포는 80~90번 세포분열할 수 있지만 70세 된 사람의 세포는 20~30번 세포분열할수 있다. 죽을 때까지 세포분열 능력은 점점 비효율적이 되어가는 것이다.

텔로미어의 길이는 오래 사는 사람의 수명이나 질병 저항성과 관련 있다. 그리고 텔로미어에 문제가 생기면 조로증이나 베르너 증후군이 발생할 수 있다. 흥미로운 것은 브룩 그린버그의 텔로미어는 정상적인 아기들의 텔로미어보다 짧은 것으로 보이며 또래 사람들의 텔로미어보다도 짧다. 연구자들은 이것이 그녀가 오랫동안 유아기 상태에 머무는 이유라고 생각하고 있다. 텔로미어가 짧아지는 속도는 어른보다 아기에게서 훨씬 빠르다고 알려져 있다. 그러나 텔로미어를 노화의 주원인이라고 생각하기에는 아직 이르다. 또 다른 발견들은 노화가 이보다 훨씬 복잡한 현상이라는 것을 보여주고 있다. 텔로머라제를 가지고 있지 않아 텔로미어의 수선 기능이 없는 쥐도 여러 세대 동안 노화에 특별한 영향을 받지 않는다. 그럼에도 불구하고 텔로미어가 짧아지는 것은 많은 과학자들

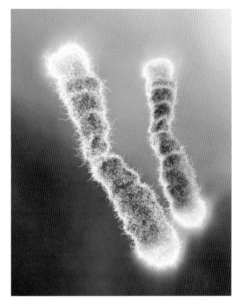

염색체를 구두끈이라고 한다면 텔로미어는 끈 끝을 감싼 '플라스틱 조각'이라고 할 수 있다. 텔로미어는 염색체 끝에 있는 DNA가 떨어져 나가거나 서로 달라붙는 것을 방지한다. 텔로미어가 짧아지는 것은 노화와 밀접한 관계가 있다.

이 노화의 원인이라고 믿는 마모나 손상과 연결되어 있다. 나이가 많아지면 우리 몸을 유지하기가 어려워진다. 손상을 수선하는 메커니즘이 작동을 중단해 여러 기능이 제대로 작동하지 못한다. 이런 일들이 일어나는 것은 DNA 손상과 유전적 변이로 인한 것이다. DNA 손상과 유전적 변이는 환경오염, 방사선, 활성산소 분자와 같은 다양한 요소들의 영향을 받는다. 따라서 노화를 성숙과 퇴화 사이의 기본적인 대립으로 생각하는 것이 훨씬 설득력 있다. 그렇다면 왜 우리는 노화되도록 진화했을까 하는 의문을 품지 않을 수 없다.

모든 생명체의 일생 최대 목표는 자손을 낳는 것이다. 미국 과학자 조지 C. 윌리엄스 George C. Williams 는 노화를 타협의 산물이라고 설명했다. 자손을 낳기에 더 적당한 젊었을 때의 강한 몸은 늙었을 때의 퇴화를 대가로 지불한다는 것이다. 이런 설명은 우리 유전자 중 일부에 일어난 변이가 출산능력은 강화시키지만 암의 위험을 증가시킨

다는 증거와 잘 들어맞는다('우리는 암을 정복할 수 있을까?' 참조). 젊었을 때 아기를 가질 가능성을 높이는 대신 후에 큰 대가를 지불하게 되는 것이다. 그런 비용은 일종의 예산이 필요하다는 것을 의미한다.

1977년에 영국 생물학자 톰 커크우드^{Tom Kirkwood}는 우리 몸은 한정된 양의 에너지를 사용할 수 있기 때문에 일반적인 관리와 수선 그리고 더 나은 출산 능력 사이에서 이 에너지를 가장 잘 사용할 수 있는 방법을 결정해야 한다고 했다. 출산 능력을 향상시키면 그 대가로 우리 몸의 수선 능력이 감소하며 그 반대의 경우도 마찬가지다. 장기적으로 보면 영원히 존재하기 위해서는 몸을 돌보는 것보다는 자손을 남기는 것이 유리하다. 특히 포식자, 질병, 사고가 언제고 목숨을 빼앗아갈 수 있었던 먼 옛날에는 자손을 남기는 일이 더욱 중요했을 것이다.

적게 먹고, 길게 살아 번영하자

1930년대에 미국은 대공황으로 어려움을 겪었다. 굶주림의 영향을 염려한 과학자들은 쥐 실험을 시작했다. 그 결과는 예상했던 것과 달랐다. 먹이를 적게 준 쥐는 병에 걸리는 대신 정상적으로 먹이를 섭취한 쥐보다 50%나 더 오래 살았다. 이런 놀라운 효과는 효모, 초파리, 회충 그리고 생쥐를 이용한 실험에서도 확인되었다. 많은 생명체에서 섭취하는 에너지를 제한하면 놀랍도록 수명이 늘어난다. 일부 선충류에서는 수명이 10배까지 늘어나는데 이는 인간 수명이 1000년으로 늘어나는 것과 같다. 그렇다면 이것이 사람에게서도 가능할까?

불행히도 이에 대해서는 명확한 대답을 할 수 없다. 붉은털원숭이에 대한 두 연구에서는 상반되는 연구 결과가 나왔다. 2009년에 위스콘신 대학의 연구자들이 발표한 연구 결과에서는 열량 제한이 효과가 있어 20년 이상 수명이 연장되었다. 먹이를 제한적으로 공급한 원숭이들은 정상적으로 먹이를 먹은 원숭이보다 더 오래 살았고,

노화와 관련된 질병에 걸릴 가능성이 적었다. 미국 국립노화연구소에서 23년 동안 수행하여 2012년에 발표한 연구는 이와는 반대로 열량 제한이 수명을 연장시키지 않는다고 결론지었다. 이 연구에서는 시작하는 나이에 관계없이 먹이의 양을 30% 줄인 원숭이들이 정상적으로 먹이를 먹은 대조군에 비해 더 오래 살지 않았다.

그러나 두 연구 모두 열량을 제한한 원숭이들의 건강 상태가 상당히 좋았고, 암이나 심혈관 질환 같은 노화 관련 질환의 발병 시기가 늦어진다는 것을 확인했다. 위스콘신의 실험에서 열량을 제한한 원숭이에게서는 당뇨병이 전혀 나타나지 않았다. 사람을 대상으로 하는 실험은 현실적으로 가능하지 않지만 동물에 대한 연구결과만으로도 많은 사람들이 열량 섭취를 제한하도록 했다. 또한 과학자들은 의미 있는 자료를 수집하기 위해 자발적 자료 제공자들을 조사하고 있다.

우리는 마른 것이 더 오래 사는 데 꼭 필요한 것이 아니라는 것을 알고 있다. 하지만 적게 먹는 것이 왜 노화를 지연시킬까? 이것은 우리가 알고 있는 이론에 맞지 않는 것처럼 보인다. 적게 먹는다는 것은 우리 몸을 유지하는 데 꼭 필요한 자원을 적게 섭취한다는 의미가 아닌 걸까?

처음에 과학자들은 열량 제한이 몸 안에서 일어나는 화학반응의 수를 줄일 것이라고 생각했다. 따라서 이러한 반응으로 인해 발생하는 자연적인 손상 역시 줄어들 것이다. 그러나 적게 먹는 것에 의한 영향이 매우 효과적이고 빠르게 작용하기 때문에 모든 것을 화학반응의 탓으로 돌릴 수는 없다. 과학자들이 발견한 것은 노화가 앞에서 이야기한 타협과 관련이 있다는 것이었다. 그렇다면 출산에 더 적당한 몸을 선택할 것인가 아니면 더 오래 사는 쪽을 선택할 것인가?

달콤한 열여섯과 저승사자

1990년대에 샌프란시스코에 있는 캘리포니아 대학의 신시아 케니언^{Cynthia Kenyon}은 노화에 영향을 주는 유전자를 찾고 있었다. 당시에는 이 분야가 인기 없는 연구 분야였다. 대부분의 과학자들은 죽지 않는 것은 말할 것도 없고 노화 과정을 바꾸는 것도 불가능하다고 믿고 있었다. 따라서 그녀는 연구를 도와줄 단 한 명의 대학원생이었던 라몬 타브티앙Ramon Tabtiang과 연구하고 있었다. 그들은 선충류인 **카에노하브디티스 엘레간스**의 변종들을 체계적으로 번식시키면서 더 오래 건강하게 사는 것을 찾고 있었다. 하루는 라몬이 케니언의 사무실로 들어와 말했다.

"무슨 일이 있었는지 알아맞혀보세요. 저들이 죽지 않아요"

그 변종은 정상적인 선충보다 두 배나 더 오래 살았다. 이 변종들은 모두 선충의 전체 게놈을 이루는 2만 개의 유전자 중에서 DAF-2라고 부르는 하나의 유전자가 꺼져 있었다. 케니언은 DAF-2 유전자를 '저승사자 유전자'라고 이름 붙였다. 이 유전자가 정상적으로 기능하면 동물의 노화가 빠르게 진행되는 것처럼 보였기 때문이다. 이 유전자의 발견은 몸 안에서 노화를 조절하는 것으로 알려진 첫 번째 분자 경로의 비밀을 밝혀낸 것이었다. 저승사자 유전자는 성장에 관여하는 호르몬을 조절하고 이 호르몬은 복잡한 분자 경로에서 유전자와 분자에 연쇄적으로 영향을 준다. 특히 저승사자 유전자의 활동은 DAF-16이라고 부르는 또 다른 유전자의 활동을 억제한다. 케니언이 '달콤한 열여섯'이라는 별명을 붙인 DAF-16 유전자의 활동을 활성화하면 수명이 길어진다.

선충에서 처음 발견되기는 했지만 이 경로는 사람을 포함한 모든 동물에서 필수적이다. 일본인과 아슈케나지 유대인을 비롯한 예외적으로 오래 사는 사람들에 대한 연구에서 저승사자 유전자를 손상시킨 여러 개의 변이가 별견되었다. 그리고 100년 이상을 산 이탈리아, 독일, 중국, 캘리포니아, 뉴잉글랜드 사람들에게서는 달콤한 열여섯에 해당되는 여러 가지 인간 유전자가 발견되었다. 과학자들은 이와 같은 유전자 변이가 몸이 손상으로부터 방어하는 것을 더 좋게 하거나 나쁘게 한다고 생각하고 있다. 실제 효과는 환경에 의해 달라지며 특히 가능한 식량의 양에 따라 달라진다. 식량이 충분하고 스트레스가 적으면 성장과 재생산이 유지보다 우선하지만 어려운 조건에서는 세포의 방어와 유지에 우선순위를 두어 환경이 주는 스트레스로부터 방어하고 수명을 연장시킨다. 말하자면 조건이 나쁜 지금 자손을 낳는 대신 자손이 살아남을 수 있는 좋은 조건이 이루어질 때까지 살아남는 쪽을 택하는 것이다.

만병통치약

이러한 발견은 동물들이 실제보다 훨씬 더 오래 살 수 있는 능력을 가지고 있다는 것을 보여준다. 환경이 주는 스트레스에 몸이 반응하는 데 영향을 주는 경로를 제어하는 유전자를 조작하여 몸이 위협에 처해 있다고 속여 '방어와 유지' 상태로 들어가게 만들 수 있을 것이다. DAF-2나 DAF-16과 비슷한 역할을 하는 또 다른 경로는 TOR이다. TOR 경로를 조작하면 효모, 파리, 지렁이, 생쥐를 더 오래 살게 할 수 있다. 이와 관련한 흥미로운 점은 이 경로에 작용하는 라파마이신이라는 상품명으로도 불리는 시롤리무스라는 의약품이 있다는 것이다. 이 약품은 생쥐의 수명을 연장시킬

1930년대의 대공황은 많은 사람들의 직장을 잃게 하여 식량을 구하기 어렵게 만들었다. 따라서 미국 과학자들은 굶주림의 영향을 염려하게 되었다.

수 있다. 그리고 이 약품은 이미 미국과 영국에서 사용할 수 있도록 승인받았다. 그러나 이 약품은 장기 이식수술을 받은 환자의 면역 체계를 약화시켜 이식된 장기를 거부하지 않도록 하기 위한 면역 억제제로 사용된다. 따라서 노화 방지 치료로 이상적인 약품은 아니다. 다른 경로를 목표로 하는 약품을 찾아내려는 시도는 비슷한 다른 경로에 문제를 일으킨다. 시르투인 유전자와 관련된 약품들의 경우가 대표적인 예다. 이에 대한 수천 편의 논문이 발표되었지만 이들이 수명을 연장시키느냐 하는 문제는 아직 논란거리다.

2004년에 적포도주에서 발견된 분자가 시르투인의 활동을 촉진시켜 효모의 수명을 연장시킨다는 주장이 있었다. 적포도주와의 관계는 사실이 아닌 것으로 밝혀졌지만 그것이 시르투인이 아무런 작용도 하지 않는다는 의미는 아니다. 확실히 시르투인 유전자의 변이가 동물이 살아 있는 동안 더 건강하게 한다는 증거가 있다. 시르투인 유전자의 변이를 가진 쥐가 정상적인 쥐보다 더 오래 산다는 것이 확인되지는 않았지만 시르투인의 변이는 콜레스테롤과 근육의 상실을 낮추며, 인식 능력 감퇴와 제2형 당뇨병의 발병을 낮춘다.

이 모든 발견의 결과로 우리는 이제 노화를 생명 과정의 한 부분이 아니라 치료할 수 있는 질병으로 생각하기 시작했다. 이런 생각의 변화는 두 가지 면에서 매우 중

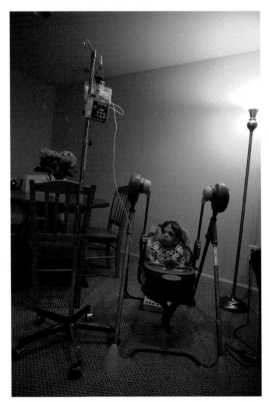

열여섯 살인 브룩 그린버그. 브룩은 20년 전 태어난 이후 물리적으로 거의 나이를 먹지 않았다. 그녀의 비정상적인 상태는 의사들과 과학자들을 어리둥절하게 하고 있다.

244

요하다. 첫 번째로 많은 질병이 기본적으로 노화로 인한 질병이다. 예를 들면 제2형 당뇨병, 암, 골다공증, 심혈관계 질환 등이 그런 질병들이다. 따라서 성공적으로 노화의 문제를 해결하면 많은 질병의 문제를 한꺼번에 해결할 수 있게 된다. 두 번째는 치료 및 규제와 관련되어 있다. 의약품을 허가하는 관청은 현재 질병을 목표로 하는 치료만을 관장한다. 그러나 노화는 질병이 아니므로 노화 방지 약물은 의약품으로 허가받을 수 없다. 시장에는 이미 노화 방지 약품이라고 주장하는 수많은 제품이 나와 있다. 이런 제품들은 기껏해야 화장품이나 식품 관련법에 의해 규제를 받고 있으며 최악의 경우에는 아예 규제를 받지 않는다. 따라서 효과를 시험해볼 필요도 없다. 노화를 질병으로 재분류하면 증거를 바탕으로 하는 의학의 우산 아래 이 모든 제품들을 둘 수 있을 것이다.

오래 잘 살기

일부 과학자들은 생명 연장이 '가능성'의 문제가 아니라 '시기'의 문제라고 믿고 있다. 건강과 의학 관련 분야의 발전 덕분에 우리는 이전 사람들보다 오래 살고 있다. 1970년에서 2010년 사이에 전 세계 평균 기대 수명은 남자의 경우 11년, 여자의 경우 12년 늘어났다. 10년마다 2.5년이 늘어난 것이다. 죽지 않는 것이 아니라면 적어도 아주 오래 사는 것은 이제 판타지가 아니라 실현 가능한 일이 되었다. 다음 의학의 진보가 일어날 때까지 20년을 살아 있다면 새로운 의학의 힘을 빌려 20년을 더 살 수 있을 것이다. 그리고 20년을 더 산다면 또 다른 의학 발전을 통해 그때부터 다시 20년을 더 살 수 있을 것이다. 하지만 그런 일이 가능하다고 해도 우리가 영원히 살 수 있는 것은 아니다. 우리는 언제든 질병에 걸릴 가능성이 있고, 사고를 당할 수도 있다. 실제로 오래 살 수 있도록 한 실험실의 동물들도 결국은 노화와 관련된 질병으로 죽는다. 런던에 있는 UCL 건강한 노화 연구소의 노인학자 데이비드 젬스[David]

^{Gems}는 "노화 속도를 줄이는 것이 일생 동안 겪게 될 질병의 위험을 전체적으로 변화시킬 것이라고 기대하지 않는다. 그보다는 특정한 연령대의 질병을 감소시킬 것이다"라고 말했다.

우리가 생명을 계속적으로 연장시킬 수 있게 되어 영원히 살 수 있다 해도 그것이 영원히 잘 사는 것을 뜻하는 것은 아니다. 젬스는 이에 대해 "사람들은 죽는 것을 두려워하지 않는다. 사람들이 두려워하는 것은 다른 사람들에 이끌려 화장실에 가는 것이다"라고 말했다. 세계보건기구는 2000년에서 2050년 사이에 60세 이상 노인 인구는 20억 명으로 늘어나고, 80세 이상의 노인 인구도 4억으로 늘어날 것으로 예상하고 있다('우리는 인구문제를 어떻게 해결할 수 있을까?' 참조). 따라서 많은 노화 연구가 건강한 노화에 집중하고 있다. 우리가 수명을 계속 연장시킨다는 것을 전제로 하여 안락한 노년의 생활을 위해 필요한 것들에 초점을 맞추고 있는 것이다.

스무 살의 브룩 그린버그는 어린 상태로 있지만 다른 사람의 보호를 받고 있다. 그녀는 아직 기저귀를 차고 있으며, 식도가 제대로 발달하지 않아 튜브를 통해 음식물을 먹는다. 하지만 잘 웃고 어머니와 유모차를 타고 여행하는 것을 좋아한다. 문제는 얼마나 오래 사느냐가 아니라 어떻게 사느냐이다.

노화는 질병인가?

의학에서의 지배적인 견해는 노화가 질병이 아니며 생명 주기의 일부인 자연적인 과정이라는 것이다. 그러나 의사의 입장이 아니라 생물학자의 관점에서 보면 노화는 실제로 죽음을 가져오는 질병으로 이어지는 퇴화 과정이다. 선진국에서 사람들을 죽음에 이르게 하는 대부분의 질병은 넓은 의미로 보면 노화 과정 중 일부다. 가장 많은 사람의 목숨을 앗아가는 암은 주로 노년층에서 발병하는 노화의 한 증상이다.

유력한 이론은 노화가 기본적으로 마모와 손상의 과정이라는 것이다. 특히 생명 활동에 필수적인 단백질과 핵산 등에 손상이 축적된다. 우리 몸은 유지 과정(수선과 재편성)을 통해 손상을 스스로 치유할 수 있다. 이것을 얼마나 잘할 수 있느냐가 노화의 속도를 결정한다. 유리기free radical 이론이나 텔로미어의 짧아짐과 같은 많은 노화 이론들은 모두 손상/유지 패러다임 아래 있다. 노화와 관련된 많은 것들이 상식처럼 보이지만 설명할 수 없는 것들도 많다. 예를 들면 많은 최근 연구에서는 유지 수준을 바꾸는 것이 노화에 예상된 효과를 나타내지 않았다. 또 사용 가능한 영양분을 줄이는 것(식사량의 제한)은 유지에 필요한 에너지의 양을 줄여 노화를 가속시킬 것으로 예상했지만 실제로는 수명을 연장시키는 반대의 효과를 나타냈다.

뉴욕에 있는 로스웰 파크 암연구소의 종양학 교수인 미하일 블라고스클로니Mikhail Blagosklonny가 최근에 제안한 기능항진 이론은 노화에 대한 새로운 이론이다. 최근의 과학적 발견을 기반으로 하고 있는 이 이론에서는 노화를 몸의 발전 프로그램이 후반으로 진입한 결과로 설명한다. 세포의 성장 및 세포분열과 번식을 통제하는 경로가 노화도 통제한다는 사실이 밝혀진 것이다. 기능항진 이론에서는 진화가 호르몬과 세포의 신호 경로에 작용하여 재생산을 성공적으로 할 수 있도록 이들을 최적화시킨다고 설명한다. 그러나 재생산이 끝난 후에는 경로의 활동이 더 이상 최적화된 상태로 유지되지 않아 종종 너무 높아진다. 이로 인해 기관이나 조직의 부피가 커지는 비대증, 암을 포함한 세포의 이상증식, 퇴화와 같은 질병이 발생한다는 것이다. 그리고 이런 질병들이 결국 우리를 죽음에 이르게 한다. 이 이론은 진화생물학과 기계론적 생물학을 결합시켜 노화를 종합적으로 이해할 수 있게 해준다.

데이비드 젬스(David Gems),
런던, UCL 건강한 노화 연구소

19

인구문제는
어떻게 해결할 수
있을까?

종으로서 **호모 사피엔스**는 대단한 성공을 거두었다. 수백만 년 동안 생존하는 데 성공했을 뿐만 아니라 지배적인 육상 포유류가 되었다. 자연과 자연 자원 보존을 위한 국제연맹(IUCN)은 보존 상태에 따라 종을 분류할 때 호모 사피엔스는 '약관심종'에 속한다고 발표했다. 다시 말해 인류가 빠른 시간 안에 멸종할 가능성이 거의 없다는 뜻이다. 인류는 지구의 모든 지역에 살고 있으며 지구를 떠나려는 시도도 하고 있다. IUCN이 지적했듯이 "소수의 인류는 우주에 발을 들여놓았고 그들은 국제우주정거장에서 살아가고 있다". 그러나 우리 종의 성공에도 불구하고 우리 앞에는 해결해야 할 많은 문제들이 놓여 있다. 인구수가 지수함수적으로 계속 증가해 도시 생활은 점점 답답해지고 있지만 식량, 물 그리고 연료의 공급은 점점 줄어들고 있다. 우리는 지구에서의 생활을 좀 더 오래, 좀 더 편안하게 하기 위해 의학, 농경, 기술 분야에서 창의력을 최대한 발휘해야 할 것이다.

인구문제는 두 가지 면에서 바라볼 수 있다. 하나는 너무 많은 사람이 살고 있다는 것이고, 다른 하나는 자원이 한정되어 있다는 것이다. 스탠퍼드 대학의 폴 에를리

일본 구와나에 있는 나가시마 스파랜드의 2010년 어느 바쁜 날. 인구밀도가 세계 50위 안에 드는 일본에는 1km² 의 넓이에 337명의 사람들이 살고 있다. 고도로 개발된 중국 마카오에는 1km² 넓이에 1만 9610명이 살고 있다.

히 Paul Ehrlich 가 믿고 있는 것처럼 사람이 너무 많다면 최적 인구수가 있을 것이다. 나비 전문가인 에를리히는 1968년 《인구 폭탄》을 출판하여 논쟁의 중심에 선 사람이다. 책에서 그는 인류를 먹여 살리려는 전쟁은 이미 끝났으며 10년 안에 사망률이 증가할 것이라고 주장했다. 그의 주장은 옳지 않은 것으로 밝혀졌지만, 그는 지구가 지탱할 수 있는 최적 인구수(약 20억)가 있다는 주장을 계속하고 있다. 그의 주장에 의하면, 70억 인구에서도 아직 증가하고 있는 지구의 인구수는 이미 오래전에 이 '최적 인구수'를 넘어섰다. 그러나 한편에서는 우리의 자원을 조심스럽게 분배하고 이용한다면 늘어나는 인구를 지탱할 수 있을 것이라고 생각하는 사람들도 있다.

현재 우리는 곡식, 목재, 물고기와 같은 재공급 가능한 자원을 지구가 다시 채워주

인구문제는 어떻게 해결할 수 있을까?

는 것보다 빠른 속도로 소모하고 있다. 1년 동안 우리가 소모하는 자원을 지구가 재충전하는 데는 18개월이 걸린다. 우리는 갚지 않기를 바라며 신용카드를 함부로 사용하는 것과 같은 일을 지구 생태계에서 하고 있는 것이다.

현재 지구에 너무 많은 사람이 있든 없든 관계없이 우리가 이 생태계에 진 빚을 줄이기 위해서는 농경, 임업, 어업과 같은 산업을 자원 절약형으로 바꾸어 좀 더 지속 가능하도록 만들어야 한다. 우리가 전혀 염려하지 않고 있던 자원마저도 사라지고 있다.

토양은 우리가 가지고 있는 가장 중요한 자원 중 하나다. 우리는 물을 보존하고, 작물을 재배하며, 유기물에서 탄소를 흡수하여 기후를 조절하도록 하기 위해 토양이 필요하다('우리는 모든 탄소를 어디에 저장할까?' 참조). 오스트레일리아에 있는 시드니 대학의 존 크로퍼드John Crawford는 2012년에 60년 안에 상층 토양이 사라질 것이라고 예상했다. 그가 말하는 상층 토양이란 단지 토양 위층이 아니라 작물이 생장하는 데 필요한 양분을 포함하고 있는 미생물이 풍부한 토양을 뜻한다. 지속 가능하지 않은 농경으로 인해 토양이 심하게 퇴화되어 더 이상 농작물을 재배할 수 없게 되면 상층 토양이 사라진 것과 같다. 퇴화된 토양에서는 작물이 더 이상 자라지 않을 것이며, 물을 잡아둘 수 없어 곧바로 강으로 흘러가버릴 것이다. 그렇게 되면 해수면이 상승하여 해안 지역이 물에 잠기고 늘어나는 인구가 사용해야 할 땅이 줄어들 것이다.

우리는 지구와 지구의 자원을 우리보다 더 많은 다른 종들과 공유하고 있다. 지구에 공존하는 많은 종들은 서로 경쟁과 마찰을 해왔으며 인류는 이미 모든 양서류 종의 반을 포함해 수많은 종들을 멸종시켰다. 과학자들은 이를 지구의 여섯 번째 대멸종 사건이라고 부른다. 다섯 번째 대멸종 사건은 6500만 전에 공룡을 포함한 많은 종들이 멸종한 사건이다.

그러나 인류에 대한 다른 종들의 공격도 만만치 않다. 지난 몇 세기 동안에 이루어진 의학 분야에서의 커다란 발전에도 불구하고 우리는 아직도 세균이나 바이러스와의 무기 경쟁을 계속하고 있다('우리는 어떻게 세균을 이길 수 있을까?' 참조). 대도시들이 늘어나면서 전염병의 대유행은 시간문제일 뿐이다.

제1차 세계대전이 끝난 다음에 퍼졌던 독감의 대유행으로 전쟁 동안 사망한 사람들보다 더 많은 수천만 명이 사망했던 것을 기억할 필요가 있다. 아마도 중세의 흑사병으로 사망한 사람들보다 이때 더 많은 사람들이 사망했을 것이다.

1997년 홍콩에서 시작된 H5N1 조류 독감에서 발견된 바이러스가 1918년 독감 바이러스와 유사하다는 것이 밝혀졌다. 다행스럽게도 1918년 독감은 사람에서 사람으로 전염되었지만 H5N1은 그렇지 않았다. 이것은 1997년에 우리가 매우 운이 좋았다는 것을 의미하지만 미래에도 운이 좋을 것이라고 확신할 수는 없다.

그럼에도 불구하고 IUCN의 멸종 위기 종 목록에 의하면 질병과 자연재해로 인

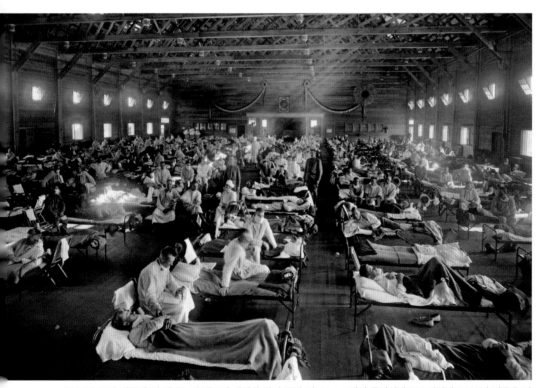

1918년 독감 대유행 때 캔자스에 미군이 설치한 임시 독감 진료소. 스페인 독감이라고도 알려진 1918년 변종은 전 세계 인구의 5분의 1을 감염시켰다.

한 국지적인 인구 감소를 제외하면 호모 사피엔스는 현재 '어떤 위협'에도 직면해 있지 않으며 따라서 "어떤 보존 조치도 필요하지 않다". 현재 지구의 인구는 증가 추세에 있다. 에를리히는 산아 제한, 불임, 낙태를 옹호하고 있으며 필요한 경우 인구를 통제하기 위해 정부가 개입해야 한다고 주장한다. 2012년에 전 세계 인구의 5분의 1을 차지하고 있는 중국은 1970년대부터 인구 통제를 실시하고 있다. 계속되는 논란 속에서 1979년에 법으로 정해졌고, 최근에 완화된 한 자녀 정책은 그동안 수억 명의 출산을 막은 것으로 추정됨에도 불구하고 중국의 인구는 계속 증가했다. 또한 다른 발전도상국의 인구도 예상보다 빠르게 증가하고 있다.

2000년대에 유엔은 세계 인구가 90억에서 최고점을 찍고 그 후에는 더 이상 증가하지 않을 것이라고 예측했다. 그러나 2011년에 들어서 예상보다 높은 아프리카의 출산율과 예상보다 낮은 HIV/AIDS로 인한 사망률로 인해 예상치를 수정해야 했다. 반면에 선진국에서는 사람들이 적은 수의 자녀를 선호하면서 인구 증가가 정체되고 노령화가 진행되고 있다.

우리는 자녀를 가지고 싶은 우리 안에 내재되어 있는 욕망에 재갈을 물릴 수 없어 보인다. '아기바라기' 증후군은 억제가 가능하지 않다는 것을 보여주는 연구도 있었다('놀라운 발견: 아기바라기' 참조). 좀 더 현실적으로 볼 때 아프리카 사람들은 나이 많은 사람들을 부양하고 더 나은 미래를 위한 수단으로 대가족을 생각한다. 그러나 현대화가 사람들의 태도와 행동을 바꾸어놓을 것이다. 최근 중국과 아프리카에서 수행된 연구는 교육이나 부유한 정도와 같은 요소를 감안하더라도 텔레비전을 보는 여성은 더 적은 아이를 가진다는 것을 보여주었다. 그리고 2011년에 수행된 이 이상해 보이는 연관성 연구는 특히 멜로드라마가 결혼과 가족에 대한 전통적인 태도를 바꾼다는 것을 보여주었다.

어디에서 살 것인가

예상에 의하면, 2100년까지 세계 인구는 100억 명이 될 것이고 이 중 3분의 1은 아프리카에 살고 있을 것이다. 우리는 이 많은 사람들을 어디에서 살게 할 수 있을 까? 주거 문제를 해결하는 방법에는 실현 가능한 기술 혁신에서부터 공상과학 소설 에서나 등장할 법한 방법에 이르기까지 다양한 방법이 있다. 주거 문제를 해결하기 위한 기술혁신 중에는 가능한 한 공간을 최대한 이용할 수 있는 조그만 주택을 짓는 것도 포함된다. 예를 들면 일본 도쿄의 일부 주택 부지는 차 한 대가 주차하는 넓이 보다 크지 않다. 건축 분야에서는 재활용 물질을 건축 자재로 사용하고 태양전지로 에너지를 생산하여 자체적으로 유지가 가능한 누에고치 모양의 주택 건설을 생각하 고 있다. 이런 '초미니 주택'은 작기 때문에 난방에 소요되는 에너지도 줄일 수 있을

동아프리카에 있는 케냐 나이로비의 슬럼가. 2008년 세계은행 발표에 의하면 12억 9000만 명이 하루 수입 1.25 달러 이하의 극빈 상태로 살고 있다. 이 인구의 4분의 3이 남아시아와 사하라 이남의 아프리카에 살고 있다.

화성에 생명체? 미국의 행성 천문학자 칼 세이건(Carl Sagan)은 1973년에 화성 극지방에 쌓여 있는 탄소를 화성 전역에 퍼뜨려 화성을 좀 더 생존 가능한 곳으로 만들자고 제안했다. 탄소가 화성 표면을 뒤덮으면 햇빛의 반사가 줄어들어 온화한 기후로 바뀌는 기후변화를 촉발시킬 수 있고, 물이 존재하는 환경을 만들 수 있을 것이다. 그러나 인류가 이 붉은 행성의 대기를 영원히 바꾸어놓기 전에는 숨 쉬는 것이 힘들어 사람이 살아가는 데 필요한 공기를 충분히 확보하고 있는 건물 내부에서만 머물러야 할 것이다.

것이다. 그러나 현재 사람들의 반 이상이 모여 사는 도시에서는 개인적인 소형 주택이 실용적이지 않을 수 있다. 고층 건물들은 이미 제한된 건축 부지에서 공간을 최대한 활용하고 있다. 하지만 '하늘 도시'에 대한 꿈에도 문제는 있다. 작은 상자 같은 주택에 갇혀 사는 데는 어려운 점들도 있다. 상자 주택이 높은 층까지 지어졌을 때 긴급 상황에서 탈출이 어려운 것도 그런 문제들 중 하나다.

또 다른 주택 문제 해결 방법은 기술혁신과 공상과학의 중간쯤에 해당하는 것으로 지하에 주거지를 만드는 것이다. 2013년 초에 건축 관련 당국에서 운영하는 싱가포

르의 한 새로운 기관이 거대한 동굴에 지하 주거 공간을 만들 목적으로 조사를 실시했다. 싱가포르 난양 기술대학은 이미 4층 아래로 확장하는 계획을 가지고 있다.

주택 문제의 공상과학과 같은 해결 방법에는 화성에 주거지를 마련하는 방법이 포함된다. 2013년에 네덜란드 회사 마스원은 2023년까지 화성에 식민지를 건설하겠다는 계획을 발표했다. 아직 한 사람도 화성 위에 발을 디딘 적이 없다는 것을 감안하면 너무 높은 목표로 보이지만 이 회사는 전 세계적인 리얼리티 쇼와 후원금을 통해 프로젝트에 소요되는 자금을 조달할 계획이다.

미국항공우주국(NASA)은 조금 덜 야심적이다. 2012년에 NASA의 책임자인 찰스 볼든Charles Bolden은 2035년경에 최초의 유인우주선을 화성에 보내겠다고 발표했다. 화성을 인간이 주거할 수 있는 곳으로 만드는 것은 엄청난 도전이다. 얇아서 숨 쉴 수 없는 대기, 모든 것이 얼어붙는 추위, 높은 수준의 방사선, 지구 중력의 38%밖에 안 되는 약한 중력 문제를 해결해야 한다. 화성을 주거 가능한 환경으로 만들기 전에는 지구에서 미리 만든 주택을 보낼 수도 있을 것이다. 그리고 화성까지 여행하는 동안 우주 공간에서 보내는 긴 시간과 화성이라는 낯선 곳에 적응하면서 겪을 심리적 효과를 극복하는 문제 역시 해결해야 한다.

무엇을 먹을 것인가

현재 우리는 충분한 식량과 물 그리고 에너지를 확보해야 하는 더 심각한 문제에 직면해 있다. 모든 사람에게 필요한 식량과 물을 공급하는 것은 우리가 당면한 가장 큰 문제이다. 화석연료는 바닥나고 있어('우리는 어떻게 더 많은 에너지를 태양에서 얻을 수 있을까?' 참조), 미래에는 늘어나는 에너지 수요를 감당하기 위해 자원을 사용하는 방법에 커다란 변화가 있어야 할 것이다. 우선 경작지에 가하는 압력을 줄이기 위해 식습관을 극적으로 바꿔야 한다. 현재의 식습관을 그대로 유지하는 것은 큰 문제를 야기할 수 있다. 폭발적으로 증가하는 인구를 먹여 살리기 위해 가축을 기르는 데 많은 물을 사용하면(가축을 사육하는 데는 곡식을 재배하는 데 사용하는 것보다 더 많은 물을 필요로 한다) 마실 물도 충분하지 않을 것이다. 과학자들의 계산에 의하면 충분한 물을 확보하기 위해서는 2050년까지 가축을 통해 얻는 에너지의 양을 20%에서 5%로 줄이고, 더 많은 단백질을 식물에서 얻어야 한다. 집약적인 농업에 필요한 물을 공급하기 위해 이미 많은 양의 지하수를 퍼올리고 있는 것도 문제이다. 2008년 예상에 의하면 우리는 해마다 프랑스 파리 크기의 수영장을 채울 수 있는 양에 해당하는 $147km^3$의 지하수를 사용하고 있다. 그리고 많은 사람들이 살고 있는 도시는 늘어나

도시 농장의 개념. 도시 블록에 가축과 농작물이 함께 있다. 이렇게 하면 토지를 절약하고 도시 한가운데 농장을 만들 수 있다.

는 물의 수요를 충족시키기 위해 더 먼 시골에서 물을 끌어와야 한다. 따라서 21세기 중반에는 세계 인구의 반 이상이 물 부족으로 인해 심각한 어려움을 겪게 될 것이다.

육식을 좋아하는 사람들에게 과학자들이 실험실에서 육류를 만들어내기 위해 연구하고 있다는 소식은 약간의 위안이 될 것이다. 네덜란드에 있는 아인트호벤 대학의 생리학자 마르크 포스트[Mark Post]는 2012년에 실험실이 인공적으로 만든 햄버거를 그해 말까지 제공하겠다고 발표했다. 마이코프로테인과 같이 효소를 채운 탱크에서 성장시킨 육류 대체품들과는 달리 실험실 햄버거는 실험접시에서 배양한 근육세포로 만든다. 이 세포들은 실제 동물세포를 배양한 것이지만 우리가 고기라고 인식하는 자연적인 형태의 육류와 같지는 않기 때문에 맛있는 햄버거를 만들기 위해서는 따로 배양한 지방세포를 섞어야 할 것이다. 이 기술의 좋은 점은 제조 과정에서 투입되는 영양분을 더 많이 이용할 수 있다는 것이다. 이와는 대조적으로 가축을 사육하는 것은 에너지 면에서 볼 때 매우 소모적이다. 식물이 가지고 있던 대부분의 영양분이 우리가 먹는 음식으로 바뀌는 것이 아니라 가축이 살아가는 데 쓰이기 때문이다.

하지만 포스트가 약속했던 햄버거는 계획대로 만들어지지 않았다. 상업적인 문제를 해결하기 위해서는 좀 더 많은 시간이 필요한 것으로 보인다. 그러나 식량 생산자들의 더 큰 걱정은 이런 새로운 기술에 대한 소비자들의 반응이다. 유전자조작 식품은 병충해와 가뭄에 잘 견디고 생산량이 많다는 장점을 가지고 있음에도 불구하고 처음에는 거세게 거부되었다('전문가 노트: 유전자조작 식품이 식량 문제 해결에 도움이 될까?' 참조).

유전자조작 식품은 가짜 식품 또는 인공 식품이라는 인식 때문에 아직도 거부감이 남아 있다. 그러나 농경지의 생산성이 저하되고, 상층 토양이 사라지고, 물이 부족해지고, 농경에 사용되는 에너지가 비싸지면 우리는 우리 자신과 수십억 명의 이웃을 먹여 살리기 위해 새로운 방법을 생각해야 한다.

많은 사람들이 현재 인류가 위험에 처해 있지 않으며, 인구가 정점에 도달하지도 않았다고 생각한다. 하지만 여러모로 우리는 우리 자신의 최대의 적이다. 우리는 빠르게 늘어나는 인구를 먹여 살리는 방법을 찾고 있는 동안에도 더 오래 살기 위해 질병 치료 방법을 개발하고 있으며, 우리의 소중한 자원을 더 많이 사용하고 있다. 지구 상에 존재하는 다른 모든 종들과 마찬가지로 인류도 한 종이라는 것을 인정할 때만 지구 상에서의 우리 시대가 영원하지 않으리라는 것을 깨닫게 될 것이다. 종말이 죽음의 바이러스에게 굴복해서일지, 소행성의 충돌로 인한 것일지, 아니면 지구의 자원을 모두 소모해버렸기 때문일지는 알 수 없다. 그러나 지구 상의 모든 생명체와 마찬가지로 생존 본능을 가진 우리가 지금까지 잘 견뎌왔다는 사실은 먼 미래에도 우리는 살아남을지 모른다는 희망을 갖게 한다.

유전자조작 식품이 식량문제 해결에 도움이 될까?

지구의 인구는 계속 증가하고 있다. 우리는 기후변화를 염려하고 있고, 일부 개발도상국들이 부유해지면서 소비가 증가하고 있다. 이처럼 변화하는 조건들에 적응할 수 있는 새로운 식량 생산 기술을 개발할 필요가 있다. 늘어나는 사람들을 먹여 살리기 위해 최소의 자원을 이용하여 최대의 식량을 생산할 수 있도록 노력해야 한다. 만약 육류를 효과적으로 소비하고 식량을 효과적으로 생산한다면 우리는 야생을 보존할 수 있을 것이다. 그렇지 않으면 모든 숲을 파괴하게 될 것이고 기후변화의 문제는 더욱 심각해질 것이다. 유전자조작 식품은 기후변화에 더 빨리 적응하는 기술로 새로운 유전적 다양성을 빠르게 발전시킬 수 있다. 미국과 브라질, 아르헨티나에서 유전자조작 식품은 이미 큰 변화를 만들어내고 있다. 아르헨티나의 콩 생산량은 유전자조작 식품으로 인해 세 배로 늘어났다. 지금까지는 유전자조작 기술이 전체적이 아니라 부분적으로만 적용되었지만 전 세계가 유전자조작 옥수수와 콩을 생산한다면 공급량을 20% 늘릴 수 있을 것이다. 쌀과 밀에 유전자조작 기술을 적용하면 가격을 낮출 수 있고 생산에 필요한 노동력을 줄일 수 있을 것이다. 물론 유전자조작은 위험 가능성을 안고 있다. 하지만 위험성이 없는 기술도 있는가? 현재까지 유전자조작 식품은 아주 좋은 성적을 보이고 있다. 유럽에서는 유전자조작 식품 사용에 대해 많은 정치적·경제적 장애가 있지만 유전자조작 식품을 사용하지 않는 것은 감전이 두려워 전기를 사용하지 않는 것과 같다. 내 생각에 이것은 아주 간단한 문제다. 우리는 살충제보다 훨씬 안전한 기술을 가지고 있다. 유전자조작 식품을 사용하면 병충해 예방을 위해 사용하는 화학물질의 양을 줄일 수 있기 때문에 유기 농산물의 섭취를 늘릴 수 있을 것이다. 그러므로 시도해보자. 만약 우리가 사소한 것들을 두려워하면 우리는 다른 더 큰 문제로 인해 무너질 것이다. 연구에 투자하고 연구 결과를 응용하는 메커니즘을 발전시켜야 하고, 그것을 가난한 농부들에게 전해주어야 한다. 나는 우리가 이런 일들을 잘해낼 수 있을 것이라고 생각한다.

데이비드 질버먼(David Zilberman),
캘리포니아 대학, 농업 및 자원경제학 교수

오스트레일리아의 빅토리아에서 자라고 있는 유전자조작으로 만든 캐놀라. 캐놀라는 종종 채소 기름으로 판매되고 있으며 1970년대 이후 수요가 꾸준히 증가하고 있다. 유전자조작 식품은 흔한 제초제에 내성을 갖도록 하는 유전자를 가지고 있다.

아기바라기

"나는 오랫동안 '아기 열병'을 앓았다. (……) 일곱 번째 생일이 다가오자 어머니가 어떤 생일 선물을 받고 싶냐고 물었다. 나는 진짜 아기 외에는 아무것도 바라지 않는다고 대답했다. (……) 어제 나는 피임약을 사기 위해 약국에 갔다. 약국에는 사람들이 길게 늘어서 있었다. 나는 시간을 보내기 위해 신문 가판대로 가 쌓여 있는 신문과 잡지들 중에서 잡지 한 권을 들어 올렸다. 젊은 부모를 위한 잡지인 《투 플러스》였다. 얼마나 역설적인지. 나는 잡지에 실린 아기의 사진을 보았다. 그러자 눈에서 눈물이 흘러내렸다. 나는 아기를 무척 가지고 싶다."

(아기 없는 대학생, b. 1985)

2007년 10월 25일에
안나 로트키르히가 《진화심리학》지에 발표한
〈'그녀가 원하는 것은 아기일까?' 번식을 동기로 한
아기바라기는 점점 더 중요해지고 있다〉에서

2007년에 핀란드 대학의 인구 연구원인 안나 포트키르히^{Anna Rotkirch}는 핀란드 여성 3000명에 대한 조사 결과를 발표했다. 그녀는 왜 여성들이 20대에 '아기바라기' 또는 '아기 열병'을 앓게 되는지에 대한 이론을 내놓았다. 그녀는 많은 여성들이 느끼는 아기를 가지고 싶어 하는, 저항할 수 없는 욕망은 세 가지 요인 때문이라고 설명했다. 나이에 따른 호르몬 수준의 변화, 다른 누군가를 보살피고 싶은 욕망 또는 '양육에 대한 욕구' 그리고 배우자가 자신에게 헌신할 수 있도록 하는 전략의 일환이 그녀가 제시한 아기바라기의 세 가지 요인이다. 반면에 남자들은 특히 서양 사회의 남자들은 아버지가 되도록 설득당한다. 그러나 서른 살에서 서른아홉 살 사이의 어느 시점에 남성들은 대부분 스스로 아기바라기를 경험한다.

아기바라기에도 불구하고 지난 세기 핀란드의 출산율은 빠르게 하락하여 현재는 지금의 인구를 유지하기 힘든 수준까지 떨어졌다. 이와는 반대로 2012년에 조사한 결과에 의하면 출산율이 가장 높은 열 개 나라는 아프리카에 있다.

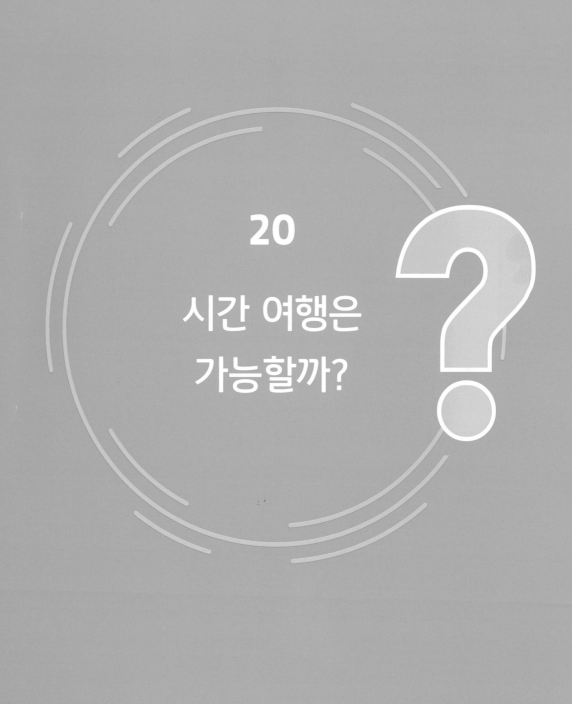

20

시간 여행은
가능할까?

지구의 대륙과 바다가 아래서 지나가고 있는 것을 바라보며 우주 비행사 세르게이 크리칼레프 *Sergei Krikalev*가 무엇을 느꼈는지는 알 수 없다. 그는 1958년에 레닌그라드(현재의 상트페테르부르크)에서 태어났다. 그가 태어났을 때 이오시프 스탈린이 죽고 5년 뒤의 소련은 아직 안정되지 않은 상태였다. 그가 지구궤도에서 지구를 바라보고 있는 동안 그의 조국은 다시 한 번 변하고 있었다. 그는 1991년 5월 지구와 소련을 떠나 **미르** 우주정거장에서 10개월을 보냈다. 1992년 3월 다시 지구로 돌아왔을 때 그가 떠났던 공산국가는 사라지고 없었다. 이후 그는 '소련의 마지막 시민'으로 불렸다. 그는 인류 역사에서 가장 위대한 시간 여행자였다.

크리칼레프는 그 후에도 여러 번 우주선을 타고 국제우주정거장을 방문했다. 2005년 여섯 번째로 우주여행을 할 때까지 그는 803일 9시간 39분을 우주에서 체류해 이 부분의 기록을 세웠다. 지구를 시속 2만 8000km의 속력으로 도는 우주여행 동안 그는 미래로 시간 여행을 했다. 그가 우주에서 보낸 시간이 끝났을 때 그는 지구에 있

A. 골프공의 속도=골프공의 속도+배의 속도

B. 달리는 배에 실려 있는 횃불에서 나온 빛의 속도=빛의 속도

을 때보다 0.02초 젊어 있었다. 우주에 체류하는 동안 시간 지연으로 인해 자신의 미래 속으로 0.02초 여행한 것이다. 이러한 시간 지연은 1905년 아인슈타인이 제안한 특수상대성이론에 의해 예측되었던 것이다.

아인슈타인이 상대성이론이라는 놀라운 이론을 발표하기 수십 년 전부터 빛이 이상하다는 사실이 알려져 있었다. 미국 물리학자 앨버트 마이컬슨^{Albert Michelson}과 에드워드 몰리^{Edward Morley}가 1880년대에 행한 실험은 빛이 항상 같은 속도로 달리고 있다는 것을 보여주었다. 오늘날 우리가 299,792,458m/s라고 알고 있는 빛의 속도는 우리가 어떤 방법으로 측정하든 항상 같은 값으로 측정된다. 이 발견은 상대성 운동에 대한 이전의 생각에 반하는 것이었다.

해변과 나란히 달리고 있는 배 위의 선원이 배의 앞부분을 향해 골프공을 던진다고 가정해보자. 해변에 서 있는 사람은 공이 배의 속도에 공의 속도를 합한 속도로 날아가고 있다고 측정할 것이다. 이탈리아의 천문학자 겸 수학자인 갈릴레오 갈릴레이^{Galileo Galilei}가 17세기에 제안한 갈릴레이 상대성이론에 의하면 이는 사실이다. 그렇다면 골프공을 횃불로 바꾸고 선원이 이 횃불로 배의 앞부분을 비출 때는 어떨까?

갈릴레이 상대성이론에 의하면 해변에 있는 사람에게는 이 횃불에서 나와 배 앞쪽으로 달리는 빛의 속도가 배의 속도에 빛의 속도를 더한 값으로 측정되어야 한다. 그러나 실제로는 그렇지 않았다. 배의 속도는 빛의 속도에 영향을 주지 않았다. 다시 말해 움직이고 있는 광원에서 나온 빛의 속도와 정지해 있는 광원에서 나온 빛의 속도는 같았다.

이 문제는 아인슈타인이 빛의 속도가 항상 같은 값으로 측정되는 것은 시간 자체와 관련되어 있다는 것을 알아차린 후에야 해결되었다. 관측자들이 측정한 빛의 속도가 일치하기 위해서는 관측자들이 측정하는 시간이 달라야 한다. 다시 말해 두 관측자가 서로 상대적으로 운동하고 있을 때는 두 관측자가 측정하는 시간이 다르게 가야 한다.

상대성이론에 의하면 상대적으로 정지한 상태에 있는 관측자가 측정한 시간보다 상대적으로 일정한 속도로 운동하고 있는 관측자가 측정한 시간이 천천히 가야 한다. 이를 시간 지연이라고 한다. 일상생활에서 우리가 경험하는 느린 속도에서는 이런 시간 지연이 아주 작아 알아차릴 수 없다. 그렇지 않다면 대서양을 건너기 위해 여섯 시간 비행한 사람은 지상에 머물러 있는 사람보다 눈에 띄게 천천히 나이를 먹을 것이다. 작기는 하지만 비행기 여행은 실제로 시간을 지연시킨다. 비행기 여행으로 인한 작은 시간 지연은 지구를 도는 원자시계를 이용해 정확하게 측정되었다('놀라운 발견: 하펠레-키팅 실험' 참조).

일상생활에서는 시간 지연의 효과가 아주 작을지 모르지만 지구궤도를 돌고 있는 인공위성이나 우주정거장의 속도에서는 중요한 의미를 가질 정도로 커진다. 실제로 시간 지연을 감안하지 않으면 우리 생활의 중요한 일부분이 가능하지 않을 것이다. 지구 곳곳에서 1년 동안 수백만 명을 실어 나르는 비행기는 GPS 위성들을 이용하여 5m 오차 이내로 정확한 위치를 결정하고 있다. GPS 위성은 자동차가 길을 찾아갈 때도 이용하고 있으며 스마트폰의 지도 앱에서도 사용하고 있다.

GPS 위성에 실려 있는 원자시계는 100만분의 1초 정도의 정확도를 가지고 있다. 우리가 있는 위치는 여러 개의 위성으로부터 받은 신호를 이용하여 계산한다. 만약 GPS 시스템이 시간 지연을 계산에 넣지 않으면 인공위성은 매일 700만분의 1초씩 잃어버릴 것이다. 그러나 인공위성은 또 다른 형태의 시간 지연인 중력에 의한 시간 지연으로 매일 4600만분의 1초씩 얻는다('전문가 노트: 미래로 여행하는 다른 방법이 있을까?' 참조). 따라서 이 두 가지 시간 지연을 합하면 하루에 3900만분의 1초가 된다. 이것은 아주 작은 것이라고 생각할 수도 있다. 그러나 이 짧은 시간 동안에 빛은 약 11km를 달릴 수 있다. 따라서 시간 지연 효과를 계산에 넣지 않으면 약 11km의 오차가 발생한다. 이것은 많은 비행기들이 날아다니는 공항 부근의 하늘에서 비행기 위치를 추적할 때 허용할 수 있는 오차의 한계를 훨씬 넘어선다. 따라서 GPS 시스템이 시간 지연을 계산에 넣는 것은 우리에게는 다행스러운 일이다.

시간 여행은 생각보다 간단하다. 아주 빨리 달리기만 하면 된

러시아 우주 비행사 세르게이 크리칼레프(b.1958). 803일이나 지구궤도에 머무는 동안 시간 지연 효과로 인해 0.02초 미래로 여행하여 인류 역사상 가장 위대한 시간 여행자가 되었다.

GPS 위성들. 위성에 실려 있는 원자시계는 시간 지연 효과를 감안하여 수정되어야 한다. 그렇지 않으면 하루 안에 쓸모없게 될 것이다.

다. 빛의 99.9999%의 속도로 달리는 사람을 지구에서 관측하면 그는 나이를 천천히 먹는다. 어떤 면에서 보면 그는 과거에 있고 나는 미래에 있다고 할 수 있다. 우리는 이미 아원자입자들을 그런 빠른 속도로 가속시키고 있다. 스위스 제네바 부근에 있는 유럽입자물리연구소(CERN)의 입자가속기에서 달성한 최고 기록은 빛 속도의 99.9999999999874%나 되는 빠른 속도였다. 미래로의 시간 여행은 이제 더 이상 과학적 가능성의 문제가 아니라 사람과 같은 큰 물체를 아인슈타인이 제안한 시간 지연이 큰 의미를 가질 수 있는 빠른 속도로 가속시킬 수 있느냐 하는 기술의 문제다.

어떤 면에서는 미래에나 가능한 일들을 이야기하는 이 책을 읽음으로써 우리는 이미 미래로 여행하고 있는지도 모른다. 시간 지연을 이용하여 시간 여행을 한다는 것은 빠른 속도로 달려 내 시간은 천천히 흐르도록 하고, 달리고 있는 나를 제외한 모두는 앞서 가 있도록 하면 된다. 나는 2100년에 있는데 나를 제외한 모든 것들이 2200년에 가 있다면 나는 미래에 와 있는 것이 된다.

상대성이론의 시간 지연을 이용하면 이런 일이 정말 가능해질까? 문제는 그렇게 간단하지 않다. 미래로 가는 문제를 더 자세히 이야기하기 위해서는 현재와 미래의 의미, 시간 지연의 효과, 서로 다른 기준계에 있는 사람들이 관측하는 서로 다른 시간의 의미 등 생각해보아야 할 것들이 많다. 따라서 상대성이론에 의한 시간 지연을 이용하면 미래로의 여행이 가능하다고 단정 지을 수는 없다. 다만 시간 지연을 통해 시간의 흐름이 누구에게나 같은 게 아니라는 점을 안 것만으로도 언젠가는 시간 여행이 가능할지 모른다는 희망을 가져볼 수 있다.

그렇다면 이제 과거로의 시간 여행에 대해 이야기해보자. 수십 년 동안 사람들은 과거에서 미래로만 흐르는 시간의 흐름을 거꾸로 돌려 과거로 여행하는 것이 가능할지에 대해 생각해왔다.

웜홀을 통해

과거로 여행하는 한 가지 방법은 우주 공간의 두 점을 연결하는 가상의 터널인 웜홀을 이용하는 것이다.

한 장의 종이를 생각해보자. 종이 앞면에서 뒷면으로 여행하려면 가장자리를 돌아가야 하기 때문에 종이 표면을 두 번 가로질러 가야 할 것이다. 그러나 종이를 반으로 접어 출발점과 도착점이 아래위로 겹치게 한 다음 두 점 사이에 구멍을 뚫으면 종이 두께 거리의 두 배 정도 거리를 여행하면 목적지에 도착할 수 있을 것이다.

알베르트 아인슈타인(Albert Einstein, 1879~1955). 1905년에 발표된 그의 특수상대성이론은 빠른 속도로 여행하는 사람들에게는 시간이 천천히 갈 것이라고 예측했다. 이것은 효과적으로 미래로 가는 것을 가능하게 한다. 이 시간 지연 효과는 잘 시험된 현상이다.

과학자들은 질량이 공간을 휘게 한다는 것을 알고 있다. 유명한 아인슈타인의 방정식 $E=mc^2$(E는 에너지, m은 질량, c는 빛의 속도를 나타낸다)에 의하면 에너지는 질량과 동등하다. 이것은 에너지도 공간을 휘게 할 수 있음을 뜻한다. 과학자들은 아주 큰 에너지가 공간을 휘게 하여 멀리 떨어져 있는 두 점 사이에 종이의 구멍과 같은 지름길인 웜홀을 만들 수 있을 것이라고 생각해왔다. 과학자들은 웜홀의 양쪽 끝부분은 입, 두 입 사이의 터널은 식도라고 불렀다. 그렇게 되면 웜홀은 두 개의 입과 하나의 식도를 가지고 있는 이상한 모양의 야수라고 할 수 있다. 웜홀이 실제로 발견된 적은 없다. 일부 연구자들은 아주 작은 웜홀이 갑자기 만들어졌다 사라진다고 믿고 있다. 원자 크기의 100만분의 1 정도의 아주 작은 크기에서는 우주가 양자 거품이라 부르는 이상한 상태로 존재한다. 이 거품은 하이젠베르크의 불확정성원리라는 자연의 성질과 에너지 임대차 계약을 맺고 있다. 하이젠베르크의 불확정성원리에 의하면, 빌리는 에너지의 크기와 빌려 쓰는 시간을 곱한 값이 일정하게 유지된다면 얼마든지 큰 에너지를 빌려 쓸 수 있다. 이것은 적은 양의 에너지를 긴 시간 동안 빌리거나 큰 에너지를 짧은 시간 동안 빌릴 수 있다는 것을 뜻한다. 큰 에너지를 짧은 시간 동안 빌리면 작은 웜홀을 만들 수 있을 것이다.

문제는 이 웜홀이 '가상적'이라는 것이다. 웜홀은 어느 순간 갑자기 만들어지지만 자연에 진 엄청난 빚 때문에 곧 다시 사라져야 한다. 우리가 웜홀 대신 빚을 갚아준다면 웜홀이 사라지는 것을 막아 공간 여행에 사용할 수 있을 것이고, 어쩌면 시간 여행에도 사용할 수 있을지 모른다. 미래에는 이런 가상적인 웜홀 중 하나를 분리해내 계약에 의해 돌려줘야 할 만큼의 에너지를 쏟아부어 사라지는 것을 막고 과거로의 시간 여행에 사용할 수 있는 기술이 개발될지도 모른다. 심지어는 웜홀을 이용하여 우리 자신에게 크리스마스 선물을 건네주고 그것을 펴보는 내 모습을 지켜보는 일도 가능해질지 모른다. 물론 그런 일이 가능하도록 하기 위해서는 시간 지연과 웜홀을 결합해야 할 것이다.

이런 특별한 크리스마스를 보내기 위해 웜홀과 시간 지연을 이용하여 과거로 여행하는 공상과학소설 같은 이야기를 생각해보자. 2100년에 우리는 빛의 속도에 가까운 속도로 여행할 수 있는 기술뿐만 아니라 웜홀을 만들 수 있는 기술도 가지고 있다고 가정해보자. 우리는 과거로 시간 여행을 하기 위해 우주에서 에너지를 빌려 웜홀을 만든다. 웜홀이 사라지지 않도록 하기 위해서는 웜홀을 만들기 위해 빌린 에너지를 우리가 대신 갚아주어야 할 것이다. 웜홀의 입 하나는 지구에 있고 다른 하나는 태양에서 가장 가까이 있는 4.3광년(43조 km) 거리에 있는 별인 프록시마 켄타우리에 있다. 우주에서 가장 빠른 빛이라 해도 지구에서 프록시마까지 가는 데는 4.3년이 걸린다. 그러나 웜홀의 지름길을 이용하면 빛뿐만 아니라 사람이 가는 데 1초도 안 걸릴 것이다.

우선 시간을 벌기 위해 프록시마가 아닌 2.5광년 떨어진 다른 곳으로 여행을 다녀오자. 2100년 12월 15일에 지구를 출발한 우주선이 빛의 99.5% 속도로 왕복 5광년(47조 km) 거리를 여행한다고 생각해보자. 우주선의 등에는 웜홀의 지구 쪽 입이 부착되어 있다. 웜홀 입을 우주선 등에 달고 달리는 것은 시간 지연을 통해 웜홀 안의 시간이 천천히 가도록 하기 위해서다. 실제로 그런 일이 가능한지에 대해서는 따지지 말자. 웜홀을 실제로 만들 수 있느냐 하는 것도 문제가 될 수 있지만 웜홀 입을 달고 달리는 것이 원리적으로라도 가능한 것인지가 확실하지 않기 때문이다. 하지만 시간 여행 이야기를 이끌어가기 위해 가능하다고 가정해보자. 우주선이 빛의 속도보다 약간 느리게 달리므로 5광년 거리를 여행하는 데는 5년 10일 걸린다. 그렇게 되면 웜홀의 입이 지구로 돌아왔을 때 지구는 2105년 크리스마스로 떠들썩할 것이다. 지구에서 웜홀의 입이 지구로 돌아오기만을 기다리고 있던 사람이 이 웜홀로 뛰어든다면 언제 프록시마 켄타우리에 나타날 수 있을까? 웜홀 안에 놓여 있는 시계는 웜홀이 엄청 빠른 속도로 달리는 동안 시간 지연으로 인해 천천히 갔을 것이다. 우주선이 빛 속도의 99.5%나 되는 빠른 속도로 5광년의 거리를 여행하는 동안 지구에서는 5년 10일이 흘렀던 것과는 달리 웜홀 안의 시계는 6개월밖에 안 흘러갔을 것이다. 이것은 웜홀 내부의 날짜는 지구를 출발한 지 6개월 후인 2101년 6월 15일이라는 것을 뜻한다. 웜홀의 식도는 프록시마 켄타우리에 있는 입에 대해 상대운동을 하지 않으므로 프록시마 켄타우리에서의 날짜도 웜홀 내부의 날짜와 같을 것이다. 따라서 지구 달력으로 2105년 크리스마스에 웜홀에 뛰어들면 2101년 6월 15일에 프록시마 켄타우리에 나타날 수 있다. 그렇게 되면 역사상 처음으로 과거로의 시간 여행에 성공한 사람이 될 것이다. 그런 다음에 빛의 99.5%의 속도로 달리는 우주선을 타고 전통적인 경로를 통해 지구로 돌아온다고 생각해보자. 4.3광년의 여행을 끝내고 4년 3개월 정도 지난 2105년 9월 초에 지구에 도착할 수 있을 것이다. 처음 웜홀로 뛰어들 때보다 3개월 전에 도착했으므로 웜홀로 뛰어들 준비를 하고 있는 자신에게 줄 크리스마스 선물을 준비할 시간은 넉넉할 것이다.

실제로 이런 종류의 시간 여행이 가능하다고 이야기하기에는 이르다. 이 이야기에는 서로 다른 상태에서 측정한 시간, 즉 5광년 거리를 여행한 우주선과 웜홀 안에서 측정한 시간과 지구에서 측정한 시간이 서로 섞여 있다. 5광년 거리를 여행하고 돌아온 우주선의 시계가 천천히 갔다고 해서 우리가 그 우주선을 타거나 웜홀로 뛰어들어 우리의 과거로 갈 수는 없을 것이다. 따라서 이 이야기는 재미있는 이야기 정도로 취급하는 것이 좋다. 다만 우리는 이 이야기를 통해 우리가 아직 알지 못하는 시간 여행이 가능할지도 모른다는 생각을 해볼 수 있다. 웜홀이나 시간 지연은 우리에게 시간 여행에 대한 새로운 가능성을 제시해줄지도 모른다.

이제 왜 우리는 시간 여행자들을 만날 수 없는가 하고 묻는, 시간 여행과 관련된 귀찮은 질문에 대해 생각해보자. 만약 미래에 실제로 시간 여행이 가능해진다면 미래에 살고 있는 사람들이 과거로 돌아와 휴일을 보내고 싶어 하리라는 것을 쉽게 짐작할 수 있다. 집에 앉아서 텔레비전을 통해 제2차 세계대전의 다큐멘터리를 보거나 케네디 대통령이 암살되는 장면을 보는 대신 실제로 그 일이 일어나는 것을 보기 위해 1940년대의 런던이나 1960년대의 댈러스로 시간 여행을 하고 싶어 할 것이다. 그렇다면 역사상 중요한 사건의 현장에는 뒤에서 사건을 지켜보는 미래에서 온 여행자들로 넘쳐나야 할 것이다. 하지만 그런 여행자들을 만날 수 없다. 이유는 간단하다. 과거로의 시간 여행을 할 수 있는 타임머신이 미래에도 발명되지 않았기 때문일 것이다.

아니면 과거로의 시간 여행을 할 수 있는 타임머신이 발명되었지만 앞에서 이야기한 웜홀을 이용하고 있을지도 모른다. 이런 방법을 이용하면 웜홀이 만들어지기 이전의 과거로는 돌아갈 수 없다. 이 때문에 웜홀을 만들 수 없는 오늘날에는 미래에서 온 시간 여행자들을 볼 수 없는 것인지도 모른다.

어떤 방법을 이용하든 시간 여행은 가까운 장래에도 가능하지 않을 것이다. 이런 일이 가능하기 위해서는 현재의 기술 수준보다 몇 단계 더 발전해야 한다는 것은 쉽게 짐작할 수 있다. 따라서 그런 기술은 아주 먼 미래에나 가능할 것이다.

그러나 알려진 어떤 물리법칙도 과거로의 시간 여행을 금지하고 있지 않다. 과거로

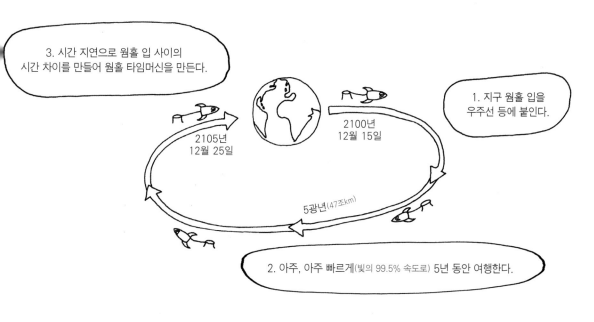

3. 시간 지연으로 웜홀 입 사이의 시간 차이를 만들어 웜홀 타임머신을 만든다.

1. 지구 웜홀 입을 우주선 등에 붙인다.

2105년 12월 25일

2100년 12월 15일

5광년(47조km)

2. 아주, 아주 빠르게(빛의 99.5% 속도로) 5년 동안 여행한다.

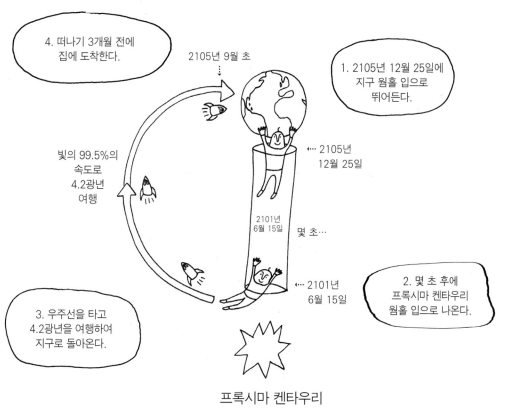

4. 떠나기 3개월 전에 집에 도착한다.

2105년 9월 초

1. 2105년 12월 25일에 지구 웜홀 입으로 뛰어든다.

빛의 99.5%의 속도로 4.2광년 여행

2105년 12월 25일

2101년 6월 15일

몇 초…

3. 우주선을 타고 4.2광년을 여행하여 지구로 돌아온다.

2101년 6월 15일

2. 몇 초 후에 프록시마 켄타우리 웜홀 입으로 나온다.

프록시마 켄타우리

의 시간 여행이 현재 가능하지 않을 뿐이지 불가능한 것이 아니라는 사실은 이 분야가 과학적 연구의 대상이 될 수 있다는 것을 의미한다. 대학들에서는 시간 여행과 우리가 알고 있는 물리법칙의 한계를 뛰어넘을 가능성에 대해 검토하고 있다.

그러나 일부 물리학자들은 우리 자신의 과거로 여행한다는 생각을 매우 못마땅하게 생각하고 있다. 만약 과거의 우리가 그다지 인자하지 않아 미래의 자신에게 멋진 크리스마스 선물 대신 웜홀로 뛰어들기 전에 우리 가슴에 총을 쏜다면 어떻게 될까? 죽으면 더 이상 웜홀로 뛰어들어 프록시마 켄타우리에 도착했다가 자신을 쏜 곳으로 돌아올 수 없을 것이다. 과거의 자신이 죽어 사라졌는데 총을 쏜 미래의 자신이 어떻게 그곳에 있을 수 있을까?

이 역설은 과거로의 시간 여행이 가져올 많은 문제들 중 하나일 뿐이다. 따라서 과거의 자신과 저녁 식사를 함께하고 싶다는 소원은 오래 기다려야 할 것이다. 그럼에도 몇 세기가 빠르게 지나가면 먼 미래를 보는 일이 꿈이 아니라는 것이 밝혀질지도 모른다. 그런 일이 가능해진다면 우리가 미래 세계에서 가장 발견하고 싶은 것은 오늘날의 과학자들이 당면하고 있는 우주의 가장 위대한 질문들에 대한 답일 것이다.

미래로 여행하는 다른 방법이 있을까?

시간 지연은 우리가 어떻게 운동하고 있느냐에 따라서만 달라지는 것이 아니다. 시간은 우주 어디에 있느냐에 따라서도 달라진다. 질량이 큰 물체 가까이 놓여 있는 시계는 멀리 떨어져 있어 중력이 작은 곳에 있는 같은 시계보다 천천히 간다. 이런 '중력에 의한 시간 지연'은 아인슈타인의 상대성이론의 또 다른 결과다. 아인슈타인의 일반상대성이론은 중력장 안에 있는 물체는 가속운동 중인 물체와 동일한 상태에 있다는 원리를 기초로 하고 있다. 이 원리를 적용하면 중력이 큰 곳에서는 중력이 약한 곳에서보다 시간이 천천히 가야 한다. 이는 지구 중심에 가까이 갈수록 시간이 천천히 간다는 것을 뜻한다.

궤도운동으로 인해 지상에 있는 사람들에 비해 귀중한 시간을 절약할 수 있을 것이라고 생각하는 우주 비행사에게 중력에 의한 시간 지연은 약간 실망스러운 것이다. 우주 비행사들은 지구 중심에서 멀리 떨어져 있어 지상에 있는 사람들보다 더 적은 시간 지연을 경험한다. 중력에 의한 시간 지연은 궤도운동에 의한 시간 지연과 반대 방향으로 작용한다. 다행스러운 것은 지구의 약한 중력에서는 지상과 궤도 사이의 높이 차이에 따른 시간 지연이 1년에 1밀리초밖에 안 된다. 따라서 궤도운동에 의한 시간 지연이 중력에 의한 시간 지연보다 크다. 전체적으로 우주 비행사는 지상의 사람들보다 나이를 천천히 먹는다. 이런 효과는 질량이 크고 중력장의 세기가 강할수록 더 커진다. 블랙홀 부근에서는 중력에 의한 시간 지연이 매우 커서 멀리서 바라보면 사건의 지평선에서는 시간이 정지한 듯 보일 것이다. 사건의 지평선은 빛도 탈출할 수 없는 블랙홀의 경계면이다.

마렉 쿠쿨라(Marek Kukula),
천문학자, 그리니치 왕립 천문 관측소

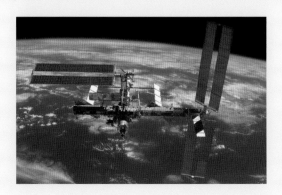

국제우주정거장(ISS)은 지상 370km에서 지구를 돌고 있다. 1998년 발사된 이래 200명 이상이 ISS를 방문했다. 그들은 시간 지연 덕분에 무시할 수 있을 정도로 아주 작은 시간이지만 시간 여행을 했다.

275

하펠레-키팅 실험

아인슈타인이 1905년에 특수상대성이론을 발표했을 때 그것은 그냥 하나의 이론에 지나지 않았다. 상대성이론은 빛의 특이한 성질을 설명하기 위해 제안된 이론이다. 그런데 어떤 과학 이론도 사람들의 지지를 받기 위해서는 이론의 예측이 옳다는 것을 뒷받침해줄 실험적 증거가 있어야 한다. 아인슈타인이 제안한 상대성이론의 중요한 결론 중 하나인 시간 지연을 받아들이기 위해서는 실제로 시간이 다르게 간다는 것이 측정을 통해 증명되어야 한다.

시간 지연을 최초로 성공적으로 보여준 것은 미국 과학자 허버트 E. 아이브스[Herbert E. Ives]와 G. R. 스틸웰[G. R. Stilwell]이 1938년에 행한 실험이었다. 그들은 운동하는 광원에서 나오는 빛의 진동수 변화를 측정하여 시간 지연의 크기를 결정하는 데 성공했다.

그리고 1971년에 행한 유명한 실험은 시간 지연이 실험실에 국한되어 있지 않음을 보여주었다. 미국 과학자 조지프 하펠레[Joseph Hafele]와 리처드 키팅[Richard Keating]은 네 개의 원자시계를 가지고 지구를 두 번 도는 비행을 했다. 세슘 원자가 방출하는 1초 동안 9,192,631,770번 진동하는 복사선을 이용하여 시간을 측정하는 이 시계들은 매우 정확했다. 하펠레와 키팅은 처음에 동쪽으로 날아 지구를 돌았다. 이것은 지구가 자전하는 방향과 같기 때문에 속도가 빨랐다. 그다음에는 방향을 바꾸어 지구를 한 바퀴 돌았다. 이번에는 지구의 자전으로 인해 속도가 느려졌다. 그들은 자신들이 가지고 간 원자시계와 지상에 있는 원자시계를 비교하여 두 시계 사이에 아인슈타인이 예상했던 것과 일치하는 시간 지연이 있다는 것을 밝혀냈다. 오늘날 널리 사용하고 있는 GPS 시스템은 이러한 시간 지연을 기본적으로 감안한다.

찾아 보기

이미지 저작권